南京
抗战时期建筑遗产
保护与利用研究

梅菁菁 / 著

东南大学出版社

图书在版编目（CIP）数据

南京抗战时期建筑遗产保护与利用研究/梅菁菁著
. --南京：东南大学出版社，2022.12
 ISBN 978-7-5641-9792-6

Ⅰ.①南… Ⅱ.①梅… Ⅲ.①抗日战争-纪念建筑-
文化遗产-研究-南京 Ⅳ.①TU251

中国版本图书馆CIP数据核字（2021）第234971号

书　　名：**南京抗战时期建筑遗产保护与利用研究**
　　　　　Nanjing Kangzhan Shiqi Jianzhu Yichan Baohu Yu Liyong Yanjiu
著　　者：梅菁菁
责任编辑：戴　丽　杨　凡
责任校对：张万莹
封面设计：冯媛媛　毕　真
责任印制：周荣虎
出版发行：东南大学出版社　　　社址：南京市四牌楼2号（210096）　　电话：025-83793330
网　　址：http://www.seupress.com
印　　刷：南京新世纪联盟印务有限公司
排　　版：南京布克文化发展有限公司
开　　本：787 mm×1092 mm　　1/16　　印张：19.25　　字数：426千字
版 印 次：2022年12月第1版　2022年12月第1次印刷
书　　号：ISBN 978-7-5641-9792-6
定　　价：158.00元
经　　销：全国各地新华书店
发行热线：025-83790519　83791830

目　录

第一章
绪 论

　　1912 年，中华民国成立。在经历了政权建立初期的动荡之后，国民政府于 1927 年 4 月 18 日奠都南京。六朝古都的南京再一次成为全国的政治、经济与文化中心。在国民政府积极建设南京城，使其一跃成为中国首个国际化大都市的同时，盘踞在我国东三省的军国主义日本侵略势力蠢蠢欲动，凭借其极大的军事优势及侵略野心，将触角伸向了我国华东地区。1932 年日本首先在上海挑起"一·二八事变"，趁机将中国军队赶出上海，驻军于上海境内。1937 年 7 月 7 日，日本挑起"卢沟桥事变"，8 月 13 日为逼迫中国政府与其签订不平等条约，日本效仿 1932 年再度于上海挑起淞沪战争。面对全国紧张局势及扬言三个月内灭亡中国的日本侵略军，中共中央积极与南京国民政府接触。国民党中央通讯社于 1937 年 9 月 22 日发表《中国共产党为公布国共合作宣言》，次日蒋介石发表讲话正式承认共产党的合法地位。这标志着第二次国共合作的开始，抗日民族统一战线在中共中央的努力促成下正式结成，历时八年的全面抗日战争正式展开。

　　抗日战争期间，南京作为战前及战后首都，可以说既是全面抗战开始的地方也是结束的地方。全面抗日战争初期，以淞沪会战拉开序幕，以中国守军南京保卫战失利、首都沦陷告一个段落。八年之后的 1945 年 9 月 9 日，南京成为中国战胜日本后的受降城市。

　　战争与沦陷后的日伪统治影响了南京城市结构的演进与城市文化的发展，使得南京抗战文化具有多元化的特征，其所涵盖的不仅有战前文化、战时文化、沦陷地文化，还有抗战区文化等，其所包含的历史贯穿整个抗日战争时期。南京抗战建筑遗产是南京抗战文化的重要物质承载，不仅具备重要的历史与文化价值，也将成为当代南京城市发展不可或缺的一个重要章节。

第一节　课题背景及研究意义

1. 课题背景

因悠久的城市历史及四通八达的地理位置，南京城区及所辖各县范围内均有大批的文物、各类建筑及建筑附属物遗存，它们既是历史的见证，也是南京重要的文化资源之一。在这些历史遗存中，有为数众多、种类繁杂却同属于一个历史与文化体系的历史建筑点、建筑群、片区环境及附属设施等，这就是因抗日战争而在南京产生、发展及受南京抗日战争时期历史与文化影响的南京抗日战争文化遗产建筑。

在全国公布的文物三次普查名录、江苏省公布的七批文物保护单位名录及南京市公布的五批文物保护单位名录中，南京为数众多的民国建筑及部分日伪时期建筑名列其中，这些已被评级、列为文物保护单位的历史建筑中，一大部分可被归为南京抗战建筑遗产之列，然而遗憾的是被评级、列为文化保护单位的这些历史建筑，其绝大部分仅是以建筑本体的形式独立出现的。南京抗战建筑遗产目前仍未被定义，系统性的研究、编目以及相应管理、保护措施的制定也未开展。

中国其他抗战历史文化名城纷纷开展了抗战文化遗产资源的研究和保护工作。如南京沦陷后作为战时国民政府陪都的重庆对其城市抗战文化遗产进行了研究，自2008年以来，重庆把对抗战大后方文化的研究提高到重要文化战略高度，编制印发了《重庆中国抗战大后方历史文化研究与建设工程规划纲要》。2010年，重庆市政府批准了《重庆抗战遗址遗迹保护与开发利用总体规划》。2012年6月，重庆市第四次党代会明确强调要实施特色文化培育工程，将抗战文化、巴渝文化、统战文化和非物质文化一起并列为重庆文化建设的四大内容。重庆在城市抗战遗址遗迹的保护上，开了先河。又如桂林、广西、吉林等，继重庆之后纷纷展开了对本省市抗战文化遗产资源的研究、开发与利用。而在抗战期间经历了战前准备、抗日正面战场的战斗、侵华日军残害与日伪统治及抗日军民日占区反抗活动的南京城，对抗战建筑遗产的研究和保护工作至今迟迟未能启动，不得不谓为城市文化探究、保护与开发利用上的一大遗憾。

抗日战争的胜利是中华民族从衰败走向振兴的伟大转折，而抗战建筑遗产则是抗战历史与文化的物质载体，是一种具有视觉效果和现实利用价值的抗战文化。本书旨在通过研究南京抗战时期的历史、文化，定义南京抗战遗产建筑的概念，系统地梳理其历史渊源、形制与价值，促进南京抗战建筑遗产保护工作的开展，填补相关研究方面的空白。

2. 研究意义

（1）通过本书所涉及和研究的南京抗战建筑遗产相关内容，开启南京抗战建筑遗产的系统研究，推动其保护理论研究及实践进程。本书通过笔者的调查与研究，定义并系统论述南京抗战建筑遗产的概念、历史渊源及其保护理论，为南京地区抗战建筑遗产保护研究工作展开奠定基础。目前，关于南京抗战时期的研究，多数学者都着眼于抗战所涉及的人物及历史事件，而对这一时期南京抗战建筑遗产，特别是相关保护理论方面的论述和研究还不多见。

（2）对南京今后开展抗战建筑遗产的深入研究和保护工作具有一定的现实意义。本书对南京抗战建筑遗产的基本情况进行了梳理，就南京抗战建筑遗产的价值及其评估方法做了研究，提出了具体保护建议及方法，有利于促进南京抗战遗址遗迹保护工作的开展和进行。南京抗战遗址遗迹数量庞大、分布广袤，笔者在对南京各个抗战遗址遗迹的历史渊源、现状与价值等方面的调查、探讨和研究上做了大量的先期投入和工作，并取得了一定的成果。

（3）推动抗战时期华中战区前线城市与日占核心区城市的历史、文化研究与保护工作发展。本书是以南京作为抗战时期侵华日军重要攻击目标的中国首都城市，在南京保卫战后被日伪所占领的历史背景下展开的，对这一时期的遗址遗迹的研究取得了较大进展，兼具学术性与实践性。因此，本书的研究能向世人更直观、鲜明地阐述南京抗战历史，增强人们对抗战文化和抗战建筑遗产的认识，从而更好地推动南京近代历史文化研究与保护、建设工作。

（4）切合国家文物事业发展"十三五"规划内容。中国革命文化酝酿于近代，形成于1919年"五四运动"以后，成熟于1919年到1949年新民主主义革命时期，发展于1949年后的社会主义革命时期。其中，新民主主义革命文化是中国"革命文化"的主流，而南京抗战文化便是新民主主义革命文化中的重要篇章，南京抗战建筑遗产即为这个篇章的物质承载。

2016 年，国家"十三五"规划公布，在"文物保护工程"中提出了"革命文物保护利用工程"，其内容为："建立革命文物资源目录和大数据库，推进革命旧址保护修缮三年行动计划和馆藏革命文物修复计划，实施一批具有重大影响和示范意义的革命旧址保护展示项目，抢救修复濒危、易损馆藏革命文物；推广赣南等原中央苏区革命旧址整体保护经验，实施鄂豫皖大别山区革命文物保护展示项目，继续加强抗战文物保护展示；加强对革命文物的研究阐释，改进提升革命文物陈列展示水平，推出一批弘扬革命精神、彰显社会主义核心价值观的革命文物专题展览，做到见人、见物、见精神。实施'长征——红色记忆工程'，编制长征文化线路保护总体规划，加强长征文物保护展示，打造长征红色旅游精品线路，助力革命老区脱贫攻坚行动和经济社会发展。"

同时，在"文物合理利用工程"中又提出了"国家记忆工程"，其内容为："依托文物建筑、文化典籍、国家档案等，通过体现中华优秀传统文化、革命文化和社会主义先进文化的代表性文物，分类分批实施国家历史、文化、艺术、科学记忆工程及国家记忆数字化保存行动计划，建设全民共识的国家精神标识。"

南京抗战建筑遗产既是拥有重大影响和示范意义的革命旧址，也因包含的历史元素、特殊的历史记忆及丰富的历史遗存，具有列入国家记忆工程的绝对价值。

目前国家迈入"十四五"时期，对文物与科研教育行业融合、释放文物行业发展活动等提出要求。由于南京抗战建筑遗产具有集中于主城散布在南京周边郊县的空间特点，所以亦具有成为以城市带动乡村发展的文化与历史依据的潜力。

（5）挖掘南京抗战建筑遗产申报"世界警示性文化遗产"的潜在价值。

从 1979 年奥斯威辛集中营被联合国教科文组织列入《世界文化遗产名录》，以警示世界"要和平，不要战争"起，世界文化遗产名录中就出现了"世界警示性文化遗产"的门类。至今，出现在这一门类之中的，有波兰奥斯威辛集中营旧址及日本广岛原子弹爆炸地遗址公园——"和平公园"。其中日本广岛和平公园与第二次世界大战中中国战场相关，而遗憾的是作为这场战争中遭受伤害与损失最为严重的中国境内，却尚无一处"世界警示性文化遗产"。2011 年，长春部分伪满洲国旧址拟申报"世界警示性文化遗产"。2016 年，吉林省也展开申报"世界警示性文化遗产"的研究。南京拥有抗日战争时期遗留下的大量系统性的、遍布全市的、独特而珍贵的遗址与遗迹，不仅符合名列《世界文化遗产名录》的普遍条件，并且在成为警示世界的历史遗产上，丝毫不逊色于美国的珍珠港旧址与日本广岛原子弹爆炸地遗址。

深入、完整地对南京抗战建筑遗产进行研究，充分整理南京抗战建筑遗产的内容、挖掘其重要的历史价值，研究其保护与开发策略，将成为申报"世界警示性文化遗产"的重要前提和基础。

3. 研究对象及概念限定

本书研究对象为南京抗战建筑遗产。研究分为三个层面：其一，对南京抗战建筑遗产整体历史价值按照时间顺序进行梳理、归类，确定其所涉及的具体内容；其二，对抗战遗产包含的不可移动文物点逐一进行调研分析，了解其现状、分析其历史沿革；其三，建立南京抗战建筑遗产价值评价体系，为保护与开发建议提供数据依据。

（1）研究对象的限定

历史建筑始建之时并不是出于让其日后成为建筑遗产而建设的，其成为建筑遗产、作为纪念性建筑，是在经过时间的沉淀之后，由专业学者与普通民众的共同意识所形成的，这种共识将具有价值的建筑遗产从大量现存建筑中挑选出来，使其成为具有纪念性价值的历史建筑，这些纪念性建筑在大量的现存建筑中只占一小部分。所以本书研究对象的限定判断是以历史建筑是否蕴含南京抗战文化为标准的。所有在南京受抗战历史与文化影响的与为纪念南京抗战时期重要事件、人物而修建的纪念性建筑及附属设施，均作为本书的研究对象。

（2）时间的限定

本书研究对象承载的历史与文化发生时间范围限定在 1932 年至 1949 年间，这一时期包含 1937 年至 1945 年全面抗日战争开始至结束的时间段。选取 1932 年作为研究时间段的上限，是因为 1932 年起国民政府为防御可能发生的日军自东北方向而来的侵略而秘密成立了城塞组，并于 1934 年拟就《首都防御作战计划》，这是抗日战争最早对南京城市防御体系修建产生影响的起始时间。而选择 1949 年作为研究时间段的下限，是因为在 1945 年日本宣布无条件投降之后至 1949 年这段时间里，南京城内进行了对抗日战争时期日伪统治之下被破坏的城市空间与社会秩序及被扭曲的城市文化的修复工作。而南京抗战建筑遗产的始建时间，则并不局限于 1932 年至 1949 年间，其中有些历史建筑始建时间远早于民国定都南京之时，而有些则是现代建筑。考量这些建筑作为南京抗战建筑遗产的依据，仍是其是否蕴含南京抗战时期的历史与文化，以及其是否承载历史的真实性及重要性。

（3）空间的限定

本书研究的空间范围是基于1927年至1937年国民政府定都南京之后的城乡规划范围，历经沦陷期间三任伪政权的调整，最终形成的明城墙内城区及明城墙外四个郊区与城北原下关区和江北浦口区共同构成的南京行政区域。

第二节　文献综述及分析

① 金磊. 给人类留下永恒悲壮的文化记忆——弥足珍贵的"二战"建筑遗产[J]. 城市与减灾, 2010(6):13-17.

南京抗战建筑遗产是南京抗战文化的物质承载, 是近年来国内外学界基于中国抗日战争历史研究的深入而诞生的新的研究领域。中国建筑文化考察组在国家文物局的支持下, 于 2007 年秋启动了以"抗战见证物的史迹建筑""抗战期间的建筑文化活动与作品"和 1949 年以来纪念建筑为基本类型的调研①, 率先展开了对全国抗日纪念建筑的普查调研。

目前, 对于抗日战争的历史, 特别是抗战期间南京的历史与文化的研究, 国内外存在较大差异, 其研究的出发点、侧重面也各有不同。总的来说, 国内学界对抗战文化的研究在过去很长一段时间内以对先进的革命文化的研究, 即对以民族大义为前提的反抗日本帝国主义侵略的文化的研究为重点。对抗战建筑遗产的研究也侧重于对其中一类或几类建筑的研究, 如抗战遗产中的红色建筑遗产研究、抗战纪念建筑研究。

国际上对中国抗日战争历史的研究目前仍以日本、美国和加拿大等国家为主要研究力量, 其研究也主要集中在抗日战争时期中国的政治、军事、经济等方面, 对区域抗战文化的研究仍鲜少涉及。

1. 国内南京抗战建筑遗产的相关研究动态与成果

在抗日战争胜利迎来 76 周年、南京大屠杀惨案发生 84 周年的 2021 年, 不少国内和国际上的学者, 在对第二次世界大战中国战场上关于南京的研究上取得了一定的研究成果。

南京的沦陷, 是抗日战争中的一个重要节点。它标志着中国主要抗日力量转向大后方, 开始与日本侵华势力展开持久艰苦的抗争; 也标志着侵华日军企图于数月内拿下整个中国的计划全盘破灭; 显示了中国军民即便丢失"首都", 仍不放弃抗日的决心和斗争精神。而侵华日军在南京制造的震惊世界的南京大屠杀暴行, 更是向全人类揭露了日本军国主义的侵略本质与残暴兽性。南京所经历的战争、战后暴行、伪政权统治与抗战胜利所遗留下来的物质文化遗产与非物质文化遗产, 都是当今研究抗战历史的重要载体。

对于抗战时期南京的研究, 国内外学者的着眼点大都放在日军的暴行、南京人民所遭受的痛苦、中国文化所遭受的损失、抗战胜利等较为单一内容的研究之上。几年来, 我国高校建立起一些专题性的抗战研究机构, 如上海师范大学中国"慰安妇"问题研究中心、上海交通大学东京审判研究中心、南京大学中华民国史研究中心、南京师范大学南京大屠杀研究中心等，但目前我国还未建立起全面研究抗日战争时期南京城市历史的专门学术机构。

"文革"结束之后，国内学术界逐渐开始展开对于南京抗战历史及民国建筑的研究。

现在，随着档案馆数字化改革，保存于南京市档案馆、中国第二历史档案馆以及海外历史档案馆、海外各类大学馆等相关机构之中的民国时期历史资料逐步对外开放。中国特别是南京的学者们为将这些收藏于中国境内的历史文件、档案整理出版，作出了极大努力。历史资料的出版与公开，为学术界对抗战进行系统、深入的研究提供了大量殷实的史实资料，为推动中国抗战文化研究作出了巨大的贡献。

南京大学历史系教授、博士生导师、侵华日军南京大屠杀研究会会长、南京大学中华民国史研究中心主任张宪文撰写并主持编著了多套历史史料丛书，向世人展现了丰富的抗战时期南京的历史资料，其中有《中华民国史大辞典》（江苏古籍出版社，2001）、《中国抗日战争史》（南京大学出版社，2001）、《南京大屠杀全史》（三册）（南京大学出版社，2012）、《南京大屠杀史料集》（江苏人民出版社，陆续出版）。其中《南京大屠杀史料集》一套共78卷，搜集、整理了美、德、日、意、俄等国文献的翻译资料与民国时期官方记录、报道以及民间文学的史实记载等，资料来源广泛，为读者及国内研究学者们提供了可贵的丰富历史资料。2015年由张宪文主编、山东画报出版社出版发行的《日本侵华图志》（二十五卷），收集整理了两万五千余张历史照片资料，时间跨越日本侵华伊始至战败投降十四年，范围涵盖整个中国战场，为揭露日本侵华的历史增添了有力的纪实图片佐证。2015年，张宪文与中国台湾著名历史学家张玉法，联合海峡两岸暨香港、澳门的40多所大学和研究机构的70位历史教授及研究院合作撰著了共18卷的《中华民国专题史》，为研究抗战南京的历史资料增添了新的内容。

南京师范大学南京大屠杀研究中心主任、历史系教授张连红，从事民国历史、抗日战争历史与南京历史的研究。其关于抗战时期南京研究的著作及参与撰写的图书主要有：《创伤的历史：南京大屠杀与战时中国社会》（南京师范大学出版社，2005）、《南京大屠杀全史》（三册）（南京大学出版社，2012）、《南京大屠杀研究：历史与言说》（江苏人民出版社，2014）等。其中《创伤的历史：南京大屠杀与战时中国社会》一书中收录了南京师范大学南京大屠杀研究中心四年间采访南京大屠杀幸存者及走访侵华日军"慰安所"遗迹等所收集的资料，展现了丰富的第一手资料、还原了历史真相。

　　侵华日军南京大屠杀遇难同胞纪念馆馆长朱成山也同样在南京抗战历史的研究上有着突出的成就与贡献，对抗战时期南京历史的权威研究在中外抗战领域均具有较大影响。朱成山撰写了多篇核心学术文章、编辑出版了多本专著，其中有《侵华日军南京大屠杀幸存者证言集》（南京大学出版社，1994）、《侵华日军南京大屠杀图集》（南京出版社，1997）、《海外南京大屠杀史料集》（十册）（南京出版社，2007）、《侵华日军南京大屠杀日本报刊影印集》（上、下册）（南京出版社，2011）等。2007 年至 2014 年间，朱成山主编的《南京大屠杀史研究与文献系列丛书》（三十五册）陆续出版发行，将抗日战争时期南京大屠杀相关史料与文献进行了一次较为全面的整理与梳理。

　　南京医科大学军政学院院长孟国祥，对抗战时期中国的文化流失进行了深入的研究，并于 2005 年出版了《大劫难：日本侵华对中国文化的破坏》一书。该书对全国范围内，日本侵略军占领、统治时期掠夺、破坏的中国古籍、文物、古建筑等史实做了综述与研究。

　　南京师范大学社会发展学院教授经盛鸿，对南京抗战的历史，特别是 1937 年至 1945 年间，在日伪统治之下的南京社会与历史进行了系统性的研究，并发表了多篇学术论文、撰写了多部专著，如《武士刀下的南京：日伪统治下的南京殖民社会研究》（南京师范大学出版社，2008），概述了日伪八年统治之下南京社会各方面的历史，揭示了日伪当局对南京市民与社会造成的严重伤害。2013 年出版发行的《南京沦陷八年史》（增订版）（上、下册）（社会科学文献出版社，2013），则更为系统、全面地以丰富的历史资料向读者呈现了南京沦陷八年期间的城市历史及抗日军民为取得胜利而作出的巨大努力。

　　在记述者采访大量经历过抗日战争的当事人，取得一手资料发表论著的同时，还有一部又一部的南京抗战亲历人的日记被整理、翻译、发表出来，如《拉贝日记》（江苏人民出版社，1997）、《程瑞芳日记》（南京出版社，2016）、《东史郎日记》（江苏教育出版社，1999）、《魏特琳日记》（江苏人民出版社，2000）。写这些日记的人中，有来自不同国家的，在沦陷前后坚守在南京、参与难民救助的外籍人士，有亲身经历南京沦陷的南京市民，也有作为侵略者跟随部队来到南京的日本士兵。这些亲历者的日记相互印证，互为补充，为国内学术界研究南京抗战时期历史提供了详尽的研究资料。

　　此外，国民政府在南京进行建设所获得的建筑与城市规划成果，在南京沦陷前后被侵华日军、日本政府及伪政权破坏与霸占。所以南京的民国建筑，既是国民政府历史的承载者，也记录着南京沦陷时期的城市记忆。关于南京民国建筑的研究目前在国内已经十分成熟和普遍。东南大学建筑学院教授、博士生导师刘先觉与张复合、村松伸、寺原让治主编的《中国近代建筑总览·南京篇》（中国建筑工业出版社，1992），初次收录了南京民国建筑190处。陈济民、卢海鸣合著的《民国官府》（金陵书社出版公司，1992），收录南京民国建筑63处。东南大学建筑学院教授潘谷西著的《南京的建筑》（南京出版社，1995），收录南京民国建筑28处。南京市地方志编纂委员会编的《南京建筑志》（方志出版社，1996），收录南京民国建筑68处。南京出版社社长卢海鸣编撰的《南京民国建筑》（南京大学出版社，2001）一书，系统、分类地论述了南京数百处民国建筑的历史与现状，收录南京民国建筑238处，配有700多幅图片，其中包括大量2000年左右所拍摄的实景照片，是一部具有警世性、抢救性和档案性的图书。由吴凯波担任编委会主任的《南京民国建筑图典》（上、下册）（南京师范大学出版社，2016），收录南京民国建筑1 237处，并配有大量实地调研拍摄的照片，为纵览南京民国建筑全貌提供了详尽的图片资料。

在对南京民国建筑进行普查与梳理的同时，中国学者亦展开了对民国建筑师的研究。东南大学建筑学院历史及理论研究所副教授汪晓茜撰写的《大匠筑迹》（东南大学出版社，2014）一书对1912年至1949年间，曾经在南京注册执业或开展过建筑实践的27位具有代表性的中外建筑师与设计机构的历史与建筑实践做了介绍，并介绍了民国建筑师群体的形成与专业化过程等内容，展现了中国近代专业建筑师与建筑师制度的发展历程，以及一部分著名中外建筑师、建筑事务所在南京的建筑成就。

国民政府在南京进行城市建设的同时，为应对日本帝国主义的侵略，自1932年起便开始计划修建守卫南京的军事防御设施。南京炮兵学院费仲兴教授，于2012年在《南京大屠杀史研究》上发表的《南京保卫战紫金山战场遗迹初考》一文中，对南京保卫战主战场之一的紫金山阵地现存碉堡的数量、位置、现状等进行了研究与阐述，为我们初步认识、了解"民国碉堡群"这一南京特有的珍稀抗战资源提供了较为全面的基础资料。江苏省行政管理科学研究所副所长丁进，于2013年在《南京大屠杀史研究》上发表的《南京保卫战炮台遗址略论》，对国民政府为保卫南京而修筑、改建的"龙、虎、狮、马、雨"等炮台进行了介绍，并提供了实地调研获得的上述炮台的现状信息，为我们了解南京炮台遗址遗迹的基本面貌提供了重要信息。

这些已经出版发行的对抗战时期南京历史的研究成果与民国建筑研究成果，都是研究南京抗战建筑遗产的坚实史料与理论成果基石，但仍然不能被纳入南京抗战建筑遗产的研究成果之列。

2006 年，邓庆坦、邓庆尧发表的《1937 — 1949：不应被遗忘的现代建筑历史——抗日战争爆发后的现代建筑思潮》一文是中国大陆较早的论及"抗战时期中国建筑"的专论，从建筑历史的层面研究论述了中国抗日战争对中国建筑历史与思潮的影响。

2010 年，建筑文化考察组和《建筑创作》杂志社编著的《抗战纪念建筑》出版发行。该书指出，"抗战建筑"狭义概念是指抗战期间建成，至少是设计方案在抗战期间形成的建筑，而广义的概念则是指所有与抗战相关且闻名于世的建筑。书中将抗战纪念建筑分为"抗战见证物性质的史迹建筑""抗战期间的建筑活动与作品"与"战后纪念建筑"三个大类，以中国 14 年抗日战争为时空范围，以全国为空间范围，结合建筑学体系，对中国现存抗战时期建筑进行了详细的调查、测绘和系统分析。但对南京抗战纪念建筑的考察，书中仅有灵谷寺第十九路军淞沪抗战阵亡将士纪念碑与第五军淞沪抗战将士纪念碑、玄武湖与雨花台陆军第八十七师淞沪抗日阵亡将士公墓及纪念碑和南京中央陆军军官学校大礼堂四处。

时至今日，对于抗战纪念建筑的研究专论还是以个体研究为主要成果。如周学鹰、张伟于 2014 年发表的《承载苦难与辉煌的抗战纪念建筑》一文，是以重庆黄山抗战建筑群、湖南武冈黄埔军校第二分校旧址、延安中共七大会议旧址、南岳忠烈祠等抗战建筑遗产个体来进行分别论述的。

抗战纪念建筑的概念与抗战建筑遗产的概念相近，但仍有区别。可以明确的是，抗战纪念建筑中所包含的"战后纪念建筑"，并不能被完全地归纳于抗战建筑遗产的内容之中。而抗战建筑遗产中的某些建筑旧址与遗址遗迹也并不能被完全定义为抗战纪念建筑。

目前国内其他地区抗战建筑遗产的研究中，重庆抗战遗址遗迹保护与利用起步较早，至今已经取得了一定的成果。自 2010 年重庆市规划设计研究院和重庆相关文博机构联合编制了《重庆抗战遗址遗迹保护与开发利用总体规划》以来，推动了全国对于抗战遗产的重视与保护。近年来，除重庆外，吉林省、江西省、昆明市等省市对其拥有的抗日遗产的调研与保护相继展开规划。

在对南京抗战建筑遗产的研究中，仍是以对个体遗产建筑的研究为主。如刘一帆、郭华瑜于 2019 年发表的《南京中山陵桂林石屋遗址保护记思——兼论抗战时期战损建筑的价值评估与保护策略》一文，以抗战期间遭侵华日军损毁的桂林石屋遗址入手，探讨了抗战时期战损建筑遗址的价值与保护策略。

综上所述，国内南京抗战建筑遗产的相关研究仍以抗战时期城市历史研究为主要研究领域，对抗战时期建筑的研究以民国建筑研究为主，间有较为深入的遗产建筑个体研究出现，但对于南京抗战建筑遗产系统性的研究尚未出现。可见，南京虽拥有庞大、珍贵、独特的抗战遗产，但相应的研究却十分薄弱，特别是对南京抗战建筑遗产的研究、梳理及保护与利用方法的研究仍处于起步阶段，还有很长的路要走。

2. 国际南京抗战建筑遗产的相关研究

国外研究中国抗战时期历史的学者目前仍主要集中在日本、美国、加拿大等国。第二次世界大战结束之后，东方战场的中国抗战历史对于西方学术界来说在很长一段时间内处于空白状态，相较关于欧洲战场和太平洋战场数量众多的研究著作，西方学术界关于中国抗日战争史的研究著作却寥寥无几。英国牛津大学历史学者拉纳·米特（Rana Mitter）教授在其著作中就西方世界对中国抗战历史的了解现状曾这样叙述："在西方，现在很多人根本不了解中国在二战中的作用。"[①]

近年来西方学术界对中国抗日战争的研究开始不断深入，新的领域不断被开辟，研究视角也不断得到拓展。

美国哈佛大学傅高义于 2000 年联合日本中国问题专家山田辰雄、中国大陆近代史专家杨天石共同发起组织"中日战争国际共同研究项目"（A Joint Study of the Sino-Japanese War, 1931-1945）。该项目至今已经在中国、美国、日本多地成功组织召开了五次国际会议，旨在推动中国、日本、美国及其他国家的学者和研究机构在中国抗日战争研究上的合作。

2013 年起，在欧洲研究委员会（European Research Council, ERC）的资助下，英国剑桥大学亚洲与中东研究学院设立了"战争罪行与帝国项目"（War Crimes and Empire），致力于研究日本战争罪行、日本帝国主义的衰落及战后东亚为脱离战争阴霾重新自我定义所作出的努力及成果。该组织至今已经成功召开了三次国际会议，开办了一系列具有影响力的讲座，并发表了一些研究成果。

2007 年起，英国牛津大学在利华休姆信托基金（The Leverhulme Trust）的资助下设立了"中国抗日战争研究项目"（China's War with Japan），由拉纳·米特教授主持，其研究团队成员近 10 人，致力于通过对中国抗日战争的历史研究，分析战争对中国甚至世界反

① Rana Mitter. China's war with Japan, 1937-1945: The struggle for survival[M]. [S.l.]:Penguin, 2013.

①王爱云. 近年来欧美学界的中国抗日战争研究 [J]. 史学月刊, 2015(9):14–17.

法西斯战争的重要影响，促进西方社会对战时、战后中国和当代中国社会、政治有全面客观的了解①。

2013 年，拉纳·米特教授的著作以《被遗忘的盟友：中国的第二次世界大战（1937—1945）》（*Forgotten Ally:China's World War* Ⅱ,1937–1945）的书名在美国出版。拉纳·米特教授在这本书中一改以往西方研究者的"欧洲中心观"，从中国的角度出发，对中国抗日战争在第二次世界大战中的重要地位予以肯定，介绍了中国在这场战争中所遭受的战争灾难，这其中就有侵华日军所制造的泯灭人性的南京大屠杀惨案的相关历史。有评论认为，这部著作改写了西方世界史观中的"二战"史观。

近年来，虽然西方学术界出版了十余部关于中国抗日战争研究的著作，但其中关于抗日战争中南京研究的仅有数部。这其中具有较大影响力的有美国华裔女作家张纯如于 1997 年撰写出版的英文著作《南京大屠杀》（*The Rape of Nanking*），该著作以她三年间采访的南京大屠杀幸存者及各种历史史料为基础，将这场几乎被西方社会遗忘的二战时期发生在南京的人类浩劫重现给西方世界。

美国历史学家谢尔顿·H.哈里斯（Sheldon H. Harris）于 1994 年出版的 *Factories of Death: Japanese Biological Warfare，1932–1945，and the American Cover-Up*，即 2000 年上海人民出版社翻译出版的《死亡工厂：美国掩盖的日本细菌战犯罪》一书，阐述了日本入侵中国后，其生化武器部队在中国所进行的惨无人道的人体细菌实验与秘密发动的针对抗日后方的细菌战争，其中就包括侵华日军在南京设立的荣字第一六四四生化武器部队的相关论述。

作为战败国的日本，受到战败及中国革命成功的冲击在战后一段时间内鲜少出现对中国抗日战争的研究。直至 1971 年，中日恢复邦交前一年，日本国内因受到政治形势的影响，开始出现许多关于"中日战争"，即中国抗日战争的讨论。至 20 世纪 80 年代前期，有关抗日战争时期中共党史的研究都是日本学界的热门课题，其主要成就包括对中国政治过程、社会经济情况等问题的分析，阐明中共在中国抗日统一战线中的重要作用及中共抗日根据地等方面的情况。

日本学界对中国抗日战争时期研究的主要对象是中国战时政治结构及经济体系，这其中也有部分记者、学者将研究视角放在对日本帝国主义所制造的侵略战争的反省与其在华战争罪行的研究和史实重现上。日本《朝日新闻》的记者本多胜一，以抗战时期日本报纸报道的南京大屠杀期间"百人斩"的新闻为主题，前来中国展开实地调查，发表了一系列关于抗日战争时期侵华日军在南京及中国其他省市暴行的文章，并于1981年结集出版。该文集取名为《中国之旅》（『中国の旅』）（朝日新闻社，1981），以详尽的历史资料重现了侵华日军在南京及中国其地区的暴行。文集一经问世，便立刻引发了日本右翼势力为"维护国家颜面"而进行的强烈反对，他们认为南京大屠杀只是"战争激情"所导致的极端行为。但事实是，南京大屠杀是在战斗结束之后的长达数周的时间内不间断地持续进行的暴行，不能将这种暴行归为"战争白热化时期"的极端行为。由于日本左派人士认为要维持真正的和平、避免战争，就必须面对真实的历史，而同时日本右翼势力对于侵华日军在南京的暴行问题上矢口否认，因此在此后的日本国内对于日本侵华期间罪行的研究重点，主要集中在南京大屠杀事件的历史事实的论证之上，纠缠于左派对南京大屠杀事件的肯定与右翼势力对该事件的极力否认之间。

日本右翼极力否认南京大屠杀的真相，正是因为其最耻于承认，侵略者杀死"劣等民族"是符合日本天皇旨意的。尽管否认南京大屠杀的日本右翼分子在日本学术界只能算是二流知识分子，但他们往往拥有日本政界右翼政客撑腰。其中极具代表性的事件，便是曾经的东京都知事石原慎太郎和盛田昭夫于1989年合著过一本名为《日本可以说不》的书，书中否认在南京发生过任何"不同寻常"的事，即否认侵华日军曾在南京制造了骇人听闻的南京大屠杀事件。这些右翼分子出版的否认南京大屠杀的书中，往往不仅信口开河，极力否认事件曾经发生，而且还声称是中国人为了污蔑日本而编造的谎言。

日本民族主义的右派认为，恢复天皇作为国家宗教领袖的地位、修改《和平宪法》第九条，使日本重新成为一个具有合法性的军事国家，对于大和民族重拾民族认同感能起到决定性的作用。因此，南京大屠杀或日本军国主义的任何其他极端侵略行为都被他们刻意地忽视、淡化，甚至否认。与此同时，日本左派学者和活动家则希望对南京大屠杀的事实进行强调。盲目崇拜天皇、崇拜帝国主义的极端思想所支撑的日本军国主义，导致了南京大屠杀暴行的发生。对侵略战争时期国家与民族错误思想与行径的承认，同时也是对南京大屠杀事件的正视与承认，将是战后中日两国和平友好与日本这个国家维持和平主义的重要基石。要避免同样的暴行再度发生，对日本而言就必须坚持《和平宪法》第九条。

同时，也有部分日本学者摒弃政治指向性，将研究的目光放在日本帝国主义发动对外侵略战争期间，在中国及其他的东亚日本侵占区内所建造的各类建筑之上，并出版了相关著作。如日本宗教学者、日本国学院大学名誉教授、神道学博士大原康男于 1984 年出版的《忠魂碑的研究》（『忠魂碑の研究』），对日本于战争期间在本国及海外建造的大量纪念战死兵将的纪念碑、忠魂碑的起源、形式及分布作了详细研究。龙谷大学社会学部教授新田光子于 1997 年出版的《大连神社史—— 一些海外神社的社会史》（『大連神社史——ある海外神社の社会史』），以侵华日军建造于大连并于战后搬迁回日本的"大连神社"为主要研究对象，叙述了在日军侵华的大背景下建造而成的大连神社的历史。京都国学院讲师、日本神职与神道学者嵯峨井建于 1998 年出版了《满洲的神社兴亡史——日本人所到之处必有神社》（『満洲の神社興亡史——"日本人の行くところ神社あり"』），日本基督教协议会靖国神社问题委员会的辻子实于 2003 年出版了《侵略神社——出于对靖国思想的思考》（『侵略神社——靖国思想を考えるために』），这两本著作对日本精神侵略的"武器"——海外日本神社的建立、日本靖国思想的起源与散播、海外日本侵略神社的分布等作出了较为详尽的研究。

国内与国际学术界在抗战时期南京相关历史的研究中，已经取得了各种重要成果。但同时由于种种原因，目前的研究重点仍集中在南京沦陷后侵华日军制造的南京大屠杀与抗战胜利后南京受降的历史上，对整个抗战时期南京的抗战遗产仍缺少系统的基础研究，特别是以实地调研为基础展开的研究。对南京抗战遗产的内涵、价值与现状、分布及特点等问题的深入研究还有待加强，对抗战遗产的保护原则、保护模式与保护方法还需进行全面的考察，对抗战遗产的开发、利用还需提出更为详尽与可操作的建议。

第三节　资料来源及研究方法

1. 资料来源

本书属于建筑史学研究，是基于历史建筑保护与城市规划的角度，对抗日战争时期南京历史与遗留的遗址遗迹所进行的研究，涉及历史学、文化遗产学、文物学、建筑学、城市规划学等多学科内容。因此，在资料引用方面，除了南京国民政府时期相关的报纸、杂志、政府资料外，还有同一时期日本发行的报纸、杂志、书籍等刊登的相关资料。本书资料来源主要有以下几个方面：

（1）南京国民政府时期资料的汇编。如（民国）南京特别市市政府编制《金陵全书》、张宪文主编的《南京大屠杀史料集》《日本侵华图志》及中国第二历史档案馆出版的《中华民国史档案资料汇编》、朱成山主编的《侵华日军南京大屠杀日本报刊影印集》等。

（2）南京地方志中的相关资料。如南京地方志编纂委员会编辑出版的《南京教育志》《南京文物志》《南京建制志》《南京交通志》《南京规划志》《南京人民防空志》等。

（3）日本出版发行的相关书籍、资料。如 1938 年由武藤贞一撰写、大日本雄辩会讲谈社出版发行的《无敌日本军》（『無敵日本軍』》），1941 年南京日本商工会议所发行的《南京》，日本每日新闻社于 1977 年出版的《一亿人的昭和史：不许可写真》（『一億人の昭和史：不許可写真史』），日本《朝日新闻》记者本多胜一撰写的《中国之旅》（『中国の旅』）《南京大屠杀始末采访录》，等等。

（4）国际学术机构网站提供的可公开查阅的历史照片与历史资料。如美国哈佛大学图书馆所公开的德国女摄影师海达·莫理循（Hedda Morrison）于 1933 年至 1946 年间在南京所拍摄的照片；日本国立公文书馆亚细亚历史资料中心所公开的日本陆军、海军等军事机构在二战期间的军队记录、士兵战场日志等资料；日本东洋文库现代中国研究资料室所公开的日本于 1924 年至 1944 年间在中国各地拍摄照片集成的《亚东印画辑》；等等。

其他引用文献、文件资料及国内外专家学者研究成果，详见注释。

2. 研究方法

（1）文献查阅

主要通过查阅档案、文献，在如南京市档案馆、中国第二历史档案馆、江苏省公共图书馆联合参考咨询网站、美国哈佛大学图书馆网站、日本人类文化研究机构（NIHU）的现代中国研究资料室网站等获取相关资料，并在古籍网站购买、收集了部分 1937 年至 1945 年间的相关历史资料，包括抗日战争时期日本政府及日本军队所出版的书籍、老地图、历史照片、原始图纸、老明信片、老城市导游册等。

翻译、阅读抗日战争时期侵华日军文献资料，获得第一手相关资料。大量查阅出版成册的抗战时期档案、中外文献资料、当事人日记，并阅读国内外南京抗战时期历史和南京民国时期建筑的相关文献、著作及研究成果，搜集文献中关于南京抗战遗产的历史渊源、相关重要历史事件、遗址所在区位等资料。

（2）实地调研

在研究南京抗战历史的基础上，列出南京抗战文化中的建筑遗产所包含的文物遗址、遗迹点，实地考察所列文物点，分析其历史沿革，收集第一手现状照片。

（3）图解分析

对于通过文献查阅及实地调研所获取的南京抗战遗产相关资料，进行图解分析，例如分析国民政府军事设施布局、日伪时期南京城市空间布局、重要遗址遗迹分布等。对于南京抗战建筑遗产的形成、现状与保护、利用的研究，以图解分析的方式达到更加直观的效果。

（4）国际经典案例分析

通过分析、对比国际上已经形成一定影响力的，在保护与开发利用战争遗产上做出一定成绩的国际案例，找出与南京抗战建筑遗产的相似点与差异点，寻求南京抗战建筑遗产的保护与开发利用上可资借鉴的既有成功经验，以期推动南京抗战建筑遗产的保护与开发进程。

第四节　本书结构

本书分为八个章节。

第一章为绪论；第二章是对南京抗战建筑遗产概念的定义与特征总结，通过理论研究对南京抗战建筑遗产保护对象进行确立；第三章至第五章是按南京抗战建筑遗产的分类，论述笔者实地调研后所得的各类南京抗战建筑遗产建筑现状资料；第六章笔者尝试建立南京抗战建筑遗产的评估与价值体系，这将是南京抗战建筑遗产保护与利用工作的根本；第七章笔者探索了南京抗战建筑遗产的保护与利用目标、原则及方法，考察南京抗战建筑遗产保护性利用现状，同时借鉴国际上已经取得成绩的二战文化遗产建筑保护与利用案例，提出南京抗战文化中的建筑遗产保护与利用方法；第八章为结论与未来展望部分，总结了本书的主要观点与结论，对南京抗战建筑遗产今日的保护与利用提出了探讨，并对未来的研究做出了展望。

全书结构具体如图1-1所示。

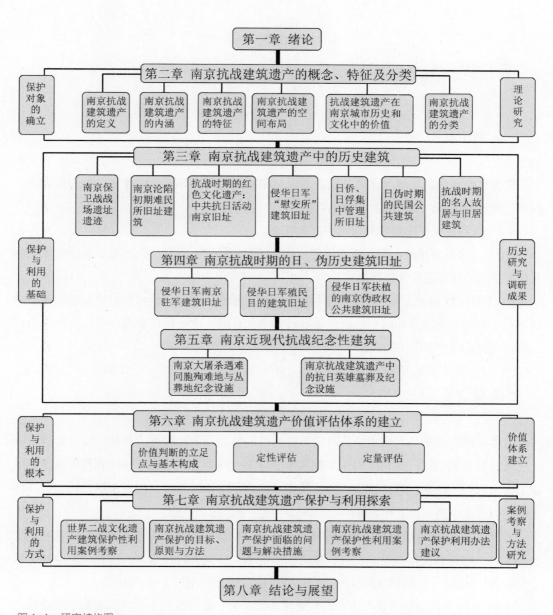

图 1-1 研究结构图
图片来源: 笔者自绘

第五节　本书创新与未尽之处

1. 本书创新

根据目前国内对抗战文化遗址遗迹的保护和利用的现状与南京抗战文化中的建筑遗产保护、利用的情况，本书的主要创新点在于：

（1）首次定义了南京抗战建筑遗产的概念。

（2）首次系统地对南京抗战建筑遗产进行了理论研究，建立了抗战建筑遗产的价值体系与南京抗战建筑遗产区位数据库。

（3）首次较为全面地对南京各个抗战文化遗址遗迹的渊源、现状和价值及相应保护建议进行了探讨，使南京抗战建筑遗产能够较为全面、清晰地呈现在世人面前，为推动南京抗战建筑遗产保护作出了努力。

2. 未尽之处

笔者在研究保护与利用南京抗战建筑遗产可借鉴的众多现行理论文献，结合考察国际上已有的战争建筑遗产保护性利用案例和措施与国内同类型建筑遗产保护和利用案例及措施后提出适用于南京抗战建筑遗产特点的保护性利用理论体系时，仍有未尽之处，须在将来的学习工作中进一步进行完善：

（1）南京抗战建筑遗产的类型繁多、数量丰富，但不同类型的遗产建筑相关资料多寡参差不齐。随着时代与社会的发展，越来越多的相关日文资料在日本的研究机构中处于可公开借阅的状态。在未来的研究中，对日文资料的发掘及研读工作仍需加强。

（2）在南京抗战建筑遗产中有为数众多的高等级、高质量历史建筑目前属于军政部门管辖，调研过程中以笔者一人之力往往无法对该类历史建筑进行拍照记录，抑或无法接近该类历史建筑，只能隔墙观察或从卫星地图上了解其近况。对这类建筑，仍有待寻找契机与相关部门进行合作，以期进一步的调研与记录工作。

（3）南京目前遗存有数量众多的民国军事工事的遗址遗迹，其数量及规模在国内首屈一指。至今存世的南京民国碉堡的具体数量及每个存世军事工事遗址遗迹的具体区位，限于笔者精力仍未能最终逐一确定。在未来的研究中，对南京现存民国军事工事遗址遗迹的定位及数量统计仍为一项艰巨且具有实际意义的工作。

（4）本书中虽对南京抗战建筑遗产以定性和定量评估建立起了其价值体系，并对保护与利用方法提出了初步构想与建议，但仅为理论上的构想，仍需在实践中根据实际情况与专家意见进行完善、补充。

随着研究的深入，笔者深刻认识到南京抗战建筑遗产这一对象涵盖内容的广阔。作为抗日战争时期南京文化的物质承载，其分类与空间分布与当时的历史事件、社会文化、重要人物等息息相关，因而各类型建筑之间并没有特定的统一风格，大量具有个性的历史建筑共同组成了南京抗战建筑遗产。笔者虽基于研究整理出南京抗战建筑遗产，并逐一进行了实地调研，初步建立了南京抗战建筑遗产的价值评估体系，但限于精力和书的篇幅，本书仅能作为南京抗战建筑遗产研究的阶段性成果，有待继续完善与补充。

第二章

南京抗战建筑遗产的概念、
特征及分类

第一节　南京抗战建筑遗产的定义

①中华人民共和国文物保护法 [J]. 中华人民共和国全国人民代表大会常务委员会公报，2002, 000 (011):1–12.

南京抗战文化遗产属于中国抗战文化的物质文化遗产。中国法定保护的物质文化遗产中包括传统聚落、不可移动文物与可移动文物三大类①。南京抗战建筑遗产的内容属于中国法定保护的物质文化遗产，但并不覆盖所有类型。在确定南京抗战遗产中所包含的建筑旧址与遗址遗迹内容之前，必须先确定南京抗战建筑遗产的概念，根据其内涵与特征，划分类型，作为南京抗战建筑遗产保护对象确立的依据。

南京抗战建筑遗产首先属于一种文化遗产。根据《保护世界文化和自然遗产公约》（1972年）的规定，文化遗产（Cultural Heritage）包括：

文物：指从历史、艺术或哲学角度，具有突出的普遍价值的建筑物、雕刻和绘画，具有考古意义的部件和结构、铭文、穴居和各类文物的组合体。

建筑群：从历史、艺术或科学角度，在建筑形式、统一性及其与环境景观的结合方面，具有突出普遍建制的单独或相互关联的建筑群体。

遗址：从历史、美学、人种学或人类学的角度，具有突出的普遍价值的人造工程或自然与人类结合的工程及考古地点。

南京抗战遗产，作为抗日战争文化的物质承载体，既符合以上文化遗产的普遍定义，又拥有自身特殊的历史含义。

人类社会上任何时期产生的任何建筑，都无法脱离历史、社会与人类活动而独立存在，不同的历史时期和社会特征都会赋予建筑独特的个性与历史价值。建筑遗产是客观地记录人类活动的史书，正如任何一段历史都是由正面事件或人物与负面事件或人物组成的一样，作为客观记录历史的建筑遗产，其承载的历史亦可能为某一时期的落后或负面历史。在对建筑遗产保护与开发利用的过程中，不应因历史建筑所承载的历史的负面与落后性而放弃对这类建筑遗产的保护与利用，而应努力对其进行改造，使其成为警示性建筑遗产，与同一时期承载先进文化与历史的建筑遗产结合，以先进历史与文化为主、警示性历史与文化为辅，呈现一段完整的历史与文化。

因此，本书所提出的"南京抗战建筑遗产"，具体所指为南京抗战文化的一种物质载体，是具有视觉效果和现实利用价值的南京抗战文化。其同相关文献资料一样，都是对南京抗战历史的记录方式，是将记忆实体化呈现的一种手段。研究南京抗战建筑遗产，是研究南京抗战历史、发掘南京抗战文化的主要方式。

南京抗战建筑遗产是南京抗战文化遗产的重要组成部分，而抗战文化遗产可分为两大类：一是以不可迁移的固定物为表征的遗址，二是以可移动的非固化为表征的抗战文化遗产。两大类共具体涵盖以下众多项目和内容：抗战政治、军事机构活动遗址；指挥地及战场遗址；抗战英雄活动遗址和死难烈士纪念碑、塔、墓；抗战文化机构活动遗址；日军侵华罪行和人民灾难遗址、遗物；国际援华抗战、反战机构及人员活动遗址；名人住址、故居；抗战标语、石刻；抗战文学、抗战戏剧、抗战歌曲；学者研究成果；等等。结合抗战文化遗产的内容，基于南京在抗战期间的特殊历史背景，我们可以将以下几类建筑及其附属物划归于南京抗战建筑遗产之列：

（1）与全国抗战过程中重大活动有关、对战局曾产生重大影响的故地与遗迹。

（2）为抗战而修建的各类战时建筑及其附属物，抗击日本帝国主义侵略的过程中所留下的战场遗址、遗迹。

（3）具有警示性意义的历史建筑及遗址遗迹，其中包括：

①在抗战期间被日伪使用、霸占或遭到日伪破坏的重要建筑及其附属物。

②日本帝国主义侵略下沦陷区内出现的、特殊时期特有的建筑及其附属物。

（4）中共新四军南京根据地、人民政府旧址。

（5）抗战期间与之后及现代所修建的抗日烈士墓葬，以及各类纪念抗战时期人物与历史事件的建筑及其相关设施。

（6）与抗战相关的历史名人的故居、旧居。

南京的抗战遗产建筑与中国其他地区抗战文化遗产建筑相比，具有更为鲜明的独特性。首先，它既包括一系列经长期规划、筹备，在国民政府聘请的德国军事顾问指导下建设而成的现代化军事防御设施的遗址遗迹，也包括被改建的中国传统军事防御设施，如南京明城墙上的现代军事工事遗址；其次，它包含南京沦陷前日本帝国主义侵略战争的战争罪行及南京沦陷以后日军血腥屠杀、劫掠的罪行的罪证；再次，它包含南京城沦陷后在日伪统治下所产生的新建筑及被迫更替使用功能的原有建筑，体现了在日军及日当局扶持的伪政权下产生的日本帝国主义侵略社会特征；最后，也是最为重要的，它拥有中国军民在沦陷区积极反抗日本帝国主义侵略，争取民族自由与解放的活动的遗迹与遗存。可以说，南京的抗战遗产建筑承载的是一部完整的中国在日本帝国主义侵略、压迫、残害下奋勇反抗，最终获得胜利的民族史书。从建筑风格上来说，南京抗战建筑遗产中的主要历史建筑属于民国建筑的一部分，具有民国建筑的典型风格，由于位处南京而被赋予了特殊的历史含义，南京军民对日本帝国主义侵略的反抗和牺牲，更给予了这些历史建筑新的历史价值。

综上所述，本书所提出的南京抗战建筑遗产，是指承载着 20 世纪中国抗日战争这一特定历史时期内南京特殊历史记忆的建筑物、建筑群、建筑环境、战争遗存遗迹、现代新建的纪念性建筑，以及与这段历史时期息息相关的历史名人的故居、旧居、陵墓、纪念性建筑等，并不是特指代表某一种或某一时期建筑风格的历史建筑。

第二节　南京抗战建筑遗产的内涵

为更深入认识和理解南京抗战文化中的建筑遗产，更好地保护与利用南京抗战建筑遗产，首先要对南京抗战文化中的建筑遗产的内涵作出明确界定。

抗战建筑遗产，首先是依托于抗战文化的。抗战文化，是一种以民族大义为前提，以多元政治为基础，以多种表现形式所表达出来的文化。这种文化不局限于意识形态的层面，也通过战争与服务于战争的物质形态表达出来。中国的抗战文化拥有大量而丰富的物质文化遗存。近年来，在全国范围内对抗战文化的研究呈现出百家争鸣的文化大繁荣状态。在对抗战文化的分类上，国内学者们提出了解放区文化、国统区文化、沦陷区文化、内迁文化、西部抗战文化等多种概念，成为当今研究抗战建筑遗产的理论基础。

其次，抗战建筑遗产，它同时又是一种文化遗产。文化遗产是指人类在社会历史实践中所创造的具有文化价值的财富遗存，是一个国家、一个民族在长期的积累中形成的物质文明与精神文明的统称。抗战建筑遗产作为某一特定文化遗产的物质载体，具有文化遗产物质载体的普遍特征。与此同时，抗战建筑遗产与广泛概念中的文化建筑遗产相比，又具有一个特殊时期的特定的内涵和历史的坐标性。《中华人民共和国文物保护法》中，明确将"与重大历史事件、革命运动或者著名人物有关的以及具有重要纪念意义、教育意义或者史料价值的近现代重要遗迹、实物、代表性建筑"列为保护对象。抗战文化建筑遗产既符合国家《文物保护法》中对近代文物保护对象的定义，又具有遗址类文物"不完整性"的一般特性，同时它还拥有一定的区域范围性，其所涵盖的内容包括近现代文物、建筑及其附属物。这类具有社会公共物品性质的城市资源，是城市抗战历史文化独一无二的载体和中华民族抵抗外来侵略并最终取得胜利的见证，具有时代性、不可再生性、不可替代性，同时还兼有城市符号与历史象征的作用。

南京作为国民政府选定的首都城市，自1927年起开始进入较为稳定的城市规划、建设、发展时期。在这一时期内，不仅制定出中国城市建设史上第一部正式的城市规划文件《首都计划》，初步奠定了南京现代化城市的基础，形成了现代南京的城市骨架，还对南京之后的城市建设产生了重要影响。也正是在这一时期的城市大建设中，折中主义、古典主义、传统中国宫殿式、新民族形式、传统民族形式及现代派风格等建筑风格在南京城中百花齐放。中国本土建筑师在南京设计建造政府官方建筑与民间建筑时，在实践中迅速发展出了个性鲜明的民国建筑风格。各类新建建筑涉及政治、经济、文化、社会等各个领域，其规格之高、种类之齐全，在当时全中国范围内是首屈一指的。国民政府在全力以赴地建设首都南京的同时，盘踞于中国东北三省的侵华日军却一直窥视着中国其他地区的丰富资源。面对步步逼近的被侵略危机，1934 年起国民政府开始在德国专家的指导下修建以南京为中心的军事防御体系。从南京与上海之间新建的国防阵地到利用南京明城墙进行改建的城市最后一道军事防御阵线，四重防御体系上所建设的数以千计的碉堡、炮台、掩体等军事工事的遗迹至今仍然有迹可循。1937 年 12 月南京沦陷之后，日军在长达数周的时间内屠杀战俘与无辜平民、强奸中国妇女、洗劫市民财产、焚毁市内房屋。此后，南京陷入了长达八年之久的日伪统治。

如今，随着时间的推移，已经发现的能够直接证明侵华日军暴行的南京大屠杀遇难者丛葬地已达 22 处；日军及日侨在南京开办的迫害中国、日本、韩国妇女的侵华日军"慰安所"超过 40 家，至今仍有 9 处旧址建筑有迹可循；日军生化武器部队荣字第一六四四部队，在南京建立实验室与生化武器生产工厂，实施骇人听闻的人体活体实验，并参与数次针对中国军民的灭绝人性的细菌战争，其部队驻扎的原国民政府中央医院至今保存完好。日伪统治期间，南京亦是侵华日军中国派遣军司令部、日本总领馆、日本大使馆所在地，日军更是在南京最繁华的城市中心地带划出"日人街"，专供日本人生活、经商。这期间，作为掠夺中国资源的主力，日本国策公司如中国振兴株式会社、华中矿业股份有限公司、华中水电股份有限公司、上海内河轮船股份有限公司等数十家日本国资企业，在南京均设有事务所与营业部。日本十多家大型新闻社也在南京设有分局。日伪政府在南京的城市规划上毫无建树，但留下了数处建筑遗址，如九华山顶三藏塔，五台山顶 1 号、2 号建筑等。

南京沦陷八年期间，中国各界爱国抗日力量也以南京为斗争中心作出了巨大的努力，留下了大批抗日遗存与遗址，如南京四郊的中共新四军抗日民主政府建筑等。无数先烈在南京为争取民族自由、抗击日本帝国主义侵略献出了宝贵的生命，群众与政府相继为这些英烈们建造起墓葬与纪念、缅怀的建筑和设施。

综上所述，南京抗战建筑遗产是指受到抗日战争影响，在南京留存的以被日伪霸占的民国建筑及沦陷时期重要历史事件发生地的遗存与遗迹为代表，包括战争期间直至现代所建造起来的纪念、缅怀抗战时期历史事件与人物的重要建筑遗存及新建建筑，是不可移动的文物与现代建筑。同时，南京抗战文化遗产还包括这些不可移动文物及现代建筑所体现的历史、文化背景和演变过程。所以，南京抗战建筑遗产既承载着中华民族的一段抗争历史与中国人民的集体记忆，又彰显出人文价值和一座城市的个性与文化品位。由此可见，南京抗战建筑遗产同时具有社会价值、历史价值、科研价值与经济价值。

区别于传统的文物保护，文化遗产建筑的保护更强调传承性与公共参与性。所以，对于南京抗战建筑遗产的保护与利用不是最终目的，重要的是为了将这份珍贵的文化遗产传承下去的历史过程。同时，应加强宣传，发动广大群众，使抗战建筑遗产的保护成为每一个市民都拥有认同感的城市公共事业。所以，南京抗战文化中建筑遗产所包含的内容不仅仅是历史遗留下来的物质载体，还包括物质载体背后所承载的各种人文信息及其所构建的城市记忆。这段城市记忆是南京城市文化的重要组成部分，是构建南京精神时必不可少的关键要素之一。

在近代南京城市的发展与建设中，抗战时期是南京城市发展的停滞与倒退时期，这一时期遗留下来的建筑遗产包含的是中华民族抵抗外来侵略所进行的正面顽强抵抗，为保持民族独立、争取民族解放在南京展开活动的城市记忆，体现了中华民族面对侵略不畏强敌、顽强抵抗，在危难中崛起、在困境中图强的民族精神，包含了在这一段艰难的时期内南京市民所形成的意识形态和生活习俗等。

中华民族不因敌强而坐以待毙，在压迫下生存与反抗并最终获得胜利；驳斥日本右翼否认南京大屠杀史实、向全世界展现在极端迫害下中华民族自始至终都不曾屈服的抗争精神；城市虽在抗战中饱受摧残，但仍保持着坚韧的气节，这便是南京抗战建筑遗产所要表达的重要内涵之一。

不容置疑的抗战建筑遗产是南京这座历史文化名城最具有代表性、最富含价值的城市资源之一。其不仅仅是南京市的宝贵财富，更是全中国乃至世界的宝贵财富。保护和开发利用南京抗战建筑遗产，就是在认识和理解抗战文化与抗战精神的基础上，传承和发扬抗战文化精髓，增强群众对民族抗战精神的认知，提升城市人文气息与城市认同感，使抗战文化真正走入城市生活，成为全市人民共享的城市文化资源。

第三节　南京抗战建筑遗产的特征

本节归纳的南京抗战建筑遗产特征，是指构成南京抗战建筑遗产的各类建筑的总体特征。从此宏观层面进行归纳，南京抗战建筑遗产的特征总结为以下几点。

1. 建筑种类的多元化特征

划定南京抗战建筑遗产范围的依据，是该历史建筑处于南京抗战的历史阶段内，并对南京抗战历史上的人物、事件、活动造成影响或被其影响，或是影响南京抗战历史进程的重大历史事件发生地，以及相关历史事件与民族情感的储存场所。所以，南京抗战建筑遗产并不局限于某一个建筑类别，也不会局限于某个始建时期，同时也会与属于其他类型文化的建筑遗产存在交叉，也就造成了组成南京抗战文化遗产的建筑种类具有多元化的特征。

（1）同时拥有历史建筑与现代建筑

南京抗战建筑遗产作为一种文化遗产的物质承载，按其建造时间进行分类可分为 1949 年前建成的历史建筑及新中国成立后（1949 年至今）建成的现代建筑两大类。

建于 1949 年之前的历史建筑亲历过历史，其价值除作为南京抗战文化遗产的物质承载物之外还包括建筑自身的价值。而一些重要的历史事件在抗日战争时期并没有留下建筑物或纪念设施，新中国成立后，为铭记这些历史记忆，纪念在抗战过程中牺牲的英雄与死于侵华日军屠刀下的同胞，政府与群众在这些历史事件发生的最具代表性的地点建立起纪念设施。这批现代建筑对于南京抗战文化来说，其主要价值不在建筑自身，而在于其承载的抗日战争时期的历史记忆。

（2）建筑规格高、数量大

南京在抗战前后直至解放前均为中国首都，在抗日战争时其是华中伪政权的首都城市，造成南京所拥有的抗战文化遗址遗迹不论是在规格、数量上还是在种类上，都与南京在抗战时期的地位与影响形成正比。在沦陷之前，南京作为中国首都，是当时中国经济、文化与政治的中心，是全国最先进的军事工业、高等院校及综合研究院所在地，同时聚集了众多的专家学者和社会名人。在此期间，南京城内建起了一批规格高、质量好，并拥有独特风格的建筑。抗日战争期间，这批美轮美奂的新式建筑部分毁于战火，其他绝大部分被日伪占据另作他用。南京沦陷的八年期间，侵华日军及伪政权在南京所实施的残暴统治、无以计数的暴戾行径，均化为历史的印痕深深刻在了南京抗战建筑遗产之中。

经笔者调查证实，现存的 332 处南京抗战文化建筑遗产中，拥有市级以上文物保护级别的就有 204 处，占总数的 61% 以上，其中包括国民政府总统府、行政院，中央研究院，中央大学，英国、美国大使馆，孙中山陵园，蒋介石、宋美龄等名人官邸或旧居等 57 处国家级文物保护单位。这些历史遗迹毫无疑问不论从它们的历史地位、所发挥的历史作用上，还是名人效应上，都具有非常重要的文物价值。

（3）类型丰富

抗日战争是中华民族反抗法西斯侵略所进行的一场旷日持久、艰苦卓绝，并最终取得了彻底胜利的战争，是中国近代史上最为重要的一段历史。抗战期间，南京社会发生了巨大的波动，从全国城市现代化建设鳌头的位置一夕之间坠入侵华日军及其扶植的伪政权残暴统治与压迫的历史谷底。城市政治、经济、文化与社会生活等方面都发生了极大的变化，这些都反映在南京抗战时期的文化及其遗产之中。

经笔者实地调研证实，现存的 332 处南京抗战文化建筑遗产中，民国历史建筑有 256 处，其中包括南京国民政府旧址机构 40 处，驻华使领馆旧址 13 处，科学、教育机构旧址 23 处，医疗机构旧址 5 处，文化、体育机构旧址 9 处，服务、娱乐场所旧址 17 处，金融业建筑旧址 8 处，宗教建筑旧址 9 处，陵园、墓葬与纪念性建筑 12 处，工业建筑旧址 12 处，南京保卫战遗址遗迹 19 处，南京沦陷初期难民所旧址建筑 4 处，中共抗日活动南京旧址与遗址建筑 15 处，抗战时期的名人故居与旧居建筑 62 处，侵华日军"慰安所"旧址建筑 9 处，日侨、日俘集中管理所旧址 1 处。

日、伪建筑旧址有 20 处。

近现代抗战纪念性建筑共 52 处，其中南京大屠杀遇难同胞殉难地与丛葬地纪念设施 23 处，抗日英雄墓葬及纪念设施 29 处。

这之中重要机构旧址、名人旧居、科学教育机构、陵墓与纪念性建筑等现存总数达 201 处，共占总数的 61% 左右。另外，在 66 处暂未评级的文物点中，还包含了不少于 200 个的抗战军事设施遗址遗迹点，仅以其所属大类计数，如"明城墙抗战军事遗址遗迹（玄武区段）"等。以上足以说明南京抗战建筑遗产不仅种类非常丰富、数量众多，还具有重要的历史价值与意义，是南京城市文化中不可或缺的一个部分。

南京抗战建筑遗产因各类建筑建造时间不一、功能各异、建筑建成之初质量参差不齐，所以时至今日，其各类别建筑现状条件差异很大。对于已经作为南京民国建筑得到了评级、保护与利用的南京历史建筑遗产，虽然它们同样经历了南京抗战时期历史与日伪侵占干预，但其主要体现的是其作为南京民国文化遗产的特征，仅需在其挂牌介绍的相关建筑遗产历史与文化中添加南京抗战时期的相关信息，无需将其另行纳入南京抗战文化建筑遗产的保护体系。所以，在后续对南京抗战文化遗产中建筑遗产的保护与再利用中，须根据其主、次属性再加分类，并采取具有针对性的措施。

2. 在重大历史事件影响下波澜曲折的时间分布特征

南京抗战建筑遗产的出现、存在与发展受到重大历史事件的影响，其时间分布可以归纳为五个阶段及一个时间节点。

（1）第一阶段（1927—1937年），界定时期上限的重大历史事件是国民政府开始在南京稳定执政，并着手进行城市的现代化规划，界定时期下限的是侵华日军兵临南京城下，南京城市攻防战一触即发。这一时期是南京由中国传统城市向国际化大都市转型的重要时期。南京城市空间按照当时较为先进的城市规划理论进行了建设，并最终确立了整座城市的功能布局及现代化道路形成的城市轴线。在这一时期内，南京城内建筑起数量众多高质量的政府建筑及私人建筑。随着战事逼近，中国政府又在南京城市内外按德国军事顾问的建议建设起军事工事，并对南京的明城墙进行了加固及现代军事工事的改建。这些建筑及军事工事之后都亲历了南京抗战历史，成为南京抗战建筑遗产的重要组成部分。

（2）时间节点（1937年12月），界定时间节点的重大历史事件是南京保卫战的爆发。确定这一时间节点的重要原因是在这一时间节点上，南京城市内外的各类建筑在侵华日军的破坏下急速减少。虽在南京保卫战之前，侵华日军已对南京城进行过长时间的无差别轰炸，但轰炸中所损毁的建筑数量只占南京全城建筑数量的一小部分，不足以造成南京城市空间的重大改变。而在南京保卫战爆发，南京沦陷后的短短十余天内，进入南京城的侵华日军以小队的形式对南京曾经的繁华商业区、高档别墅区等区域进行了有组织的先抢劫再纵火焚烧的劫掠行为。南京城南、城东几乎化为焦土，全城超过三分之一的房屋遭到完全的破坏，其中包括闻名全国的历史建筑夫子庙等。同时，侵华日军制造了震惊世界、惨绝人寰的南京大屠杀惨案，南京社会完全停摆。而在这个时间节点之后，南京城内仍保留下来的质量较高的政府建筑及私人建筑几乎全部因被日伪霸占而改变了功能，南京的工业、商业及社会公共事业等发展全面倒退。

（3）第二阶段（1937年12月23日—1940年3月29日），界定时期上限的重大历史事件是南京沦陷后侵华日军及日当局匆忙扶植起第一届南京伪政府（伪南京自治委员会），界定时期下限的是伪维新政府被日当局遗弃而覆灭。这一时期，侵华日军及日当局为实现其殖民统治，控制南京市民，匆忙扶植起第一届伪政府。仅在一年之后，由于对第一任伪政府内官员不满，日军及日当局又在南京于1938年3月28日扶植起第二届伪政府。匆忙上台的两届伪政府在日军及日当局的直接指使下，既无钱财也无权力，其所做的工作主要是组织人力将散布在南京各处的被日军屠杀的中国军民的尸骸收殓、集中掩埋。对于南京的残损建筑其无力修复，对于城市的管理也主要是对于城区范围地再加规划。南京城中心地带在日军及日当局的支持与默许下开始形成日本人专属的"日人街"，多有中国业主被日人驱赶、房屋被霸占的事件发生。南京城市框架未变，但没有大规模的修复及新建造活动，仅仅第二届伪维新政府在即将被解散之前，为在历史上留下名声而建造了一处"周年纪念塔"。

（4）第三阶段（1940年3月30日—1945年9月9日），界定时期上限的重大历史事件是汪伪国民政府成立，界定时期下限的是日本政府无条件投降，中国抗日战争获得全面胜利后中国政府于南京受降。相较于前两届伪政府，汪伪国民政府打着"正统国民政府"的幌子，获得了更多的政治权力和自由，但实质上仍为日军及日当局的傀儡。这一时期，南京城市区域范围再度被重新规划，城市公共设施虽基本恢复运作却缺少保养与维修，城区内在日方的指使与授意之下，"皇民化"教育和殖民宣传开始成规模、成系统地展开。为粉饰太平与宣传殖民思想，一些纪念性建筑和宗教建筑被建立起来。

1938年起中共新四军便积极组织队伍进入苏南沦陷区，发动群众与日伪进行斗争。此时拥有了自己伪军的汪伪政府开始联合侵华日军部队在南京郊县展开"清乡"。

总而言之，这一时期的南京城市空间格局仍未有重大变更，大多数因战争被毁坏的建筑与区域仍未被妥善修复。日伪政府及日本军队多数仍霸占使用原国民政府建筑及原市民所建私宅，鲜少有新建筑建成，而新修建筑中大部分都是纪念性建筑。

（5）第四阶段（1945年9月9日—1949年4月23日），界定时期上限的重大事件是南京受降，界定时期下限的是南京解放。在这一时期内，因全国抗战的胜利，南京人民从日伪统治下获得了自由，一些日伪时期由侵华日军及伪政府所建造的纪念战死侵华日军及伪政权的纪念性建筑被夺回南京统治权的中国政府及获得自由的南京人民自发地进行了拆除。如保泰街汪伪"保卫东亚纪念塔"被完全拆除，菊花台顶侵华日军表忠碑被拆除后现存基座遗址。

（6）第五阶段（1949 年 4 月 23 日至今）

新中国成立后，南京周边郊县百姓开始自发地在一些原中共新四军积极活动对抗日伪及反动势力发生重要战斗的地点及烈士牺牲的地点之上建造起纪念设施，同时自发地祭扫当地的烈士墓。南京市、镇、村政府也开始以在重大战斗发生地、烈士牺牲地建立起纪念碑等形式缅怀英雄先烈。

1982 年开始，随着社会各界及相关领域专家对南京沦陷时期侵华日军在南京制造的惨绝人寰的大屠杀事件的历史史实的揭露，相关历史的研究逐渐步上正轨。1985 年起，南京市政府开始在已经考证的南京大屠杀事件中遇难同胞的殉葬地建造起南京大屠杀遇难同胞丛葬地纪念碑。

这些纪念性建筑，虽然是在新中国成立之后才陆续建造起来的新建筑，但是仍是南京抗战时期发生的重要历史事件的物质承载。由于政治、历史、文化等种种原因，具有纪念意义的历史建筑未能在历史事件发生的当时形成，而是随着新中国的成立、社会文化的开放而逐渐被建造起来，这类现代建筑仍应归为南京抗战建筑遗产之列。

由此可见，南京抗战建筑遗产具有在重大历史事件影响下波澜曲折的时间分布特征。

3. 集中于老城区、逐渐向郊县发散的空间布局特征

在笔者实地调研后证实，现存的 330 处南京抗战建筑遗产中，有 248 处位于南京明城墙所圈定的南京老城区内。这既与南京抗战建筑遗产主要由原国民政府于战前所建筑的政府机关建筑与城区内高质量的建筑组成有关，也与在中共新四军的领导下南京郊县区域内抗日武装力量积极活动，日伪力量无法发展至南京明城墙之外的区域，只能龟缩在主城区内有关。所以，位处南京郊县的抗日建筑遗产，除去零星几处位于道路及铁路交通要道沿线与日军掠夺中国矿藏地点上的日军建筑外，均为中共新四军根据地旧址、遗址及与日伪

军进行激烈战斗的纪念地。

所以从空间布局上来看，南京抗战建筑遗产具有集中于老城区、逐渐向郊县发散的特征。

4. 特殊历史时期中西方文化与建筑风格交融的营造特征

南京抗战建筑遗产的主要建筑艺术价值体现在抗日战争爆发之前所建成的数量众多的高质量建筑之上。南京的民国建筑是中国近现代建筑的重要组成部分，有"隋唐文化看西安，明清文化看北京，民国文化看南京"的说法。

全面抗日战争爆发之前，南京作为政府集全国之力所建设的首都城市，既地处中国南北之中，交通便利，又云集全国名人志士，文化兼容并蓄，在城市现代化的过程中所建成的建筑既有北方的端庄浑厚之气，又兼有南方灵巧细腻的特质，既拥有西方现代化建筑的布局与设施，又拥有东方传统建筑的神韵。南京的民国建筑风格主要有折中主义、古典主义、传统中国宫殿式、新民族形式、传统民族形式及现代派六种，兼容中外融会南北，堪称中西方文化与建筑风格交融的缩影，具有民主共和体制初期在中国出现的中西方文化与建筑风格交融的营造特征。

南京民国建筑数量众多，其种类涉及政治、经济、文化、社会生活等各个方面。建筑种类全面，且其规格堪称当时全国之最，是 20 世纪上半叶国家首都规划和建设的智慧结晶。这些建筑中有的在抗战伊始被日军破坏，有的在南京沦陷期间被日伪霸占成为历史人物的见证者、历史事件的亲历者，因而成为南京抗战建筑遗产的重要组成部分之一。

5. 蕴涵抗日战争时期多元政治文化特征

一般认为，抗战文化是指 20 世纪三四十年代一切为抗战服务及对抗战有利的文化[1]。但这种概念描述仅包含了抗战期间中国军民抗击侵华日军而产生的文化，而忽视了在日占区处于日伪统治下的特殊社会形态所产生的特殊文化。这两方面的文化同时存在，并互为因果关系、相互影响。中国抗战时期，由于各方势力的不同政治主张而产生了不同的文化，同时不同的文化也为不同的政治目的服务。存在于日伪统治之下的沦陷区社会文化是最真实的帝国主义日本侵略中国的证据。其应与中国军民抗击侵略而产生的文化一起成为中国

① 唐正芒. 近十年抗战文化研究述评 [J]. 湘潭大学学报（哲学社会科学版）. 2007,31(4):123-131.

抗战文化的两个重要组成部分，而不应被割裂、被划出抗战文化的范畴。

　　但同时必须明确的是，南京抗战文化是以民族大义为前提，以新民主主义文化为主流，以共产主义文化为中坚力量，以沦陷区文化为侵华日军历史罪证，由多元政治基础组成的民族文化。而南京抗战建筑遗产即为南京所具有多元政治文化特征的抗战文化的物质载体。

第四节　南京抗战建筑遗产的空间布局

1. 南京抗战建筑遗产的分布状况

抗战全面爆发后，作为正面战场上与侵华日军进行顽强斗争的首都城市及沦陷后华中伪政权的首都，南京成为华中沦陷区抗日斗争的核心地区与日伪统治最为严密的城市。抗战胜利后，南京又成为受降城市及开展遣送日军与日侨回国工作的主要城市之一。由此可见，南京在整段中国人民抗日战争的历史中，都是国内外关注的焦点。在南京，汇集了为抵抗日本侵略所修筑的军用、民用设施，抗日正面战场所遗留的战场遗迹，国民政府主要机构、各党派的活动场所，各国驻华使领馆，日伪时期侵华日军迫害中国人民、各国妇女的历史罪证，中共八路军、新四军抗日活动旧址等重要历史文化遗址遗迹。这些地点、机构、场所、设施，成为今天南京抗战文化遗产的主要物质承载，是这段抗战历史留给南京的宝贵财富。

进入 21 世纪以来，以第三次全国文物普查结果公布、南京青年奥林匹克运动会申办成功为契机，南京市政府制订了南京市文物事业"十二五"发展计划。至 2011 年全国第三次文物普查结果公布，南京市拥有世界文化遗产 1 处、文物保护单位 387 处、保护点 448 个，其中国家级文物保护单位 27 处 81 个点，省级文物保护单位 100 处 107 个点，市级文物保护单位 260 处（个）。南京在第三次全国文物普查中共收录不可移动文物 2 954 处，其中复查不可移动文物点 1 129 处，新发现不可移动文物点 1 825 处，这其中属于民国时期的文物保护单位有 177 处。但在提上日程的南京文物及历史地段、历史风貌区的保护与整治工程中，遗憾的是并没有出现"南京抗战文化中的建筑遗产"这一门类。

南京抗战文化中的建筑遗产数量庞大，包括但不仅仅包括大部分已经被定级的南京民国建筑，各类文物点众多，并广泛地分布在南京城区及各个区县之内。经过笔者对南京抗战建筑遗产的初步调查与统计，截至 2018 年 8 月，南京现存抗战建筑遗产（旧址、遗址、遗迹）330 处（个），其中已经被评定为国家级文物保护单位的有 53 处（个）、省级文物保护单位的有 54 处（个）、市级文物保护单位的有 97 处（个）、区县级文物保护单位的有 59 处（个），未评级的文物点有 67 处（个）。其在南京各区县分布状况如表 2-1 所示。

表 2-1　南京市各区县抗战遗址、遗迹分布统计表　　　　　　　　　　单位：处／个

区县	国家级	省级	市级	区县级	文物点	合计
玄武区	18	11	22	4	10	65
秦淮区	6	9	15	12	13	55
鼓楼区	21	26	44	13	14	118
建邺区	3	2	1	2	1	9
栖霞区	2	0	3	3	3	11
雨花台区	2	2	2	0	3	9
浦口区	1	1	1	5	3	11
江宁区	0	2	7	6	7	22
六合区	0	0	2	11	4	17
溧水区	0	0	0	0	5	5
高淳区	0	1	0	3	4	8
总计	53	54	97	59	67	330

以行政区划分来看，南京抗战建筑遗产主要分布在城市中心区域：玄武区 65 处（个），秦淮区 55 处（个），鼓楼区 118 处（个），建邺区 9 处（个），其余 83 处（个）均散布在其他 7 个城市周边行政区内。总而言之，南京抗战建筑遗产呈现出数量多、分布广的特点，形成以南京城市中心为圆心向城市近郊及远郊发散的布局形态。在南京城市中心区内，以新街口为中心交汇点向东北、东、南延伸的中山北路、中山东路、中山南路三条城市主要干道的范围内分布最为密集。这同时也与南京市已经划定的民国风貌区轴线有部分的区域重叠，也是最方便展开保护与开发利用的部分。除这部分抗战文化建筑遗产外，仍有不少建筑遗产分布在南京的郊县与山野中，需要及时加大普查与保护力度。

2. 南京抗战建筑遗产分布特点

根据现有统计的分析与总结，南京抗战文化中的建筑遗产拥有多重历史含义，分布相对集中。

南京抗战建筑遗产主要分布在主城内三条轴线、五个区域中。三条轴线为：中山码头至鼓楼的中山北路一线，鼓楼至中华门的中山路—中山南路一线，以及汉中门至中山门的汉中

路—中山东路一线，串联起五个区域（图2-1），它们分别是：

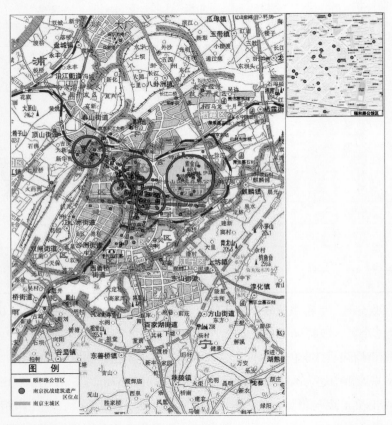

图2-1　南京市城区抗战建筑遗产总区位图
图片来源：笔者自绘

（1）中山陵园地区。中山陵园地区本就在南京民国建筑中占有重要地位，是孙中山先生陵寝所在地。在南京抗战建筑遗产中，中山陵地区同样占有举足轻重的地位，存有大量侵华日军破坏城市，劫掠文物、书籍的罪证。在抗日战争期间，中山陵园内的林木除在南京保卫战中被侵华日军的炮弹大面积烧毁外，南京沦陷后亦被侵华日军砍伐用作燃料使用。中山陵园地区内几乎全部建筑也均遭受到侵华日军的破坏、劫掠与霸占。其中包括南京沦陷后被侵华日军侵占作为军用医院并开办"慰安所"的国民革命军遗族学校旧址（其女校校区建筑），沦陷期间遭到侵华日军严重破坏的藏经楼，被侵华日军炸毁的永慕庐、桂林石屋、永丰社，遭到侵华日军洗劫的国民革命历史图书馆及仅残存有建筑构件和基地遗址的总理陵园管理委员会，以及内部建筑、祭器遭到侵华日军破坏与洗劫的谭延闿墓、范鸿仙墓，此外还有南京伪政府首脑人物汪精卫墓葬遗址等。除去被侵华日军破坏的历史建筑，中山陵地区还拥有数量最多、体系最为完整的南京保卫战民国军事碉堡遗址、旧址群。在南京沦陷期间中山陵地区也是侵华日军集中屠杀南京无辜民众及已缴械的中国军人的地点之一，在紫金山东麓集中掩埋遇难同胞尸骸处，现有侵华日军南京大屠杀遇难同胞东郊丛葬地纪念碑。

（2）下关地区（现已并入鼓楼区，以下仍用下关，不再说明）。下关作为近现代南京重要的对外通商口岸，在沦陷之前商户云集，沦陷之后为侵华日军霸占，并进而掌控南京全部的对外客货运输，同时，由于侵华日军大部驻军于下关地区，下关也成为南京城外侵华日军"慰安所"开办最为密集的区域之一。而由于靠长江江畔及南京保卫战后期中国军队集中向下关地区撤离的原因，南京下关地区沿江江畔成为侵华日军南京大屠杀中集中屠杀南京无辜民众及已缴械的中国士兵最为密集的地区。位于下关地区的南京抗战建筑遗产中包括中山码头、铁路轮渡栈桥旧址、南京下关车站、民国海军南京医院旧址、和记洋行旧址、首都电厂旧址、被日人宫原静雄霸占经营的扬子饭店，以及南京安全区国际红十字会委员会主席约翰·马吉工作的基督教道胜堂旧址等。此外，还有在侵华日军大屠杀遇难同胞丛葬地上建立起来的中山码头遇难同胞纪念碑、草鞋峡遇难同胞纪念碑、燕子矶江滩遇难同胞纪念碑及鱼雷营遇难同胞丛葬地纪念碑。

（3）太平南路地区。太平南路地区为商业区。在南京沦陷初期，曾为南京最繁华商业区的太平南路地区遭到侵华日军有计划、有组织的洗劫与纵火，整个地区破坏严重。伪政权成立之后，该区域被划归入所谓"日人街"范围之内，全部商业店铺均由侵华日军引进的日人经营。同时，由于太平南路地区靠近国民政府中央政治区，是南京沦陷之后城内日军驻守最为密集的地区，也是南京城内侵华日军"慰安所"开办最为密集的区域之一。抗战建筑遗产包括中华书局南京分店旧址、三友实业社旧址、国民大戏院旧址、日本人办事处旧址、基督教圣保罗堂等。另有5处现存侵华日军"慰安所"旧址建筑，即青南楼"慰安所"—菊水楼"慰安所"旧址（文昌巷19号）、东云"慰安所"—东方旅馆旧址、故乡楼"慰安所"即现今的利济巷"慰安所"旧址陈列馆、浪花楼"慰安所"旧址（中山东路四条巷树德里48号）、松下富贵楼"慰安所"旧址（常府街细柳巷福安里3号）。

（4）颐和路地区。颐和路地区为新住宅区，又称公馆区。南京沦陷前，此地区为国民政府规划的高级住宅区，区域内小住宅云集，建筑质量高，体现了民国时期小建筑风格的多样性与特点，众多抗战时期著名人士在此处购置房产。南京沦陷后，此区域中的建筑多为日伪官员霸占使用，汪伪政府更是将其特务机关设置于此。此区域的建筑遗产包括邹鲁公馆、顾祝同公馆、薛岳公馆、黄仁霖公馆、汪精卫公馆、南京沦陷后侵华日军霸占作为其南京招待所使用的阎锡山公馆、汪伪特工总部南京区本部旧址等。

（5）百子亭地区。百子亭地区为使馆区。南京沦陷之前，此处是使馆云集的区域，同时由于靠近玄武湖风景区，亦有众多民国著名人士在此购置房产。南京沦陷后，这里的建筑与南京其他质量较好、等级较高的建筑一样遭到侵华日军的洗劫及破坏，之后被日军霸占使用，例如徐永昌公馆、王世杰公馆、桂永清公馆、孔祥熙公馆等。同样，由于该片区靠近原日本大使馆，是侵华日军官员云集的区域，因而也成为侵华日军"慰安所"较为集中的片区，现存一处"慰安所"旧址，即傅厚岗"慰安所"旧址（高云岭 19 号）。

此外，中山码头至鼓楼的中山北路一线，鼓楼至中华门的中山路—中山南路一线，以及汉中门至中山门的汉中路—中山东路一线三条轴线沿线均为原国民政府中央机构较为密集的区域，这些机构建筑在南京沦陷期间均为日伪军政部门所霸占使用，应在相关历史建筑介绍中补充这一段历史。

南京市区之外，六合竹镇与高淳老街两个片区为南京抗战建筑遗产保护与开发利用较为成熟的片区，另有冶山镇东王社区老街与桠溪镇跃进村西舍自然村等地区为抗战期间中共新四军活动较为集中的地区，留有数量众多的革命历史相关建筑旧址与遗址遗迹，有待集中保护与开发利用。

从整体上来看，南京抗战建筑遗产在全市 11 个行政区内均有遗存，但其分布却是十分不均衡的。已经被定级为市区级以上文物保护单位的遗址遗迹集中分布在玄武区、秦淮区、鼓楼区内，其余 8 个行政区所拥有的市、区级以上文物保护单位寥寥无几。这种情况的出现，与抗战开始前国民政府在南京进行的为期十年的城市建设有关，根据《首都计划》及之后的《首都计划调整计划》而进行的城市建设，如今南京抗战建筑遗产中重要机构及重要历史相关遗址遗迹主要集中在南京中心城市中部及东部地区。南京沦陷期间，侵华日军在南京原商贸最为繁华、建筑规格最高的地区划出"日人街"，霸占中国业主房屋，供日侨居住并进行商业活动，这也就造成了日伪政权时期的历史建筑与民国重要机构旧址产生了区位的重叠。

在军事设施及战场遗存方面，南京由于特殊的地理位置，北邻长江天堑，东有紫金山制高点、南有雨花台及周边小高地组成的高地群。从淞沪战场一路追击中国军队而来的侵华日军，要想拿下南京城，就必须夺取南京周围的高地，而国民政府也早在 1932 年便开始计划在南京周围的军事要地建设防御阵地。这就造成南京现存主要军事设施分布地即为保卫战时中国守军与侵华日军交战的战场所在地。

而抗日战争时期，由于南京主城区处于日伪的高压控制之下，中共组织的抗日活动主要在包围南京的周边郊县进行，所以现存中共新四军抗日民主政府旧址建筑均处于南京主城区之外的行政区内。在南京城市中心建设饱和、即将向周边区县发展建设城市新区之际，南京抗战建筑遗产也将成为新城区发展的重要文化基础。

综上所述，南京抗战建筑遗产相对较为集中的特点，是历史发展的结果，也为当今保护与开发工作提供了较为便利的环境。但同时我们也应认识到，南京抗战建筑遗产的分布特点容易加剧历史建筑集中区域与分散区域之间保护与开发力度的差距，要全面、系统地保护和利用好南京抗战建筑遗产，才能将抗战历史与文化遗存完整地流传给后人。

第五节　抗战建筑遗产在南京城市历史和文化中的价值

南京抗战文化中的建筑遗产是中华民族抗日战争这段悲壮同时又无比辉煌的历史的亲历者，是第二次世界大战中国战场上中国人民为世界反法西斯战争作出巨大贡献并最终取得胜利的见证者，是世界人民反对侵略与战争、要求平等与和平的参与者，同时也是日本帝国主义侵略暴行的历史罪证。南京抗战建筑遗产，既是历史遗存，又与现代南京的城市生活息息相关，是城市文化资源的重要组成部分，与市民的文化生活密不可分。深入了解南京抗战建筑遗产、保护其历史遗存、挖掘其珍贵价值，将成为现代南京城市建设的重要依据、基础与资源。

抗战建筑遗产对于南京城市来说其重要价值可归纳为以下四点：

1. 铭记抗战历史，构建南京城市记忆

1937 年 7 月抗日战争的全面爆发，是南京现代化城市建设陷入停滞、成为抗日正面战场的重要历史节点。南京全城三分之一的房屋被侵华日军焚毁，约 30 万同胞死于侵华日军的暴行之下。在长达八年的沦陷时期内，南京是侵华日军中国派遣军司令部所在地、侵华日本政府所扶持的华中伪政权中央政府所在地，是中国华中沦陷区内受到日本帝国主义统治与破坏性资源掠夺最为严重的地区，同时也是华中抗日敌后斗争的中心地带。这是一段中华民族遭受灾难最为严重的时期，同时也是体现出中华民族在残酷战争中百折不挠的抗争精神的时期。

抗战时期的南京历史，是中国抗战史中必不可少的重要组成部分。在强敌迫害与严密监控之下，中华民族在南京仍产生了伟大的抗战精神，弘扬了优良的爱国主义传统，形成了丰富多彩的敌后抗战文化，它们属于南京，也属于整个中华民族。

研究与保护南京抗战建筑遗产，是对南京城市发展历史的再认识，是对中华民族抗战历史与精神的铭记，也是构建中华民族抗战集体记忆与南京城市记忆的重要方式。

2. 保护与继承优秀文化遗产，促进社会文明

抗战文化遗产是中华民族抵抗侵略、争取和平的历史见证，同时具有历史价值、精神

价值、研究价值、艺术与欣赏价值。加强抗战文化遗产的保护，有利于保护历史文化，给后人留下宝贵的文化财富，促进精神文明建设与促进南京城市经济发展。

《中华人民共和国文物保护法》（下文简称《文物保护法》)总则指出，加强对文物的保护，是为了"继承中华民族优秀的历史文化遗产，促进科学研究工作，进行爱国主义和革命传统教育，建设社会主义精神文明和物质文明"。《文物保护法》规定，受国家保护的文物包括：

（1）具有历史、艺术、科学价值的古文化遗址、古墓葬、古建筑、石窟寺和石刻、壁画；

（2）与重大历史事件、革命运动或者著名人物有关的以及具有重要纪念意义、教育意义或者史料价值的近代现代重要史迹、实物、代表性建筑；

（3）历史上各时代珍贵的艺术品、工艺美术品；

（4）历史上各时代重要的文献资料以及具有历史、艺术、科学价值的手稿和图书资料等；

（5）反映历史上各时代、各民族社会制度、社会生产、社会生活的代表性实物。

南京抗战文化中的建筑遗产内容属于国家文物的范畴，与重大历史事件、革命运动或者著名人物有关，具有较高的历史与艺术价值，反映抗战时期的社会制度与社会生活，具有重要的科研与教育价值，是传播历史、文化知识的必要媒介。

综上所述，保护与开发南京抗战建筑遗产的最终目的，旨在铭记历史、缅怀先烈、传承民族文化、珍爱和平、开创未来，促进社会文明。

3. 警示世界，加固战后和平主义的基石

抗日战争期间，南京是中国遭受日本帝国主义侵略和残害最为严重的城市，日本帝国主义侵略者将他们对中国人民的民族主义仇恨宣泄在无辜的南京市民及放弃抵抗的中国官兵身上，制造了不亚于纳粹德国种族主义大清洗的震惊世界的南京大屠杀惨案。

然而作为二战战败国的日本，近年来由于其右派政客掌权，开始将自身定位在"二战受害者"的可怜位置上，屡屡控诉美国于广岛与长崎投下的两颗原子弹对日本这个国家与日本国民所造成的伤害，却从来避免论及其遭受原子弹轰炸的原因：日本帝国主义侵略军在以中国为中心的亚洲战场上所进行的暴戾侵略。其国民所遭受的苦难，正是其自身帝国主义侵略所埋下的苦果。而日本右翼政府在要求美国对投放原子弹道歉的同时，却拒绝对

其侵略中国领土、掠夺中国资源、残害中国人民的行径进行忏悔，矢口否认其侵略部队占领南京后，在城市内外大规模屠杀中国战俘与普通市民的暴行。

作为历史亲历者的南京抗战建筑遗产，以实际存在的遗址、遗迹、文献资料、幸存者叙述等，向世界印证着这段历史的真实性。要避免战争、争取世界和平，就必须先正视历史。南京抗战建筑遗产拥有足以申报世界警示性文化遗产的丰富历史资源与深刻文化内涵，它们在体现对历史的尊重的同时，也警示着世界"不要战争、要和平"。

4. 明确南京城市文化定位，促进城市科学发展

抗日战争期间，南京在沦陷之前是国民政府首都，沦陷时为汪伪集团所控制，抗战胜利后国民政府还都于此。南京作为国民政府及日伪政权的政治权力中心城市贯穿整个抗战时期，因此留有丰富的抗战时期的旧址、遗址及遗迹，也成为全国抗战文化最为集中和特点最为鲜明的城市之一。保护与开发南京抗战文化中的建筑遗产，可以彰显南京在中国近代史中的地位，体现南京城市不屈与抗争的精神，展现中国共产党为取得抗战胜利所作出的巨大努力与起到的重要作用。

作为长江中下游重要城市之一的南京，是东部地区重要的中心城市、国家历史文化名城、全国重要的科研教育基地和综合交通枢纽。其未来发展应该找寻新的模式与思路，更需要一个相应的文化载体来支撑。抗战文化蕴含着南京的文化资源，应该在南京城市未来的发展规划里扮演不可替代的重要角色。保护南京抗战建筑遗产并合理地进行开发与利用，关系到南京城市文化的建设与创新，将成为提升市民的城市认同感、推动南京城市科学发展的重要内容。

综上所述，保护、开发、利用好南京抗战建筑遗产，无论在南京城市建设还是在市民素质提升上，都会起到举足轻重的作用。保护抗战建筑遗产，是对历史的尊重，既能还原历史，又能通过历史搭建合作交流的平台，促进国际交流；开发与利用南京抗战建筑遗产，也能助力提升市民素质、推动历史认知、促进文化传承，在城市新区快速发展的同时，为中心老城区的再发展提供新的资源与依据。

第六节　南京抗战建筑遗产的分类

在研究南京抗战时期的历史与社会文化的基础上，笔者列出 442 处具有抗战建筑遗产价值的历史建筑点，并根据其建筑功能及权属的不同将其分为三个大类共十个小类，以抗日战争时期重要历史事件发生地、重要抗战历史人物旧居故居及纪念地、纪念建筑物和可以作为抗战警示性建筑遗产的日伪历史建筑为主要组成内容。在笔者列出的含有抗战历史与文化的建筑旧址与遗址遗迹中，已经被评为国家级、省级、市级文物保护单位的有 202 处，拥有国家级爱国主义教育基地 5 处，但其中以南京抗战历史为价值依托的仅有 2 处，为南京大屠杀遇难同胞纪念馆及分馆南京利济巷慰安所旧址陈列馆。

南京抗战建筑遗址遗存中民国政府主持建设的与日伪方面建造的历史建筑旧址与遗址遗迹主要分布在南京主城区内。分布在南京六合、江宁、高淳、溧水四区中的，以抗战时期中共新四军活动及战斗的遗址遗迹与相关的纪念性设施为主。呈现出集中于城市旧城区，向四周郊县星芒状分布的状态（图 2-2）。

笔者于 2017 年 2 月至 2020 年 4 月期间，对根据南京抗战历史先期列出的南京抗战建筑遗址遗存点进行实地调研。在 442 处历史建筑点中，除 5 处在南京保卫战及沦陷期间遭到日军破坏后未能重建，以及 5 处原始资料中未详细记载而未能找到确切地点外，其余 432 处笔者均对其进行了实地勘察。勘察过程中发现，有 102 处已经由于各种原因被拆除，完全消失。在现存的 330 处中有 3 处被当地村、镇政府及当地民众证实存在，而由于气候、地理条件等问题无法接近进行现状勘察。另有 5 处位于军事管理区内，无法调研，但从百度卫星地图上可以观察到现状。

结合历史资料与笔者实地调研后得到的一手信息，根据南京抗战建筑遗产内容丰富，不同类型的历史建筑及建筑遗址遗存的价值内涵、影响因素各不相同，其现状、价值体现重点等均有所差异的特点，在梳理南京抗战建筑遗产内容时，首先将其按照历史建筑主要类型分类进行划分，为研究南京抗战建筑遗产打下基础。

历史性建筑从不同视角进行分析可分为不同的类型。西方学者研究认为历史性建筑可以分为三种类型：

① 与历史发展的事件或人物相关联的历史性建筑；② 记录特定的建筑风格、用途、技术工艺等的代表性建筑；③ 表现特定的历史文化的场所。[1]

①徐进亮.历史性建筑估价 [M].南京：东南大学出版社,2015:9.

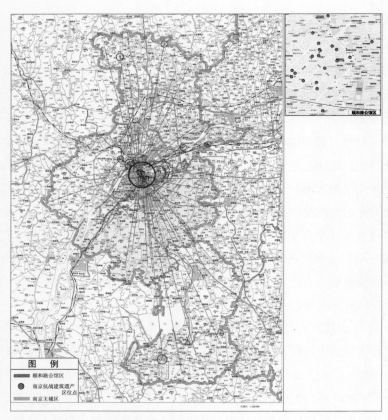

图 2-2　南京抗战建筑遗产总区位图
图片来源：笔者自绘

中国学界对历史建筑的分类，从法定地位与行政归属的角度可以分类为：

① 世界文化遗产；② 各级文物保护单位；③ 登录的不可移动文物；④ 历史建筑；⑤ 传统风貌建筑；⑥ 其他普通建筑遗产。[1]

而从建筑类型的不同的角度，对历史建筑进行分类则可分为：

① 中国传统形式建筑；② 中西合璧式建筑；③ 西洋古典式建筑；④ 现代建筑；⑤ 特殊类型建筑；⑥ 文物保护单位。

根据建筑保存状况进行分类又可以分为：

① 基本保持原样类历史建筑；② 局部已被改变类历史建筑；③ 仅存有结构类历史建筑；④ 危房、急需整修改建类历史建筑；⑤ 状况良好或好类历史建筑；⑥ 需要拆除的建筑物。[2]

①住建部，国家文物局.历史文化名城名镇名村保护规划编制要求（试行）[S].2012.
②周俭，张恺.历史文化遗产保护规划中建筑分类与保护措施[J].城市规划(1):38–42.

①潘谷西.中国建筑史[M].南京：东南大学出版社,2001:12.

按照建筑类型学研究成果，从用途及使用功能的角度又可以将历史建筑分为：

① 居住建筑；② 行政建筑；③ 礼制建筑；④ 宗教建筑；⑤ 商业及手工业建筑；⑥ 教育文化娱乐建筑；⑦ 园林与风景建筑；⑧ 市政建筑；⑨标志性建筑；⑩ 防御建筑。①

参考中西方学界现行的对历史性建筑的分类依据，结合南京抗战建筑遗产特点，基于南京抗战建筑遗址遗存历史上不同权属的视角，笔者将其分为三大类，并在三大类下根据建筑功能的不同再次进行分类：

（一）民国历史建筑

此类别中包含所有拥有南京抗战建筑遗产价值的，非日、伪建造的历史建筑。在此大类之下，按照历史功能的不同，可再分为七类：

① 南京保卫战遗址遗迹；② 南京沦陷初期难民所旧址建筑；③ 中共抗日活动南京旧址与遗址建筑；④ 侵华日军"慰安所"旧址建筑；⑤ 日侨、日俘集中管理所旧址；⑥ 日伪时期的民国公共建筑；⑦ 抗战名人故居与旧居建筑。

（二）日、伪历史建筑

此类别中的历史建筑作为侵华日军侵略战争的物质罪证，均为中国抗战时期，侵华日军、日当局及其扶植起来的伪政权在南京所建造的历史建筑。在此大类下，根据历史功能的不同，可再分为三类：

① 侵华日军南京驻军建筑；② 侵华日军殖民目的建筑；③ 侵华日军扶植南京伪政权建筑。

（三）近、现代抗战纪念性建筑

此类别中所包含的建筑主要由中国抗战胜利以后，中国政府组织建设或中国人民自发建造的纪念抗战时期南京重要历史事件与历史人物的纪念性建筑组成，同时也包含以抗日航空烈士公墓为代表的在抗战期间遭到侵华日军破坏，于抗战胜利后被修缮、维护至今的由国民政府所建造的抗日英雄纪念设施。这些抗战纪念性设施可以根据其纪念对象的不同，划分为以下两类：

① 南京大屠杀遇难同胞殉难地与丛葬地纪念设施；② 抗日英雄墓葬及纪念设施。

同时应注意到的是，由于抗日战争时期南京沦陷前后城市政权发生了更替，有些建筑功能在南京沦陷之后发生变化，其历史功能与权属便横跨两个甚至是多个大类，这也是历史的复杂性造成的。这类建筑，在对其进行分类时笔者以其在南京沦陷前的功能与权属方作为主要分类依据。

第七节　小结

南京抗战文化产生于日本帝国主义发动的侵略战争及全国军民反抗侵略所进行的反侵略战争之中，南京抗战建筑遗产并不局限于其始建年代，也不局限于始建人，是呈现历史真实性的历史建筑与现代建筑的集合体。相较于同时期的其他抗战文化名城，南京在抗战前、中、后期均为中国的政治、军事焦点城市，南京抗战建筑遗产更为完整地贯穿着整个中国抗战过程，具备明显的时代特征和脉络清晰的时间与空间分布属性。南京抗战建筑遗产在我国抗日战争文化中同时具备典型性与特殊性。

在对南京抗战建筑遗产的保护性利用工作进行积极实践之前，必须先明确南京抗战建筑遗产的含义，建立完整的体系，形成系统的理论思想。

第三章

南京抗战建筑遗产中的
民国历史建筑

　　南京抗战建筑遗产中的民国历史建筑指的是由中国政府及中国业主在历史上建造的，以建筑物或构筑物的形式呈现的南京抗战文化遗产，其中包括具有价值的各种建筑物、构筑物以及它们的环境与附属设施等。成为南京抗战建筑遗产民国历史建筑必须具备两个基本条件，其一是必须有一定的抗战历史经历，其二是必须具有一定的价值。

　　抗战时期中国政府以南京为防御中心建设的军事工事、城市内外由中国政府或中国私人业主建造的建筑在战时、战后、南京沦陷期间承载了不同阶段的历史事件，基于这类建筑在抗日战争时期承载的历史，判定其作为南京抗战建筑遗产的价值。

第一节　南京保卫战战场遗址遗迹

作为国民政府于 1934 年开始筹建的国家防御体系保护的中心城市，南京城拥有数道在德国军事专家指导下建成的军事设施，其中包括阵地碉堡、炮台要塞及对明城墙的现代化军事改造。

在对遍布南京城内外的经历了战争炮火的摧残而显得残破的民国军事工事遗址遗迹进行保护之前，应首先明确这类抗战文化遗产建筑自身的价值以及对其采取保护措施的意义。

南京保卫战在南京城内外留下了许多的战争痕迹。这些抗日战场及军事工事遗址遗迹，较为集中地分布在民国时期建筑的国家防线及复廓阵地上，它们是抗日先烈们留给南京的特殊遗产。这些战争的遗址遗迹见证过侵华日军的猛烈炮火，也见证过中国守军将士的浴血奋战，具有独特的文化价值与重大的爱国主义教育意义。它们既是抗战历史的见证，又因为是在德国军事顾问的指导下建成，反映了 20 世纪 30 年代欧洲最为先进的军事工事风貌，是欧洲军事工事建筑在亚洲的投影，从而成为当代南京重要的抗战文化资源。

1. 历史依据

1932 年日军策划"一·二八事变"使得国民政府认识到，作为各列强国租界所在地的上海已经在日本帝国主义当局的窥视之下，一旦中日战争在上海再度爆发，日本当局极有可能依仗其优势海军、空军力量的掩护，溯长江而上，并以其精锐陆军部队沿京沪铁路线同步自上海向西推进，威胁首都南京。为防御极有可能逼近的战争威胁，国民政府参谋本部于 1932 年 12 月在部内秘密成立了城塞组，并于 1934 年拟就《首都防御作战计划》。其主要任务是在德国军事顾问团的指导下，在南京以东、上海以西的广泛地区构筑国防工事，并整修长江沿岸的江阴、镇江、江宁等各要塞，构筑江防。此外，国民政府还改造南京明城墙，在南京原有清末炮台的基础上改建、增建新式炮台，并在城内修筑起军事工事。

国民政府依计划以南京为中心防御城市，于南京以东、上海以西，太湖南、北两面，规划并建造了四道防线，并于 1934 年至 1936 年间分 3 期施工完成。

由于南京城市三面环山、北临长江，地势险要且四通八达，极易被敌军包围。南京城防工事的主导思想即为：不被敌军包围，且万一受到包围则城内部队能够进行独立作战，打破敌人包围。基于这种要求，南京的城防工事设为外围阵地、复廓阵地两个层次，在外围阵地之外再设警戒阵地。

建成了以南京为防御中心的国家防线如下（图3-1）：

（1）上海、南京之间，修建的钢筋水泥的国防工事：吴福线（苏县—福山镇）、锡澄线（无锡—江阴）；沿海的平嘉线（平湖—嘉兴）、宜武线（宜兴—武进）。当时这些防线号称"东方马其诺防线"。

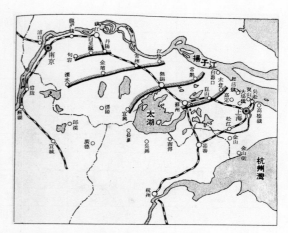

图3-1 中国军队防线设置
图片来源：[日]陆军画报社，『支那事變戰跡の栞』（上、中、下卷）陆军恤兵部，1938。

（2）警戒阵地：设于南京周边的石头山、大连山、湖熟、秣陵关、江宁镇一线。

（3）南京外围阵地：选定大胜关、牛首山、方山、淳化镇、大连山、汤山、龙潭等处的原城塞组既设永久工事线为主阵地。预备阵地设于复廓雨花台、紫金山、银孔山、杨坊山、红土山、幕府山、乌龙山一线。长江北岸以浦口镇为核心，由划子口沿浦口北面制高点的点将台到江浦县西端为主阵地，与东南阵地夹江形成一道环形要塞阵线。

（4）南京复廓阵地：利用既有明城墙为内廓阵地，并沿紫金山、麒麟门、雨花台、下关和幕府山一线设外廓阵地。内廓、外廓相互结合，构成一个整体。

警戒阵地与南京外围阵地两翼均依托长江，与东南阵地夹江形成一道环形要塞阵线，面向上海方向形成两道大弧形阵地。

南京周围的防御工事修筑至1937年8月3日，城内外、沿江地段和东南远郊一带先后构筑了533个永久工事，具体如表3-1所示。

表3-1 全国已完成国防工事报告表

地区	数量／个	构筑机关	备注
首都附近	二六五	城塞组	江岸及城厢内外
首都东南附近	二二三	独立工兵第一团	由板桥经淳化亘汤山迄龙潭之线
首都江西北岸	四五	八十五师	江岸及对北正面
芜湖附近	二五	城塞组	江正面
镇江附近	二二	江苏保卫团 镇江要塞司令部	江正面

（续表）

地区	数量/个	构筑机关	备注
无锡至江阴	二七八	三十六师 八十七师	
吴江至福山	三四五	同上	现又增加九十五个工事正开始构筑
淞沪附近	六九	淞沪警备司令部	龙华虹桥两飞机场工事在内
乍平嘉附近	一〇七六	浙省府	现又构筑增强工事
澉浦附近	三三	同上	对海正面
宁波镇海	二五八	王皞南	
徐州	一七五	第二师	对东北两正面
海川	八七	税警总团	对海正面
商邱	九四	第六师	
兰封	七六	第二师补充队	
开封	九二	第九十五师	
郑州	八六	第六师	
巩县洛阳	二二二	祝绍周	
内黄区	四七	刘峙 商震	蜀豫省黄河北岸
道滑濬区	一五八	同上	同上
安淇区	一三三	同上	同上
汲新辉区	一八一	同上	同上
封延阳区	一一五	同上	同上
焦博沁修武两区	一九五	同上	同上
平汉桥头阵地	四二	同上	同上
鲁南	三三	孙连仲	兰陵东东压大官庄一带
武汉附近	一二七	前武汉行辕	信阳田家镇宜昌等处均在内有野炮掩体三十六个
附	一	工事分轻重机关枪小炮观测指挥所等掩体	
	二	总计已成工事四千五百五十三个（广州及太原已成工事数量不明未列表内）	
	三	轻机枪掩体仅乍平嘉吴福及淞沪机场有之	
	四	首都地下室（已完成七个）及各要塞整理工程未列表内	

表格来源：《全国完成国防工事报告》，中国第二历史档案馆，档案号：七八七-2209

由上表可知其中，中国军队独立工兵一团在龙潭、汤山、淳化、方山、将军山、牛首山至板桥的弧线上筑有233个工事；第85师在南京西、北部长江左岸完成45座工事；参谋本部城塞组在长江沿岸及城厢内外建起265个工事。由于紫金山为南京城市制高点，具有重要战略价值，民国政府于1935年至1936年间在紫金山修筑完成159座碉堡[1]。南京工

① 全国完成国防工
报告 [A]. 南京：中国
第二历史档案馆，
案号：七八七-220

①"南京方面之防御方案"及"对敌袭击首都之防御要领"1934年[A].南京:中国第二历史档案馆,档案号:七八七－1994.
②参谋本部有关在南京附近修建永久工事之事宜 193408－193512[A].南京:中国第二历史档案馆,档案号:七八七－2258.

兵学校的练习队担负了南京城内外一些据点、地下室和紫金山附近部分重机枪工事的建筑任务。宪兵团专门负责对南京城墙进行永久现代化军事工事加建的工程。南京城郊的战略要点，如富贵山、鸡鸣寺、南山、清凉山、雨花台、童子仓、方山、都天庙等处，都建筑了地下室和坑道工事，以备作战指挥和防空使用。其中处于富贵山的地下军事工事是南京规模最大且设备较为完善的一处掩体。

另外，根据1934年国民政府制定的《南京方面之防御方案》及《对敌袭击首都之防御要领》，南京明城墙南门即中华门外至雨花台阵地修建一条宽幅23米的大道。对敌防御区分为三个地区[①]，它们分别是：

（1）右翼地区，即南京市长江下游方向，战斗范围划定为：太平门—玄武湖东岸—三元庵—幕府山东部。

（2）中央地区，即南京市区，战斗范围划定为：南城墙—上河镇。

（3）左翼地区，即南京市长江下游方向。

划分防御区之外，再设置后方阵地，除城北城墙最窄段玄武湖畔尽头处外，在紫金山北坡、太平门、北极阁、五台山、汉中门线内侦察阵地处，划定战斗阵线。对幕府山与乌龙山旧有炮台进行勘察、改建，更新军备。

南京市内各制高点上，设特别观测所：在乌龙山沈家库设置观测所监视江流及对空报告；紫金山气象台观测所监视南京城市全线及对空报告；北极阁观测所监视城市正北面；城墙西南隅设置观测所监视城市西南正面；南门西南吉家凹附近设置观测所监视长江上游。

在城内，以北极阁、鼓楼和清凉山为界，划分为南、北两个守备区，在清凉山等制高点构筑坚固的核心据点。根据德国军事顾问法肯豪森的建议，放弃在雨花台及天堡城两处高地挖掘战壕修筑高墙的计划，转而加固野战工事，包括步兵支撑、机关枪阵地、观测所等，增设地面障碍物，埋设地雷等，具体如下[②]：

（1）雨花台附近应择要构筑步兵重兵器半永久工事，即参照德国顾问选定之线，将左翼延伸至东岳庙口。

（2）将天堡城之旧址加以修理，环城构筑重机关枪掩体数座，使能瞰制登山之敌。

（3）沿天堡城与紫金山之山腹山麓，择要构筑步兵重兵器半永久工事。

（4）此两地于可能范围内，构筑或准备铁条及他种障碍物，如踩发地雷、触发地雷等，尽量向纵深地区逐渐增加。

在城市内部进行新住宅区规划建设、开辟新的马路等市政建设时，须保留南京城内原有自然地势，不宜铲平高地。明城墙内离墙体 6 至 100 米以内，只允许建造经过国民政府警备司令部批准的平房。山西路与江苏路交接处及与湖南路交接处、玄武门附近和中央路口均设有军事防御设施，方圆 100 米之内除得到国民政府警备司令部审核通过，且可以在内部安装军事设备的建筑外，不准市民建造新建筑①。

一些重要军事防御地段的公共建筑也相继进行了军事工事的加建与改建。例如，位于南京江边的原南京火车站售票处，在建筑转角处，修建了隐藏于平台之下的机枪掩体（图 3-2）。而位于挹江门内、中山北路上，原为迎接孙中山先生灵柩的先遣祭典站而修建，被市民称为"迎柩亭"的亭子，由于其位于下关码头过挹江门通往市内的必经之路上，同时位于国民政府海军部大门口正前方，国民政府亦在其下方修建了机枪掩体，并有连通国民政府海军部内部的暗道。从老明信片中（图 3-3）可以看到隐蔽在花坛植物中的，位于亭子下方的机枪眼与亭子右后方国民政府海军部大门牌坊。

此外，自 1937 年日当局发动全面侵华战争起，日空军部队随着其海、陆部队于上海方面的侵略登陆作战，展开了针对首都南京的大规模空袭行动。为保障在日军空袭下的市民的日常生活及出行安全，国民南京市政府除发动市民自发在自家挖掘防空壕外，在全城范围内筹建了多处防空壕。其中数量最多的为一种修建在城市道路的人行道上通往道路下方的简易防空壕，这种防空壕在遭遇空袭时能够容纳 2-3 人，内部设置 2-3 根土管伸往地面用以通气。另一种大型公共防空壕，设置在以新街口中央广场为中心向城市四面发散出去的主要城市道路两侧的 200

①参谋本部与南京市府关于南京城郊工事地带建制建筑的来往文件 1937 年 5 月 –7 月 [A]. 南京：中国第二历史档案馆，档案号：七八七 –2264.

图 3-2　南京站售票处机枪掩体
图片来源：摘自《朝日画报》，1938 年 3 月 23 日

图 3-3　迎柩亭下方隐藏的机枪掩体
图片来源：1938 年发行明信片

图 3-4　南京市内公共防空洞照片
图片来源：1938 年发行明信片

至 300 米范围内，由中国军队军事工程团依照德国防空壕制式建造而成（图 3-4），全城范围内约建有 67 处。这类防空壕结构与平面布局类似 S 形，具有两出入口及一个通风井口，可容纳百余人同时避难（图 3-5）。

南京城市防空设施建设在侵华日军空袭南京时较为有效地起到保护市民生命安全的作用。但在南京沦陷后这些公共防空设施遭到日伪当局的遗弃，很快消失在城市之中，未能留下遗址遗迹。一些单位内部或私人宅邸内部建造的小型防空洞至今仍有迹可循，例如拉贝故居院内的小型防空洞等。

以城市为防御中心所建设的军事工事，以及处于正面御敌位置的工事均经历了激烈的战斗，至今仍保留有大量的战争痕迹（图 3-6）。处于非正面御敌位置的工事，以及处于非城市开发建设地段的工事，基本至今仍保存有完整的结构。

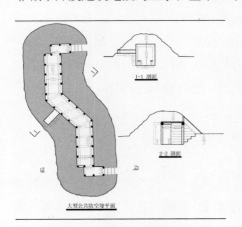

图 3-5　公共防空壕平面及剖面图
图片来源：笔者自绘

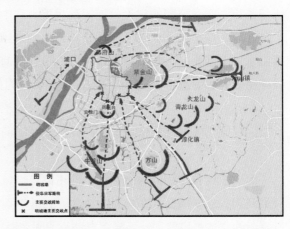

图 3-6　南京保卫战侵华日军进攻路线及主要交战位置
图片来源：笔者自绘

而市内的军防建设，由于淞沪会战后期侵华日军完全取得了制空权，同时南京保卫战中南京卫戍最高司令官的错误决策造成的战斗迅速结束，除小部分的中国军人在侵华日军攻破城墙进入南京市区后自发依托既有工事进行了局部抵抗、巷战外，并未在南京保卫战中起到应有的作用。在城市发展建设的过程中，相当部分的城内军事工事已经被拆除，如非常具有代表性的迎柩亭暗堡。

南京保卫战，是中华民族为抵抗日本侵略所书写的可歌可泣的壮丽史诗中不可或缺的重要篇章。在丰富多彩的抗战文化遗产中，战场遗址遗迹亦占有重要的地位。然而在很长的一段时间里，南京战场遗址遗迹研究并没有受到学术界的重视。随着南京城市现代化造成的加速扩张与更新发展，许多城市内、外的抗战遗址都已不复存在，现存的战场遗迹大部分位于城市风景区或暂未开发的地区。2015 年 12 月，江苏省行政管理科学研究所副所长、南京抗战史学者丁进，在他的《慷慨悲歌的南京保卫战》讲座中，曾就南京的保卫战战场遗址的开发利用提出过建议。他认为，南京应该在老虎山和邵家山等交通较为便利、临近现有风景名胜区、战争遗迹体系保存较为完整的地区，利用抗战遗存，建设遗址公园。而不对现存的历史战场遗迹加以发掘、保护、利用，任由其湮没在历史的河流中，却另择便于建设的新址建立纪念、展览设施，则是现在较为普遍的方式，但这种方式其实是呈现抗战历史以及城市历史工作中的一种遗憾。

自国务院于 2014 年 9 月 1 日颁布第一批国家级抗战纪念设施遗址名录起，全国抗战文化纪念馆、纪念公园的建设日渐得到重视。其中，衡阳被誉为抗战纪念城，台儿庄也重建了台儿庄古城，上海新建了四行仓库抗战纪念馆。南京除已有的抗战纪念馆、展览馆外，其南京保卫战中，十数万中国军民为抵抗侵略而进行的保卫祖国、守卫南京的极其艰难的战斗留下的战场遗存，作为中华民族抗战历史的见证者，也应得到足够重视。

2. 以南京为防御中心的军事工事空间布局特征

南京根据城市所处山脉、水系的走向筑城，"得山川之利，控江湖之势"，自古以外秦淮河为天然护城河，东有钟山为依托，北有后湖为屏障，西纳山丘入城内，形成独具防御特色的立体军事要塞，环绕南京城市的明城墙更是成为守卫南京的一道有力屏障。

国民政府以南京为中心防御城市，于 1937 年前在南京以东、上海以西，太湖南、北两面，建造起四道国家永久性防线，其中城市内廓与外廓阵地相互结合，构成一个整体。在城内，划分南、北两个守备区，于制高点之上构筑核心据点。警戒阵地与南京外围阵地两翼均依托长江，面向上海方向形成两道大弧形阵地，以保护首都南京为核心目的而分布。

南京北依长江天堑，其主要碉堡与防御阵线修筑面为城市东面至西南面，在此范围内的环绕城市的各个大、小高地上均修筑有守城阵地及永久军事工事，形成以南京为中心的半环形布局，东北与龙潭炮台衔接，西南与大胜关炮台衔接，包括南京明城墙及乌龙山、老虎山、幕府山、狮子山、马家山、清凉山、雨花台等炮台在内，拥有四道近城守卫阵地。

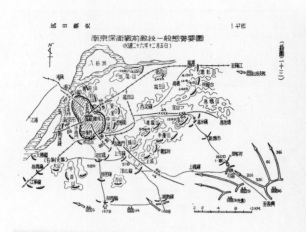

图 3-7　南京保卫战前态势图（1937 年 12 月 5 日）　　图 3-8　日军航拍中国守军复廓阵地
图片来源: 台湾地区防卫主管部门编译局（编著），《抗日战史》　图片来源: 摘自日本陆军恤兵部某书籍
第四辑，1985 年

长江方向上的防守阵地则以幕府山及下关的四望山为主。在 1985 年由台湾地区防卫主管部门编译局编著的《抗日战史》中南京保卫战前态势图上，可清晰地看到南京外围及复廓防守阵地的布局形式（图 3-7），而从侵华日军航拍的照片上则可以看出南京复廓防守阵地的建筑形式是以战壕串联起来的类圆形作战阵地（图 3-8）。

　　南京的军事防线建设并没有对南京的城市空间造成过大的影响，仅明城墙外围在挖筑壕沟的时候，将壕沟沿线的建筑全部进行了清除。在随后到来的南京保卫战中，既设阵地上发生持续数日的激烈战斗，其附近山野环境、城市房屋街道与明城墙均遭到不同程度的战争毁坏，而带给南京城内建筑毁灭性冲击的并不是基于军事防御设施展开的战争，而是南京沦陷后进入城内的侵华日军有组织进行的劫掠与纵火焚烧。

　　南京抗战建筑遗产中南京保卫战战场遗址遗迹指的是这套国家大防线上，位于南京行政地界之内的，即位于复廓阵地、外围阵地与警戒阵地三套大半弧防御阵地上保存至今的军事工事旧址与遗址遗迹。

　　按照历史功能分类，可分为南京炮台要塞遗址、民国碉堡群遗址与明城墙抗战军事改造工程遗址。

　　现存各南京保卫战战场遗址遗迹区位如图 3-9 所示。

图 3-9　南京保卫战战场遗址遗迹区位图
图片来源：笔者自绘

3. 南京炮台要塞遗址

　　南京的城防炮台始建于清末，至 1934 年国民政府开始修筑全国范围内的国家防御体系前，南京既有的炮台有乌龙山、清凉山、东炮台、狮子山、雨花台、幕府山、富贵山等 7 处。但国民政府军事委员会对这些炮台的考察后认为，所有南京城内外的固定炮台都过于陈旧，射程过小，遂对其进行扩建、增筑，增加地底弹药库、避弹掩蔽部、坑道掩蔽部等。1935年开始，更新后的南京炮台被编为龙（乌龙山）、虎（老虎山和幕府山）、狮（狮子山）、马（马家山和清凉山）、雨（雨花台）5座炮台。1937年抗战全面爆发前，又增设了乌龙山以西乌龙庙甲一台和老虎山甲二台2座现代化的高射炮台。

如今，由于南京经济技术开发区的开发建设，乌龙山被新港大道和尧新大道截成三段。但在残存的山体上，乌龙山炮台和甲一台的遗迹至今仍有迹可循。

相比于处于战争最前线的乌龙山炮台，位于其西南后方的老虎山炮台遗址保存得较为完好。现存的老虎山炮台遗址，共有4处炮位，其中2处主炮位、2处辅助炮位。主炮位之间有地下隧道相通，并附有避弹掩蔽部，体系较为完整。

仪凤门与挹江门之间狮子山上的炮台遗址则由于2001年阅江楼及其景区的规划再建筑，遗憾地只留下了一处复建的清代炮台。与狮子山炮台情况相似，雨花台炮台如今也仅留下了"东炮台"与"西炮台"2处地名，其炮台工事遗迹已无处可寻了。

位于秦淮河畔、南京城西的清凉山，于20世纪80年代修建虎踞路时被一分为二，道路西侧山地现属国防园。其高地的树林中，有一处高出地面约80厘米，内径约6米的钢筋混凝土圆形炮台基座，南北向布局，为高台式露天炮位。炮位一侧有6个储弹孔，另一侧残存3个储弹孔（图3-10）。根据史料记载，1937年12月12日晚，马家山—清凉山炮台官兵奉命向上新河一带射击，掩护守城部队撤退，

图3-10　清凉山炮台遗址
图片来源：笔者自摄

但后来由于通信中断，炮台官兵没能成功撤退，被陷城中全部牺牲。

2012年3月，"第四批南京市文物保护单位"名单公布，"民国碉堡群"位列其中。这充分说明对南京保卫战时期的战场遗址遗迹的保护已经引起了社会的重视。南京炮台要塞与碉堡群修筑于同一时期，形成于同一体系，为守卫南京起到过重要的作用。现存的炮台遗址已是南京保卫战中留存下来为数不多的几处，应当对其进行抢救性的保护与合理的开发。

4.民国碉堡群现状

南京现存民国碉堡群绝大多数分布在抗战时期日军攻打南京的主要进攻方向上，即南京制高点的紫金山及其周边地带，城市东南郊汤山、淳化、雨花台一带，以及沿江的狮子山、老虎山等江防重点地区。

根据史料记载，截至1937年8月3日，国民政府已经完成的国家防御工事总数为4553个。其中，南京以533个工事坐拥全国之首，数量排在第二的是吴福国防线，此线上修筑有345个永久工事，锡澄国防线上亦修有278个永久工事，位居第三[①]。南京大学历史系贺云翱教授曾经在2005年主持过对南京历史文化资源的普查，其中对于南京碉堡普查的结果显示，至2005年南京仅存碉堡不到200座，有一半的民国碉堡已经永远地消失了。2012年，鼓楼区八字山、玄武区紫金山、雨花区雨花台及江宁区汤山的民国碉堡被共同冠以"民国碉堡群"的称号列入第四批南京市文物保护单位，但其中被挂牌的碉堡仅有59座。

在城市现代化大发展的今天，对民国碉堡群遗址的现状调研、保护与开发工作尤为迫切。

①紫金山碉堡群

由于紫金山是全国著名风景名胜区，其范围内拥有孙中山陵寝。自孙中山陵寝及其配套设施建设完成至今，除1937年南京保卫战中遭到侵华日军严重破坏外，鲜有大规模的建筑、改造。所以紫金山景区内的南京保卫战碉堡遗址、战争遗存，很有可能是目前国内规模最大、保存最完整的抗日战争遗存。经笔者调查，找到紫金山地区现存民国国防工事66处，

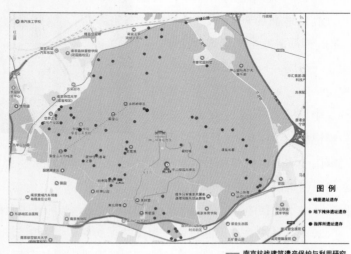

图3-11 紫金山范围内民国国防工事遗址遗存区位图
图片来源：笔者自制

①费仲兴. 南京保卫战紫金山战场遗迹初考 [J]. 南京大屠杀史研究，2012, 2(2):44-50.

其中有碉堡63座，而这63座碉堡中又有3处附带地下掩体，3座带有指挥所。如图3-11所示，

现存的紫金山遗址遗存集中分部在北面、西面、南面山麓及山脊位置。

南京保卫战期间，负责守备紫金山阵地的是教导总队桂永清部。在 1937 年 12 月 13 日凌晨南京城已经被侵华日军攻破之时，紫金山阵地上驻守的中国官兵仍坚持战斗至 13 日日暮。紫金山碉堡群，正是中国官兵浴血奋战、顽强抵抗法西斯侵略的见证者，主要分布在紫金山西山阵地、老虎洞阵地、第一峰及第二峰阵地的分水岭沿线。

以紫金山阵地主战场之一的西山阵地碉堡群遗存为例。

西山阵地位于现中山陵东沟停车场以东，原国民政府高官别墅区陵园新村以西 60 余米高的小高地上。陵园新村的别墅在日军攻占南京时全部毁于战火，原址另作他用，现仅存新村最南端的老邮局作为"民国邮政博物馆"使用。"西山"目前已更名为"邵家山"，且被现代修建的沪宁高速连接线与 G42 高速截断为南、北两部分。

根据主攻西山阵地的日军第十六师团步兵第二十连队上等兵牧原信夫在其日记中绘制的"第十中队西山攻击战斗要图"中（图 3-12）所示，西山阵地主要碉堡有 6 座。实地勘察后，6 座碉堡旧址皆在，并仍留有数段战壕遗址。

其中最具有旅游开发价值的为位于老邮局西部、邮局西路中段西侧山坡东面的大型联体碉堡，其保存状态良好，建筑外观完整，并有配套地堡及战壕遗存，同时从邮局西路的路面上即可看到该处碉堡遗址（图 3-13）。

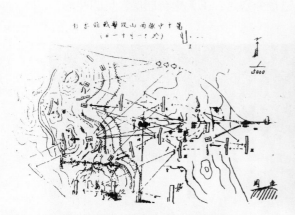

图 3-12　（日军）第十中队西山攻击战斗要图
图片来源：日兵牧原信夫日记

图 3-13　老邮局西侧山坡大型联体碉堡遗址现状
图片来源：笔者自摄

此外，在中山陵东沟停车场东南方，有大型地下掩蔽部一座，据传曾是张学良公馆的一部分，长约 11 米，宽约 5 米，裸高约 0.5 米，没有射击孔，出入口在掩体西侧，地下室净高约为 2.4 米。

西山阵地碉堡群整体保存较好，除南京理工大学附近一座碉堡遗址因不在风景区及林间而有居民加建现象外，其余基本保持着原始战后状态，而老邮局附近两座碉堡遗址靠近旅游路线及游客登山道，具有较大开发价值。但遗憾的是，这组碉堡群并没有被"挂牌"进行保护。

紫金山风景区及其周边地区范围内，拥有数量众多的碉堡遗存，调研整个区域内的碉堡数量，明确其所在位置，是一项艰巨而具有重大意义的工作，不仅可以作为开发紫金山另一类旅游资源的基础，也将成为铭记中国官兵抗战精神、进行爱国主义教育的重要素材。

②雨花台民国碉堡群

雨花台为中华门外南部小高地，是守卫南京南大门的关键所在。1937 年 12 月，南京保卫战中战斗最为惨烈的当属雨花台阵地。当时驻守雨花台的是中国守军第八十八师。攻击雨花台阵地的侵华日军拥有大量现代化武器，占据绝对优势，中国守军依托着雨花台阵地的军事工事，凭借顽强的意志死守雨花台，沉重打击了日军的嚣张气焰。

雨花台阵地原址上如今建起了南京雨花台烈士陵园，成为国家首批 AAAA 级景区之一，而当年南京保卫战中遗留下来的碉堡就散布在烈士陵园内及其附近的区域中。

据笔者实地调研发现，位于雨花台烈士陵园内的现存碉堡有 6 座，另保存有一段碉堡坑道遗址，位于雨花阁西北处。这 6 座民国碉堡遗址分别是：①大炮台碉堡，呈圆柱形，顶面直径约 4.5 米，露出地面约 1.8 米，有 5 个方形射击孔；②梅岗碉堡，呈圆柱形，顶面直径约 4.5 米，露出地面约 1.8 米，有 3 个方形射击孔；③木末亭处碉堡被包入亭内，是雨花台 6 处碉堡中唯一算作被改造利用的碉堡遗址（图 3-14），直径约为 4.5 米，有 3 个方形射击孔及 2 个高度不一的方形观测孔；④曦园碉堡，现大部分埋入地下，裸露部分约 1.8 米高，状态良好；⑤东炮台碉堡大部分被埋入土中及竹林中；⑥西炮台碉堡

图 3-14　木末亭处碉堡遗址现状
图片来源：笔者自摄

也因建设被埋入土中。

雨花台烈士陵园现为南京著名爱国主义教育基地与景区，然而在笔者实地调研的过程中，无论是前去的游客还是普通工作人员，均不知园区内还存有民国碉堡建筑。作为中国军人抗击日本侵略战争历史的物质承载，同时位于烈士陵园内，民国碉堡建筑具有开发利用的充分理由与价值。

此外，雨花台西面普德寺旧址附近尚存碉堡1座，直径约4米，大部分被埋入地下，露出地面最高处约2.5米。雨花台烈士陵园西南方的菊花台公园内也有碉堡遗址1座（图3-15），碉堡直径约4米，露出地面高约2.7米。

③汤山民国碉堡群

江宁汤山、淳化一线，是南京保卫战打响之地，亦是负责守卫南京的中国军队与沿宁杭公路一路西进的侵华日军最先接

图3-15　菊花台公园内民国碉堡遗址
图片来源：笔者自摄

触的地方。刚从淞沪战场上撤退而来的中国守军在此与日军再度展开惨烈的战斗。

根据中国第二历史档案馆收藏的《东南阵地中央地区永久工事位置要图》显示，汤山山麓共修有21个工事，青龙山东麓19个，加上附近平原地带的机枪掩体，汤山地区民国永久军事工事数量估计超过100个[①]。

现在，汤山地区主要留存的有原国民炮兵学校内的3座红砖砌筑而成的观察塔。其中的第一塔、第二塔位于西山头和大凹村，两塔相距约1千米。第三塔位于上峰集镇北面上峰街，与前两塔之间稍有距离（图3-16）。3座塔形制大致相同，均为六层红砖塔，一至五层，每层开有观察孔若干，顶层为四面开敞式全方位观测台，塔顶成伞盖形，顶部有葫芦形装饰物。整塔高20余米，塔底层直径约为4米，成圆柱形往上收缩。塔内原有铁砖梯，现已不存。

此外，汤山及整个江宁地区还存有钢筋水泥筑成的碉堡二十八座，其中汤山王家坟、殷家边、西山头各有碉堡1座，汤山水库底部有碉堡2座，江宁东山现存碉堡3座，纪家村45号院内存碉堡1座，淳化街道大城村、山头、迎湖花园等地存碉堡5座，谷里街道周

①费仲兴. 南京保卫战史料与研究：紫金山的碉堡[M]. 南京：南京出版社, 2019.

图 3-16 （左）第一塔；（中）第二塔；（右）汤山上峰集镇北面上峰街红砖观察塔
图片来源：笔者自摄

村、祖堂、箭塘等 3 个社区存碉堡 5 座，汤山街道顾家棚村分别于 2018 年及 2019 年又发现 3 座碉堡，等等。

江宁区的碉堡群、碉堡点或群聚或分散在乡野之间，调研难度高、保护困难大。虽大多数已发现的碉堡遗址已被定级，但具体涉及如何保护、如何开发，便面临重重困难。且目前仍存在未被发现的碉堡遗存。

④八字山民国碉堡群

南京鼓楼区八字山，现为城北八字山公园。该山位于挹江门南、明城墙内，是扼守南京北大门的重要军事制高点之一。

八字山原名四望山，后因民国时期国民政府在中山北路一侧山坡上用石头垒出"忠孝仁爱、信义和平"8 个大字，而得名"八字山"。

目前因建设公园拆除两处碉堡后，八字山仍存碉堡、地下掩体等军事工事 11 处，其中在山北侧半山腰有 4 处，西侧半山腰 3 处，山顶东侧 3 处（图3-17）、西侧 1 处。此外，山体内侧还修建有四通八达的通道，与紧邻其

图 3-17 八字山顶东侧民国碉堡
图片来源：笔者自摄

北侧的明城墙工事相连接，形成一座庞大的军事防御设施。可见，挹江门为国民政府当年预设的防守重点，一则可以抵御从西北面渡江而来的敌人，一则可掩护自城内撤向江边的友军。

遗憾的是，八字山的工事在 1937 年底的南京保卫战中并没有起到抵抗日本侵略者的作用。当时负责守卫挹江门的中国军队为第三十六师宋希濂部，其指挥部设于八字山上，但当城内守军接到撤退令蜂拥向挹江门时，守卫挹江门的中国军队并没接到卫戍司令部已经下达撤退令的消息，而将撤退的友军当作逃兵，与之发生了武装冲突，造成了一幕本不该发生的友军相残的惨剧。

抗战胜利后国民政府还都南京，为防备当时已撤至江北的中共武装力量，曾在八字山设立江宁要塞司令部。1946 年夏季，国民政府在美国军事顾问的建议下，成立了江宁要塞司令部，用以策划江宁要塞设防计划及组建要塞部队、构筑大量江防工事。1946 年至 1947 年间，国民政府为加强江防，除原有钢筋水泥机枪、小炮掩体外，又构筑了大量碉堡、据点。

在面积仅 85 000 平方米的八字山上，筑有多达 13 处军事工事，如此密集的军事工事排布，很有可能与抗战胜利后民国江宁要塞司令部在已有工事的江防阵线上进行军事工事的加建有关。开发利用抗战建筑遗产，首先重要的是确定其历史的真实性，所以在对南京八字山民国碉堡群的保护与开发利用中，必须先进行深入的历史考究，明确其建设年代，明确其防御对象，不能一概而论地统一安排，应区分挂牌，公示其真实历史身份。

⑤其他民国碉堡遗存

除去在 2012 年已经被列入南京市级文物保护单位的四个片区的碉堡群，南京城内外的碉堡遗存尚有百余处。

如今已经被发现的有：南京城东郑家营、高桥门、东山等地，有近 20 处碉堡遗存；城南除雨花台地区外西善桥、纪家村、大胜关等地，有 10 多处碉堡遗存；城西清凉山范围内，有 2 处碉堡遗存；城北狮子山、小红山、老虎山、晓庄等地有碉堡遗址 20 余处；城中总统府内、北极阁上，各有碉堡 1 处；大厂地区、浦口地区、栖霞地区等地，均有碉堡遗存被发现。

据估计，南京现存碉堡总数已不足 200 处，其中绝大部分为南京保卫战之前国民政府所修建的，然而也有不少日伪时期日军为对抗中国抗日力量而修建的军事设施，也有疑为抗日战争胜利后，国民政府为威慑长江北岸中共新四军所增筑的碉堡。

综上所述，南京的民国碉堡虽然均为民国时期修筑，但因修建时间、修建人、修建目的不同，其实承载着南京民国时期各个不同时间段内各不相同的历史记忆，拥有不一样的警示与教育意义。南京市政府于 2012 年将"民国碉堡群"列入南京市文物保护单位，迈出了保护南京民国碉堡类建筑的历史性的第一步。但同时，为了长远的保护与发展考虑，将南京现存所有碉堡笼统地称为"民国碉堡群"，其概念过于模糊。要保护好南京的碉堡遗存，将碉堡的文化与历史融入市民生活中去，就必须对南京的碉堡遗存进行普查、具体分类，摸清其真实建造时期与建造目的，明确其具体价值，然后进行分类保护、开发与利用。

5. 明城墙抗战军事改造工程遗迹

抗战爆发之初，国民政府对作为现有城市防御系统的南京明城墙进行了现代化军事改造，建造永久军事工事：将选定位置上的城墙墙体挖空，填上石块，用石灰砂浆灌满作为碉堡基础，上面再用钢筋水泥砌筑碉堡。国民政府宪兵团负责南京城墙永久工事的建筑任务。

20 世纪 40 年代末期绘制的《南京城防工事现况要图》上显示，分布在南京城墙上的各种城防工事多达 62 处，其中重机枪掩体就多达 50 座[①]。1954 年，由于夏季暴雨，南京城墙发生了 3 次坍塌事故，于是当时的南京市政府决定拆除城墙以绝后患。1956 年拆城委员会成立，南京明城墙开始被大规模地拆除。同年，江苏省文化局副局长朱偰得知南京拆除城墙的消息，立刻赶到南京市政府，向市领导提出紧急建议，下令停止拆城。至此，南京城的大部分明城墙得以保存下来。

经过维修与重建，现南京城墙完整保存 25.1 千米（图 3-18），是世界上长度最长、规模最大、保存原真性最好的城市城墙。1988 年 1 月，南京明城墙全段被列为全国重点文物保护单位。

在现存城墙段上，已知可观察到的重型机枪孔有 19 处，分别位于：①城东北角：神

① 于峰. 南京市民中华门城墙内发现 79 年前隐秘的抗战机枪暗堡[N/OL]. 金陵晚报，2016-09-03[2016-09-05]. http://js.ifeng.com/a/2016 0905/4940485_0. shtml

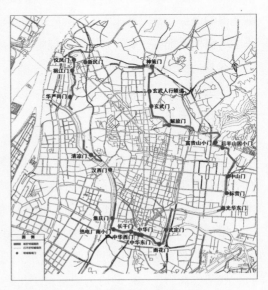

图 3-18 南京城墙现存状态示意图
图片来源：笔者自绘

策门2处；②城北：挹江门1处（图3-19），小桃园公园段城墙2处；③城西：清凉门1处，定淮门2处；④城东：中山门3处，前湖段城墙1处；⑤城东北：太平门1处，富贵山段城墙1处，琵琶湖段城墙3处，龙脖子段城墙1处；⑥城南：雨花门1处。

目前，部分重型机枪孔已经被封堵起来，位于城墙内部的城防工事也处于关闭不对外开放的状态。

图3-19 南京挹江门北外侧民国机枪孔
图片来源：笔者自摄

进入21世纪，南京市政府对南京明城墙的保护、开发与利用经历了阶段式的发展。2000年3月21日，《南京明城墙申报世界文化遗产可行性报告》调研小组成立，标志着南京明城墙申报世界文化遗产工作正式开始。2004年起，南京颁布《南京市2005—2007年明城墙风光带保护与建设计划》，并荣获建设部颁发的"最佳人居环境范例奖"。2006年，南京城墙、陕西西安城墙、湖北荆州城墙、辽宁兴城城墙一同被列入《中国世界遗产预备名单》。2010年，《南京历史文化名城保护规划（2010—2020）》出台，对明城墙一线附近新建建筑高度作了明确规定。2015年1月，《南京城墙保护条例》出台，将除南京京城（内城）城墙及皇城、宫城城墙外，总长达60多千米的外郭城墙也纳入保护范围。同年8月，南京市规划局联合东南大学组织编制《南京城墙沿线城市设计》，并通过南京市政府批复。按照规划，南京明城墙将分为5段进行打造，成环状分布。对于没有墙体的缺失部分，将用绿植墙体补齐。

今天，闲暇时间在南京的明城墙顶散步、游玩，环绕城市、欣赏城市风光已经成为南京市民及外来游客青睐的休闲娱乐项目，历经沧桑的南京城墙不仅仅呈现了明朝盛极一时的帝王风范，还背负着近代日军侵略下中国守城军民顽强反抗、浴血奋战的抗战历史。我们在强调其作为明代城墙的同时，也应提醒人们它在建成的数百年后亦在经过现代化军事工事改建后在现代战争中继续发挥了保护南京城的作用。我们应重视南京明城墙所承载的这段中华民族反抗法西斯侵略的历史，以及其在这段历史中曾经扮演的重要角色。

第二节　南京沦陷初期难民所旧址建筑

南京沦陷前夕，二十几名国际友人冒着生命危险留在南京，以非参战国人士的名义组织起南京安全区，为南京沦陷后的中国难民提供了庇护地（图3-20）。虽然侵华日军及日当局拒绝承认南京国际安全区的合法性，但碍于国际人士的参与，顾及其在国际上的"脸面"，日军进城后在安全区内的抢劫、屠杀、强奸等暴行均有所收敛，不被日当局承认的南京安全区在一定程度上起到了保护南京无辜平民的作用。安全区之外，一些宗教组织或是国际权属的工厂企业也成立了难民所，收容因战争和日军暴行流离失所或是有家不能回的中国难民。

图 3-20　1937 年 12 月 15 日，日本每日新闻社摄影记者佐藤振寿所拍摄的安全区内在日方人士住宅前搭建简易窝棚避难的中国难民
图片来源：[日]偕行社《南京战史》

1. 历史依据

1937 年末，在战争逼近、中国政府大举西迁，外国政府号召在宁外侨迅速撤离的同时，有 27 名外侨不顾各自政府的警告，冒着生命危险选择留在南京。其中包括美侨 18 人，德侨 5 人，英侨 1 人，奥侨 1 人，俄侨 2 人。他们以一己之力建立起了"南京国际安全区"，为战火中无法逃离的南京穷苦平民提供了暂时可以躲避战乱的安全区域。

这 27 名外侨中有 5 名记者于 1937 年 12 月 16 日离开了南京，其余的 22 位均在"南京安全区国际委员会"及"国际红十字会南京委员会"中担任职位。

南京安全区国际委员会效仿西方人士在淞沪战场取得成功的上海难民区模式，建立起南京的安全区。难民区面积约 2 平方英里，即 5 平方公里左右。其范围是：南以汉中路为界，

① 朱成山. 考证南京难民收容所 [J]. 江苏地方志, 2005(4):10—13.
② 经盛鸿. 南京沦陷八年史 [M]. 社会科学文献出版社, 2013:149.
③ 戴维·贝尔加米尼. 日本天皇的阴谋 [M]. 张震久, 周郑, 等译. 北京: 商务印书馆, 1984:70.

东以中山路为界，北以山西路以北为界，西以西康路为界，西康路在金陵女子文理学院以西，越（五台）山至上海路和汉中路的交叉点，形成难民区的西南界限，经过神学院的男子宿舍（图3-21）。

安全区内共有29个难民收容所，主要设置在学校、原政府机构旧址和外国人房舍内。其中设在各类学校中的难民收容所是数量最多的，总计有12个。它们分别是：五台山小学、山西路小学、汉口路小学、小桃园南京语言学校、金陵大学附中、金陵大学（宿舍）、金陵大学图书馆、金陵大学农科作物系、金陵大学蚕厂、金陵女子文理学院、金陵神学院、圣经师资培训学校。这其中金陵大学（宿舍）、金陵女子文理学院和金陵神学院都是美国教会学校，属于美国财产。

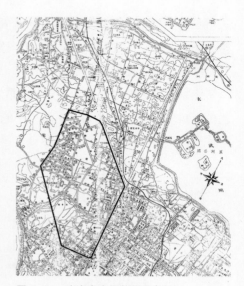

图3-21　南京安全区范围示意图
图片来源：笔者自绘

设于原南京国民政府机构大楼里的难民收容所有8个，大体可以认定是交通部、司法部、最高法院、兵库署、军用化工厂、华侨招待所、高家酒馆、陆军学校①。后四处地点虽不是原南京国民政府办公大楼，但其隶属于政府或政府官员。

外国人房舍中的难民收容所有4个，它们分别是贵格会传教团、德国俱乐部、西门子洋行、鼓楼西难民收容所。

除了设于城内安全区范围内的难民收容所外，城南剪子巷老人堂、城北和记洋行、城外东北郊栖霞山的江南水泥厂、长江北面六合县葛塘集等处也设立了难民收容所，为无家可归的难民们提供了庇护所。

然而南京安全区并没能够在南京沦陷后成为真正意义上的"安全区"。日军攻陷南京城后，其最高指挥者松井石根数次下达大规模搜捕、屠杀中国战俘的命令。1937年12月15日，在战争已经停止后的第二天，松井石根通过侵华日军华中方面军参谋长冢田政发出"两军在各自警备区内，应扫荡残兵"②，侵华日军上海派遣军司令官、日军进攻南京的前线指挥官，同时也是日本裕仁天皇的叔父朝香宫鸠彦王也在南京沦陷之初向全军下达了"杀掉全部俘房"的命令③。南京国际安全区始终没有得到日军及日本当局的承认。奉命对南京全城进行扫荡、搜索已经放下武器的中国军警，并进行集体屠杀的日本士兵，对南京的安全区毫无顾忌。日军入城后在安全区范围内发生的暴行比比皆是。日军数度炮击安全区内目标，经常冲入安全区搜捕中国警察、士兵，更是在安全区内大规模地进行抢劫、强奸。

南京安全区的设立体现了当时勇敢留在南京的20余位外侨崇高的人道主义精神和大无畏的英雄气概。安全区为日军暴行下的南京难民们提供了暂时的庇护场所，外侨整日奔走于安全区内，保护难民、提供粮食、运给燃料、医治伤病、抗议暴行，为南京沦陷后难民

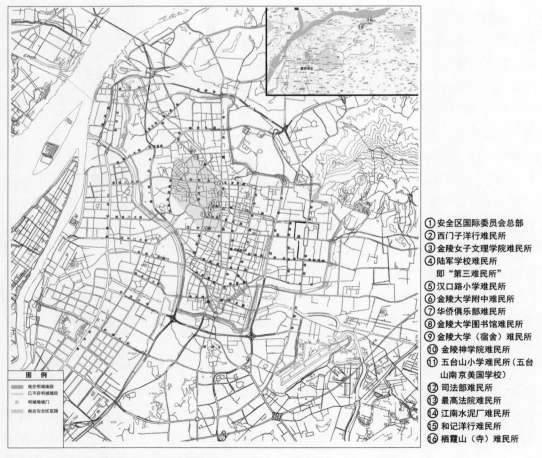

① 安全区国际委员会总部
② 西门子洋行难民所
③ 金陵女子文理学院难民所
④ 陆军学校难民所
　　即"第三难民所"
⑤ 汉口路小学难民所
⑥ 金陵大学附中难民所
⑦ 华侨俱乐部难民所
⑧ 金陵大学图书馆难民所
⑨ 金陵大学（宿舍）难民所
⑩ 金陵神学院难民所
⑪ 五台山小学难民所（五台
　　山南京美国学校）
⑫ 司法部难民所
⑬ 最高法院难民所
⑭ 江南水泥厂难民所
⑮ 和记洋行难民所
⑯ 栖霞山（寺）难民所

图 3-22　现存南京沦陷初期难民所旧址建筑区位图
图片来源：笔者自绘

的安全作出了最大的努力与极大的贡献。这其中，南京安全区国际委员会主席约翰·拉贝
（John H. D.Rabe）与国际红十字会南京委员会委员明妮·魏特琳（Minnie Vautrin）在主
持与参与南京安全区活动期间记录的日记，为世人了解、研究南京沦陷初期城市与社会情
况提供了宝贵的第一手资料，同时也成为佐证侵华日军在南京的恶行的重要证据。另外，
南京安全区国际委员会秘书刘易斯·史密斯（Lewis S. C. Smythe）于南京沦陷三个月后的
1938 年 3 月 9 日至 4 月 23 日，进行了全南京范围内的普查，并将普查数据集合为《南京战
祸写真》一册，从社会学的层面展示了沦陷后南京的城市状况与社会形态，以真实的数据
记录下因侵华日军暴行造成的南京市民生命与财产的严重损失。

　　南京安全区内外难民所的设立依托于城市内外的既有建筑，这些既有建筑中，等级较高、
质量较好的建筑均保存至今。目前南京城内外现存难民所旧址 16 处，其中位于原安全区内
的有 13 处，安全区外的现存 3 处，各难民所旧址区位如图 3-22 所示。

2. 安全区内难民所旧址现状

　　南京安全区位于南京城西北部，根据安
全区国际委员会主席约翰·拉贝在日记中的
记载，安全区内共有难民所 29 处，其中有 4
处难民所只有名称，没有记录具体地址，它
们分别是：①可能为珞珈路 25 号建筑的德国
俱乐部；②中山路西侧的贵格会传教团难民
所；③鼓楼西难民所；④卫青里（音译）难
民所。其余 25 处记录有具体地址的难民所均
为借用其他机构、院校、私人住宅建筑建立。
例如西门子洋行难民所，就是设立在约翰·拉
贝的私人住宅内。这 25 处难民所，现存 13 处，
其中仅汉口路小学难民所旧址与其他 9 类抗

图 3-23　（上）汉口路小学难民所旧址历史照片；
　　　　　（下）汉口路小学校舍现状照片
图片来源：（上）拉贝旧居难民所历史展；
　　　　　（下）笔者自摄

战建筑遗产内容没有重叠，如图 3-23 所示，与历史照片对比可见，汉口路小学历史建筑风
貌保持较好，具有评定保护级别的价值。

3. 安全区外难民所旧址现状

安全区外有记载的难民所有 8 处，除城东南游乐地难民所具体地址不详外，现存的 3 处难民所旧址中，江南水泥厂旧址已经被评定为南京市级文物保护单位，厂区内拥有江南水泥厂民国时期建筑风貌区，但整座厂区已经空置，历史建筑缺少维护与维修。南京沦陷期间，代理厂长的德国人昆德、丹麦人辛波与部分职工留守工厂将厂门口的牌子换成了"丹德国合营江南水泥厂"，在场区内设置难民所接纳中国难民，并于 1938 年董事会批准专聘医生，成立小诊所救治难民。目前，诊所旧址建筑（图 3-24）与代理厂长丹麦人辛波的旧居建筑（图 3-25）仍存，但此两处建筑均因空置，处于年久失修的状态。辛波的旧居前竖有根据历史照片雕塑的辛波青铜雕像。

和记洋行难民所旧址位于和记洋行旧址中，但该厂区内并未留有承载难民所这段历史的建筑旧址或遗址遗迹。

第三处为栖霞山（寺）难民所。2013 年 12 月 17 日，南京市栖霞山公园管理处施工人员在施工时，发现了记载有侵华日军在南京制造大屠杀恶行时栖霞寺监院寂然法师如何收容难民 23 000 余人的"栖霞难民所"与"寂然上人碑"石碑各一块。栖霞寺现为国家级文物保护单位，其关于南京沦陷初期作为难民所的遗址，以及当年发现的石碑目前并未对外展示。

图 3-24　江南水泥厂难民所小诊所旧址
图片来源：笔者自摄

图 3-25　代理厂长辛波旧居
图片来源：笔者自摄

①建党 90 周年：红色
文化遗产，文化月刊
[J]. 2011(7):42-45.

第三节 抗战时期的红色文化遗产：中共抗日活动南京旧址

1. 历史依据

"红色文化遗产"的概念最初正式出现在 2012 年发展红色旅游的五年规划中。规划指出要尽快建立红色文化遗产的保护体系。红色文化遗产指从中国共产党成立至新中国成立 28 年历史阶段内的中央革命根据地，红军长征、抗日战争、解放战争时期的重要革命纪念地、纪念馆、纪念物及其所承载的革命精神①。

南京抗战建筑遗产中包含有南京沦陷期间中国共产党在南京城内及南京郊县为争取民族解放积极斗争的红色文化遗产。这是南京抗战建筑遗产的重要组成部分。

抗日战争时期，面对侵华日军的嚣张气焰，国共两党求同存异，以抗日救亡为前提展开了第二次合作，中国共产党领导下的红军及抗日武装游击队被统一改编为八路军、新四军。1937 年 8 月，中国共产党八路军驻京办事处在南京成立，办事处设在现青云巷 41 号原南开大学校长张伯苓公馆内。

至 1937 年 11 月因局势紧张撤离南京，在三个多月的时间内，八路军驻京办事处即中共中央驻京办事处发挥了重要的作用，巩固和发展了抗日民族统一战线，营救了被关押的 1 000 多名政治犯，恢复和建立了长江流域以及华南地区的共产党组织，为陕甘宁边区和八路军采办了大量的军需、民用物资。

1937 年南京沦陷后，中国共产党领导下的各有关组织立刻行动起来，迅速派遣各类抗日人员返回南京及周边地区，展开抗日活动。与此同时，位于延安的中共中央亦迅速指示其领导下的抗日武装部队新四军从皖南向东挺进，在侵华日军大后方的南京周边地区建立抗日民主根据地，开展抗日游击战。

抗战期间江苏境内情况复杂：交通要道、城市和较大的集镇均由日伪控制；苏南、淮东、徐西几个县仍在国民政府的控制之下；中共新四军在广大的农村地区开辟了无数抗日根据地，成为华中地区抗日活动的主要力量。日伪占领区、国民政府统治区和中共领导下的解放区及游击区三种不同性质的政权在华中地区并存，且相互交织，形成这一特定历史时期特殊的行政建制情况。

1938 年新四军挺进江南敌后抗日战区，在开展抗日活动的同时，积极协助地方建立各级群众及党组织。7 月，中共苏南区工委在新四军第一支队活动区内成立，9 月 18 日改为中共苏南特委。9 月，新四军高淳办事处成立。10 月，新四军第二支队活动范围内成立了中共当芜工委，后更改为县委。同月，第一支队于溧水、高淳边境一带设立溧水工委，后于第二年 3 月改为中共溧高县委[①]。至 1939 年底，新四军于江南敌后抗日区内成立了中共宣郎高县委、阳溧高县委及中共苏北特委，并在溧阳地区、江当溧地区和江溧句地区建立了多处党组织。

1940 年 3 月开始，根据中共中央关于抗日根据地政权问题的指示，敌后抗日根据地开始发动组织群众，建立抗日民主政府，将县级抗敌总会、协会改建为掌握政权的领导机关，代行县政府职权；区设区公所，由中共组织选派区长。当年 6 月，江当溧（江宁、当涂、溧水）三县抗敌自治委员会成立；8 月，江溧句（江宁、溧水、句容）三县联合抗敌会成立；12 月，以上两会合并成立江当溧句四县国民抗敌总会，向敌后民主政权过渡。南京地区长江南岸先后建立了溧水县抗日民主政府、江宁县抗日民主政府、横山县抗日民主政府、高淳县抗日民主政府；长江北岸也先后建立了六合县抗日民主政府、冶山县抗日民主政府、东南办事处、来六（来安、六合）办事处、江浦县抗日民主政府、江全（江浦、全椒）县抗日民主政府等政权机关。中共新四军在南京周边农村地区发动广大群众所主导组建的抗日民主政权机关，在残酷的敌后战争环境中，其建制、名称、辖区等都随着斗争形势的变化而常有变动。

至 1945 年 8 月抗战胜利之时，南京地区拥有 8 个抗日民主县政权，它们是：江宁县抗日民主政府，横山县抗日民主政府，上元县抗日民主政府，溧高县抗日民主政府，高淳县抗日民主政府，六合县竹镇抗日民主政府，江浦县抗日民主政府，江全县抗日民主政府。

在南京郊县积极进行抗日斗争的中共新四军对全国抗战胜利作出了巨大贡献。新四军克服困难，将中共部队擅长的山区游击战灵活运用在平原地区的华中敌后抗战区，8 年间抗击日军 16 万人，占侵华日军总数的 22%；抗击伪军 23 万人，占伪军总数的 30%[②]。新四军运用游击战术，至 1945 年 8 月日本战败投降，共与日伪军进行了 2 万多次战斗，击毙、击伤日伪军 47 万多人次[③]。至日本战败投降前，江浙皖解放区已经连成一片，苏皖边区政府在江苏境内就有 32 个县[④]，新四军有实力，并已经部署了对仍被日伪占据的南京的攻占行动。但随后，中共中央从争取和平、民主的大局考量，放弃攻打日占南京、上海等江南大型城市的计划，主动将长江以南新四军全部撤往长江以北，南京地区长江以南的所有抗日民主政府亦随部队北撤，江北各抗日民主政权机关也转移驻地，并坚持工作。

①中共南京市委党史工作办公室. 南京地区抗日战争史（1931—1945）[M]. 北京：中共党史出版社，2015:273.
②马洪武，杨丹伟. 新四军和华中抗日根据地研究 20 年 [J]. 南京大学学报（哲学·人文科学·社会科学），2000(2):154—157.
③同②.
④南京市地方志编纂委员会. 南京建置志 [M]. 深圳：海天出版社，1994:247.

2. 抗战时期红色建筑遗产现状

南京现存中共抗日活动旧址与建筑 15 处，各点区位如图 3-26 所示。

其中位于傅厚岗 66 号，现青云巷 41 号的中国共产党八路军驻京办事处，现为八路军驻京办事处纪念馆，1982 年被定为江苏省级文物保护单位。

原中国共产党八路军驻京办事处在南京办公期间还在原高楼门 29 号，现在的高云岭 29 号租了一栋二层西式小楼，对外称作"处长公馆"，博古、廖承志、张越霞等人曾经住在此处，

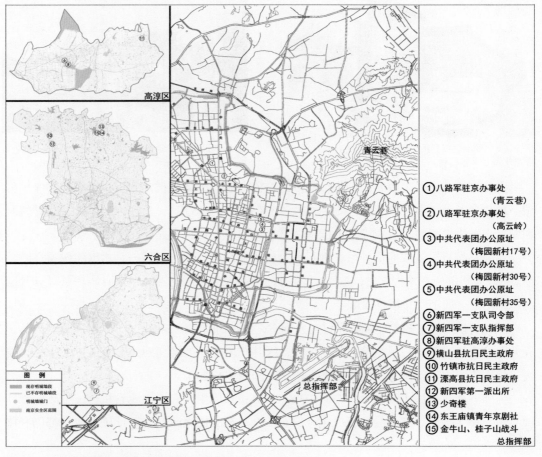

① 八路军驻京办事处
　　　　　　（青云巷）
② 八路军驻京办事处
　　　　　　（高云岭）
③ 中共代表团办公原址
　　　　　（梅园新村17号）
④ 中共代表团办公原址
　　　　　（梅园新村30号）
⑤ 中共代表团办公原址
　　　　　（梅园新村35号）
⑥ 新四军一支队司令部
⑦ 新四军一支队指挥部
⑧ 新四军驻高淳办事处
⑨ 横山县抗日民主政府
⑩ 竹镇市抗日民主政府
⑪ 溧高县抗日民主政府
⑫ 新四军第一派出所
⑬ 少奇楼
⑭ 东王庙镇青年京剧社
⑮ 金牛山、桂子山战斗
　　　　　　　总指挥部

图 3-26　中共抗日活动南京旧址与遗址建筑区位图
图片来源：笔者自绘

1982 年被定为江苏省级文物保护单位。

在南京郊县由中共中央领导组织起来的众多抗日民主政府中，江宁区横山县抗日民主政府旧址位于江宁区横溪街道呈村，2012 年被定为江苏省级文物保护单位。该处建筑建于1913 年，是大地主余少璋的住宅，号称九十九间半，现仅存房屋 14 间。1943 年，横山县抗日民主政府驻地设在此处，至 1945 年 10 月奉命北撤。1999 年，对该处房屋进行了大修，恢复了二进五间，另外修建了围墙。现建筑结构完整，风貌保持良好。（图 3-27）

图 3-27 横山县抗日民主政府旧址现状
图片来源：笔者自摄

图 3-28 六合竹镇抗日民主政府旧址现状
图片来源：笔者自摄

六合竹镇抗日民主政府旧址位于六合区竹镇街道，1982 年被定为南京市级文物保护单位。1942 年 8 月，中共淮南行署批准成立"竹镇抗日民主政府"，至 1945 年 8 月奉命撤销。现原址上一座坐东朝西四合院 20 间房屋及警卫排 6 间房屋保存完好。（图 3-28）

溧高县抗日民主政府旧址所在地目前为桠溪镇跃进村西舍自然村。村内除保留有原县委、县政府机关所在地大祠堂，还有抗日英雄纪念碑及修缮后的国华中学旧址、兵工厂旧址、纺织厂旧址、警卫营军事科旧址等。

溧高县抗日民主政府建筑即原村内大祠堂，坐北朝南面积 240 平方米，中间设有天井，天井西侧为溧高县抗日民主政府办公场所，天井东侧两间为溧高县兵工厂，2012 年经村委会维修恢复原貌，现作为大会堂纪念馆对外开放（图 3-29）。

另外五处抗日民主政府，即中共中央江宁县抗日民主政府、上元县抗日民主政府、高淳县抗日民主政府、江浦县抗日民主政府、江全县抗日民主政府的旧址确切位置都仍有待调查、查证、确立。

新四军在南京各郊县活动的驻军活动地点，目前有址可查的旧址建筑中，位于高淳中山大街吴家祠堂的新四军一支队司令部旧址已经被评为江苏省文物保护单位，并成为爱国主义教育基地、党史教育基地，建筑整体保存良好。不远处的新四军驻高淳办事处旧址被评为区级文物保护单位，现为南京党史教育基地，建筑整体保存良好。位于六合竹镇的新四军第一派出所旧址，目前仍为住宅建筑，被评为区级保护单位，不对外开放，建筑整体风貌保存较好。位于横溪街道横山村上庄自然村的新四军一支队指挥部旧址，是南京市级文保单位。笔者进行实地调查时，政府正主持对旧址进行修缮（图3-30），其可能亦被开发为爱国主义教育基地。

图3-29　溧高县抗日民主政府旧址现状
图片来源：笔者自摄

图3-30　新四军一支队指挥部旧址现状
图片来源：笔者自摄

此外，在南京六合区冶山镇东王社区有一条老街，称长寿街，是中共新四军进入六合之后的重要驻扎点。街道上拥有新四军开办的"利华商行"旧址，商行后院的小楼曾是当时根据地党政要人接待站。刘少奇率领新四军华东局干部自1939年底到达六合东王指挥敌后至1940年4月转移间，便居住在利华商行后院的小楼内。如今小楼已被拆除，但建筑临街一进平房形制未有大的改变（图3-31）。同样是在长寿街上，还有

图3-31　利华商行旧址
图片来源：笔者自摄

新四军领导大金山战斗、桂子山战斗的总指挥部，该处旧址建筑屋顶至今还留有当年被日军侦察机扫射后残留的弹孔。长寿街上的重要抗日革命旧址目前已由社区街道进行了挂牌介绍，根据其历史意义、建筑现状及街道风貌，具有可申报文保单位并适度开发的现实价值。

第四节　侵华日军"慰安所"建筑旧址

"慰安妇"及"慰安所"诞生于日本帝国主义的侵略之下，起源于日本帝国主义政府。这种反人道的侵略政策和战争暴行，是日本帝国主义的一项重要国策。南京沦陷期间，侵华日军上海派遣军、华中方面军、中国派遣军司令部等侵略部队均设址于南京。无论在军事还是在政治方面，南京都处于非常重要的地位。日当局在南京大量驻军，且引进人数众多的日本商人在南京居住并经营事业，使得南京成为日当局实施"慰安妇"制度最完善、设置"慰安所"最多、拥有"慰安妇"数量最众，中国、韩国、日本以及其他国家地区妇女受日本帝国主义迫害最为严重的城市之一。

南京现存的侵华日军"慰安所"旧址正是承载了日本帝国主义这段反人类罪行的有力历史罪证。

1. 历史依据

在"慰安所"内为日军提供性服务的"慰安妇"，最初是日军由日本国内征集来的女性。随着侵华日军在中国战事时间的拉长，其士兵不断被输送至中国大陆，当日本政府与日军上层所组织、选派来的日籍女性远远不能满足日本士兵的需求之时，日军当局便开始长期地、有计划地强征大批各国妇女，为日军官兵提供性服务。1937 年 12 月 13 日侵华日军占领南京，在制造血腥的南京大屠杀惨案的同时，无数困于南京城内的中国妇女被日军残忍强奸与杀害。在极短的时间内有超过 2 万的中国妇女遭到日军的强奸、轮奸。在日军当局的纵容下，侵华日军大肆烧杀淫掠，其无度奸淫的罪恶行径造成性病快速在军队中蔓延开来。1938 年初，日军对其部队进行士兵性病感染的抽样调查，其结果甚至震动了日本东京最高军事当局。担心士兵因性病而降低战斗力的侵华日军华中方面军司令官松井石根决定加速在南京实行"慰安妇"制度。

在日本当局的推行下，"慰安妇"制度在南京及其他日占区迅速实施与建立起来。南京的侵华日军"慰安所"主要是通过以下三种途径建立起来的。

（1）侵华日军军队系统内部建立的"慰安所"

侵华日军体系内设立的"慰安所"，主要是在其临时驻军及行军的过程中为满足日军

①江苏省委党史工作办公室.江苏省抗日战争时期人口伤亡和财产损失[M].北京：中共党史出版社，2014:299.
②同①272.

兽欲而建立起来的，具有一定的临时性与流动性。具体又可分为两类，其中一类是日军依命令、有计划地于部队中设立的，以日本籍和朝鲜籍慰安妇为主；而另一类数量上占绝大多数的，则是日军各部在领导阶层默许下擅自设立的临时"慰安所"，以劫掠而来的中国妇女为主。

在南京沦陷初期，日军当局从后方征调的"慰安妇"短时间内无法大量运至南京，驻南京日军当局遂密令日军各部先行建立各自的临时"慰安所"。例如京都六十师团的福知山第二十联队就建立了自己的"慰安所"，其中有日本籍、朝鲜籍及中国籍的慰安妇；第十五师团步兵联队也设有自己的"慰安所"①。

日军各部队自主建立的慰安所并不挂牌经营，而是设在日军兵营中，由日军各部队自行支配。1938年4月30日，魏特琳教授为调查可以安置孤儿的场所前往南京东郊原国民革命军遗族学校，发现学校里原新建的女生宿舍已经被彻底摧毁了，那里"似乎被日本士兵和大量的中国妓女占据着"②。魏特琳教授所说的"中国妓女"，应该实为被日军掳至其军营中的大量无辜中国妇女。

由于这类临时"慰安所"存在时间不长，且跟随着军营的变动而变动，所以并没有留下固定的场所遗址。但可以确定的是，在几乎所有侵华日军进行中、长期驻军的地方，其部队内部均开设有或多或少的此类型"慰安所"。

（2）中国汉奸、流氓及伪政府在日军指使下设立的"慰安所"

南京沦陷后日军指派的中国籍汉奸、流氓出面，以招募、诱骗等手段胁迫中国妇女成为侵华日军的"慰安妇"。在伪政权被扶植起来后，侵华日军甚至直接指令其伪政权组织专人负责为其筹办"慰安所"。

1937年12月13日南京沦陷，当月中旬侵华日军特务班便指派孙叔荣、王承典等汉奸头子策划在短时间内组织起两座为日本军官服务的"慰安所"。南京安全区国际委员会主席约翰·拉贝在他1937年12月26日的日记中这样记述道："现在日本人想到了一个奇特的主意，要建立一个军用妓院。"

为使其开办的"慰安所"更好地为日军服务，乔鸿年直接霸占了位于汉中路铁管巷、中山北路傅厚岗的两处因战争而空置的中国业主的豪华公馆，并伙同日本宪兵队从原南京国民政府大员的公馆内拉来高级家具以布置这两处公馆。12月22日，这两处"慰安所"正式开业。位于傅厚岗的"慰安所"专为日军将校服务，选年轻美貌的"慰安妇"30余名；

位于铁管巷的"慰安所"专为日军下级军官及士兵服务。这两家"慰安所"由日军直接委派大西出任主任，而副主任则是中国人乔鸿年。开办经费最开始由日本军部支付，营业后由售票所得进行支付，如有盈余则都归大西所有。这所南京第一家由汉奸操办开设的"慰安所"，后因日军大批军妓到达南京于 1938 年 2 月关门歇业[①]。

在中国汉奸帮日军组织起第一家"慰安所"的同时，以"为日军建立三家妓院"为其第一要务而被扶植起来的伪南京市自治委员会，堂而皇之地对外宣称其谋划为日军建立"慰安所"的目的，是满足日军的需求，以"保护"南京的其他市民不再遭受其骚扰。伪南京市自治委员会计划在鼓楼火车站以北建一座专为日军普通士兵使用的"慰安所"，在新街口以南建一座专为日军军官使用的"慰安所"。

1938 年初，王承典、孙叔荣、乔鸿年等一帮汉奸又在南京其他地方陆续开办起多家"慰安所"。其中有位于铁管巷瑞福里的"上军南部慰安所"，位于山西路口的"上军北部慰安所"。这两家"慰安所"的主任都是汉奸乔鸿年，且均为侵占原中国业主的房屋开办。

同年 4 月，奉日军特务机关的"委托"，汉奸乔鸿年占用夫子庙贡院街原海洞春旅馆房屋及市府路永安汽车行房屋，新开一所"人民慰安所"。

南京其他的一些大小汉奸、流氓也在日军的唆使和纵容下，相继开办起"慰安所"。其中有夫子庙"日华亲善馆"、傅厚岗"皇军慰安所"、白下路 219 号"大华楼慰安所"、"鼓楼饭店中部慰安所"等，此外在科巷、水巷洋屋内及珠江饭店等处均设有"慰安所"[②]。然而这些新开办的"慰安所"仍然满足不了驻南京日军的需求，在日军的指示下伪政府将当时社会上一些恢复营业的妓院安排来专门接待日军。1939 年 9 月 20 日香港《大公报》第 5 版刊登的《南京魔窟实录——群魔乱舞的"新气象"》一文中，就记述了伪政府将 25 家一等妓院划归日军专用，其中有"绮红楼""桃花宫""浪花楼""共乐馆""蕊香院""广寒阁""秦淮别墅"等。

中国汉奸、流氓开办的"慰安所"较为集中地分布在鼓楼与太平路附近区域内（图 3-32），在南京沦陷初期一度受到日军当局的欢迎，但这些"慰安所"的经营人和管理者并不是日本人，侵华日军及日当局对其总带有猜疑和顾忌，加上日当局实行所谓"对华新政策"之后，日军不得不稍微收敛其在南京的野蛮行径。中国汉奸为日军开设的"慰安所"逐渐减少、停办，或被日方接管后由日本军部转交日侨娼业者经营。

①经盛鸿. 南京沦[
八年史 [M]. 北京：
会科学文献出版社
2016:860.
②柏芜. 今日之南京
[M]. 南京：南京晚邛
出版社,1938.

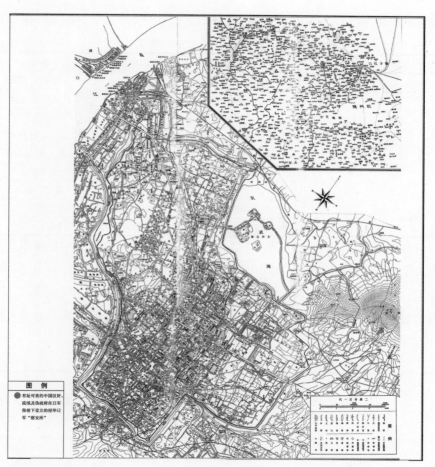

图 3-32 有址可查的中国汉奸、流氓及伪政府在日军指使下设立的
侵华日军"慰安所"区位
图片来源：笔者自绘

（3）日侨娼业者开办的"慰安所"

在南京数量最多、存在时间最长的"慰安所"是日军指派日侨娼业者开办的，有专门
为日军中、高级将校提供服务的"慰安所"，也有日方大量引入日本商人后，日侨娼业者
自行开办的专门为日军普通士兵及下级士官服务的"慰安所"。

在 1938 年日军"慰安所"管理机构发给其部队的，由南京伪维新政府行政院宣传局新
闻训练所编辑出版的《南京指南》小册子中，就明确标注了南京 9 家侵华日军陆军"慰安所"

的名称及地点（表 3-2）：

表 3-2　南京部分日本陆军"慰安所"表（1938）

编号	地点	名称
1	白下路 312 号	"大华楼慰安所"
2	桃源鸿 3 号	"共乐馆慰安所"
3	利济巷普爱新村	"东云慰安所"
4	中山东路	"浪花楼慰安所"
5	湖北路楼子巷	"菊花水馆慰安所"
6	太平南路白菜园	"青南馆慰安所"
7	相府营	"满月慰安所"
8	鼓楼饭店	"鼓楼慰安所"
9	贡院街 2 号	"人民慰安所"

　　而日侨娼业者所开办的"慰安所"数量远多于这 9 家，其主要集中在城南夫子庙至大行宫一带及下关商贸港口驻军区，城中零星分布着另外数十家"慰安所"。此外，如龙潭、浦口、江浦、汤山等地凡有侵华日军驻军的地点附近也均开办有此类"慰安所"。

　　在各类史料中有所记录的南京侵华日军"慰安所"按其所处城市区位划分大致可以归纳如表 3-3 所示：

表 3-3　史料中有详细记载的日侨娼业者开办的"慰安所"信息表

地区	编号	名称	信息
城南片区	1	日军军官俱乐部	侵华日军军方占用中国业主的安乐酒店建筑营业。安乐酒店位于太平南路西侧、火瓦巷口。始建于 1932 年，坐西朝东，面阔 12 间，长约 50 米，高三层
	2	"青南楼慰安所"	又名"菊水楼慰安所"。它是侵华日军霸占了太平南路文昌巷 19 号白菜园大院的民居改建而成的，拥有 8 栋形制一样的二层别墅洋房，以及其他几栋二层、三层洋房，总建筑面积约 5 000 平方米。是南京城内规模最大的一家"慰安所"
	3	"松下富贵楼慰安所"	侵华日军霸占常府街西柳巷福安里 5 号一户姓李人家于 1931 年至 1932 年间修建的出租房屋。一共有 4 栋，临街两栋为联排二层楼房，后面两栋为洋式平房，共有 40 个房间，建筑面积共 1 200 平方米
	4	"故乡楼慰安所"	侵华日军霸占位于利济巷 2 号的普庆新邨形制一样的 8 栋二层洋楼开办
	5	"吾妻楼慰安所"	位于利济巷 2 号对面，科巷寿星桥口
	6	"浪花楼慰安所"	由日侨娼业者河村开办，位于中山东路四条巷树德里 48 号
	7	筑紫屋军食堂	初由日侨山本照子开办，地址位于市中心的洪武路 18 号。后改名为"朝日屋军食堂"，店主更换为日侨重冈又三郎
	8	下士官兵俱乐部	位于韩家巷 10 号

(续表)

地区	编号	名称	信息
城中片区	9	"鼓楼饭店中部慰安所"	开设在鼓楼黄泥岗、鼓楼教堂隔壁，为一处两层楼房
	10	"傅厚岗慰安所"	霸占一户廖姓人家的房屋而设，拥有一座两层洋楼和一处院子
	11	"蛇山聚萍村慰安所"	位于汉中门蛇山聚萍村日军驻军军营内，为霸占原南京国民政府官员官邸开办，是一座三层的法式洋楼
	12	"利民慰安所"	位于汉中路左所巷
	13	"梦乡慰安所"	位于双门楼 33 号
	14	"满月慰安所"	位于相府营
	15	"珠江饭店慰安所"	位于珠江路上
	16	"菊花水馆慰安所"	位于湖北路楼子巷 5 号
	17	"共乐馆慰安所"	位于桃源鸿 3 号
	18	"皇军慰安所"	位于铁管巷瑞福里
	19	"上军南部慰安所"	位于铁管巷四达里
下关商贸港口侵华日军驻军区"慰安所"	20	"铁路桥慰安所"	位于下关石梁柱大街 85 号，为一座平房。其拥有约 30 间房间，为内廊式平面布局，由日本人经营
	21	"华月楼慰安所"	位于下关商埠街惠安巷 3 号，侵占黄姓富户所有的一栋带有院子的三层木质结构楼房，由一对日侨娼业者夫妇于 1939 年初在此开办
	22	"日华会馆慰安所"	日本商人吉延秀吉霸占下关商埠街公共路 26 号一处属于中国商人黄辉凤的三层洋式楼房，于 1938 年 8 月开办，一直经营到 1945 年 8 月日本战败投降
	23	"东幸昇楼慰安所"	由日侨娼业者久下喜八郎开办，位于大马路德安里 14 号
	24	"大垣馆军慰安所"	由日侨娼业者三轮新三郎开办，位于大马路
	25	"煤炭港慰安所"	位于惠民桥升安里
	26	"鹤见慰安所"	隶属于侵华日军海军驻南京部队，地址不详
	27	"圣安里 A 所慰安所"	一层平房建筑，具体地址不详
	28	"圣安里 B 所慰安所"	一层平房建筑，具体地址不详
南京城郊	29	"昭和楼慰安所"	由日侨娼业者久山卜开办，位于浦口大马路 7 号，是一处三层建筑
	30	"日支馆料理店兼慰安所"	由朝鲜人沟边几郎创办，位于浦口大马路 3 号，是一座三层建筑
	31	"一二三楼慰安所"	由济道创办，位于浦口大马路 10 号
	32	浦镇南门"慰安所"	位于现浦口区龙虎巷 2 号，是一座平面长宽均约 25 米的二层方形建筑
	33	龙泉路的"慰安所"	位于江浦汤泉镇龙泉路上，霸占小学校长夏中岳的家开办
	34	汤泉老街上的"慰安所"	位于汤泉老街，曾是电报局的建筑，被霸占后改为"慰安所"
	35	"天福慰安所"	位于江宁汤山镇汤山街，由日侨娼业者天福夫妻共同管理、经营
	36	天然温泉浴室	位于汤山日军驻地指挥营后
	37	汤山老街上"慰安所"	日侨娼业者霸占原地主袁广志的房屋开办，两三年后该处"慰安所"搬至汤山高台坡的巷子里，由日本娼业者山本夫妻管理、经营

以为日军服务为目的的"慰安所",多设在日军驻军地及日侨集中区附近,利用其霸占的原南京国民政府时期已经建成的房屋改造而成,并只为日本人服务,中国人不准入内。根据记载中提及具体地址的日侨开办的"慰安所"信息,在南京地图上标示侵华日军南京城区分部情况,如图3-33所示,可再一次证实侵华日军"慰安所"为侵华日军而开办的目的性,其密集地出现在侵华日军驻军的南京重要对外交通口岸、军事政治中心与最为繁华的商贸区。

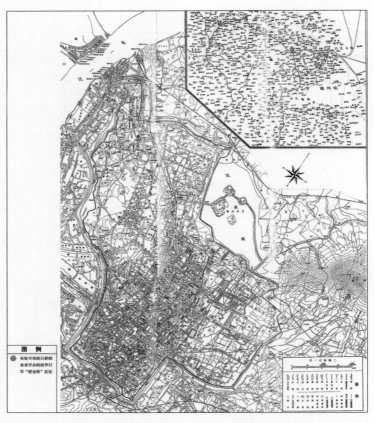

图 3-33　有址可查的日侨娼业者开办的侵华日军"慰安所"区位
图片来源:笔者自绘

侵华日军"慰安所"建筑功能序列基本相同:都为独栋或是由铁栏杆、铁丝网、围墙所围合的一组建筑,便于日军及日侨娼业者与汉奸对"慰安妇"们进行严密的管控。"慰安所"内通常在入口处设有售票柜台,柜台内挂有价目表,所有"慰安妇"不以姓名称呼,而是编以编号。每个"慰安妇"分配有一个狭小房间,在其中居住与"接待、服务",小房间门口挂着对应的编号号牌。对于不听管教的"慰安妇","慰安所"经营者常常施以重责,关禁闭、吊打、鞭挞等无所不用,甚至是直接虐杀。而对患病的"慰安妇","慰安所"经营者们则往往直接将其抛弃,任其自生自灭。

除了日本军方指定日侨娼业者开办的这些所谓"正规"的"慰安所"外,还有些日侨自行开办的"慰安所"。这种"慰安所"一般都是以旅店或餐厅等打掩护,由一个日本"老

①松冈环. 南京战·寻找被封闭的记忆：侵华日军原士兵102人的证言[M]. 新内如，全美英，李建云，译. 上海：上海辞书出版社, 2002:339.

板"带着5个左右的女性做着"慰安所"的生意①。

　　沦陷后的南京成为侵华日军在中国实施"慰安妇"制度最为完善的城市之一。但是在日军战败后，大量军队"慰安妇"档案被销毁，致使目前南京"慰安所"的具体数量无法得到完全的统计，被日军残害的"慰安妇"的人数更是无法计算。"慰安妇"制度是日本帝国主义侵略、殖民统治下对受害地区人民残忍、野蛮与暴虐行径的充分表现，是人类历史上罕见的暴行，受害的妇女跨越国籍，数以万计。

2. 侵华日军"慰安所"建筑旧址现状

　　据资料记载，在南京长期设立的侵华日军"慰安所"多达50余家。近年来随着城市快速发展，南京范围内的51处侵华日军"慰安所"旧址目前仅剩10处有迹可循（图3-34）。

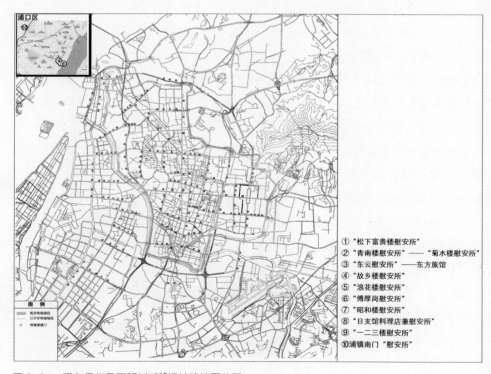

图 3-34　现存侵华日军"慰安所"旧址建筑区位图
图片来源：笔者自绘

2014 年，利济巷"东云慰安所"及"故乡楼慰安所"旧址所在的利济巷民国建筑群成为南京市文物保护单位，2015 年 12 月 1 日，利济巷旧址陈列馆作为侵华日军南京大屠杀遇难同胞纪念馆的分馆正式开馆。利济巷旧址陈列馆，是南京保存较为完整的侵华日军"慰安所"旧址群，也是被在世"慰安妇"所亲自指认过的"慰安所"旧址之一，同时，还是南京唯一一座以原址专门陈列侵华日军"慰安所"罪行系列历史资料与历史证物的博物馆与亚洲最大的侵华日军"慰安所"旧址陈列馆。

此外，被列入政府保护单位之中的还有浦镇南门"慰安所"旧址，于 2014 年被列入浦口区不可移动文物名录。但此处建筑外观经过历年改建，日占时期风貌已不存。

在江北的浦口区，由于当地建设步伐相较于南京城市中心略缓，有据可查的位于大马路上的 3 所侵华日军"慰安所"旧址——"昭和楼慰安所""日支馆料理店兼慰安所""一二三楼慰安所"房屋至 2017 年初依然存在，但因原房屋质量本就不高，在历代的建设维护中，早已不存当年的建筑风貌。至 2017 年夏季，由于浦口火车站旧址附近片区拆迁，原"一二三楼慰安所"旧址房屋已被拆除，"昭和楼慰安所"旧址房屋空置，亦面临被拆除的命运，仅"日支馆料理店兼慰安所"建筑目前仍作为旅馆被使用中。

南京城内，除已改建为利济巷旧址陈列馆的侵华日军"慰安所"旧址外，仍能找到旧址的侵华日军"慰安所"还剩 4 处，它们分别是位于常府街与长白街交叉路口西南角的"松下富贵楼慰安所"旧址；位于太平南路与西白菜园之间的"青南楼慰安所"旧址；位于中山东路小区内部的"浪花楼慰安所"旧址；位于高云岭 19 号的"傅厚岗慰安所"旧址。其中"青南楼慰安所"旧址和"傅厚岗慰安所"旧址位处民国建筑风貌区内，"青南楼慰安所"旧址近年已经在市、区政府的统一规划下进行了原居民的搬迁，处于开发阶段（图 3-35）。"浪花楼慰安所"旧址是省级直属机关家属楼，因仍有人居住使用，建筑整体风貌都保存良好。"松下富贵楼慰安所"旧址，原有的联排小二楼在 1992 年马路拓

图 3-35　原"青南楼慰安所"旧址现状
图片来源：笔者自摄

宽之时被拆除，现存 2 幢洋式小平房。

　　2021 年 4 月"珠江饭店慰安所"旧址（图 3-36），即原珠江饭店旧址被一夜间拆除，铲为平地。珠江饭店建于 1932 年，其旧址曾于 2017 年被评为南京历史建筑。但遗憾的是，其作为侵华日军"珠江饭店慰安所"旧址的重要历史价值直至 2021 年 4 月被匆忙拆除之际都未能被正式确定。至此，南京城内除利济巷旧址陈列馆外，仅存 4 处侵华日军"慰安所"旧址建筑。

　　今天，普查、调研侵华日军"慰安所"旧址、遗址，是为了要牢牢记住这段血与泪的历史，用真实的载体来展示和记忆。

　　"慰安妇"制度是战时日本政府及其侵略军队推行的性奴隶制度，这种灭绝人性的制度让数十万中国、日本、朝鲜及其他国籍的女性遭受灭顶之灾。然而，这段历史却一直遭到日本右翼政

图 3-36　2020 年拍摄的"珠江饭店慰安所"旧址建筑
图片来源：笔者自摄

府的歪曲，甚至被其否认，2017 年，日本驻亚特兰大总领事公开宣称，"并无证据证明韩国'慰安妇'是二战时期被日本强征的性奴隶"，称她们只是"出卖身体赚钱的妓女"。

　　南京侵华日军"慰安妇"旧址，正是驳斥这种荒谬言论的有力证据，这里所展现出来的历史细节，足以串联起各类口述、照片、文字史料，成为有力又确凿的证据，系统展示日本帝国主义"慰安妇"制度产生、发展的历史与罪证，记录无数来自不同国家同样受到"慰安妇"制度迫害的妇女的苦难。

① 孙继强．南京日
侨集中营管理所相
关报研究[J]．日本
侵华史研究，2014
4(4):39—47．

第五节　日侨、日俘集中管理所旧址

1945 年 8 月 15 日，日本天皇宣布无条件投降，标志着中国抗日战争的全面胜利。中国政府对南京城内和周边郊县驻扎的日军及万余日侨进行遣返。中国政府接受驻扎于南京的侵华日军部队的投降，并将投降的日军与南京城内外将被遣返的日侨分别妥善安置在不同的集中管理所内，进行统一管理。

1. 历史依据

中国部队新六军进驻南京后分四个区接受日军的投降缴械，它们分别是：市区与近郊、浦口与浦镇、龙潭与汤山、镇江与句容。缴械后的日俘奉命前往中方指定的临时地点：汤山、仙鹤门、栖霞等地集中，分批上缴武器。日俘集中营被安置在汤山、栖霞的江南水泥厂、光华门外工兵学校、兴中门内外的原日军军队宿舍等地。

南京日侨集中营管理所设置在兴中门外。1945 年 9 月 27 日，第一批日侨共 10 651 人[①]进入管理所。10 月，南京市政府在兴中门外搭建了南京市日侨集中管理所的门头及一部分营房，还都南京后的第一任市长沈怡请前市长马俊超题写了"南京市日侨集中营管理所"的大门匾额（图 3-37）。

图 3-37　南京市日侨集中营管理所大门
图片来源：http://phototaiwan.com（民国中央通讯社旧侨集中营管理所新闻照）(1945)

1945 年 11 月 26 日，南京市日侨集中营管理所在兴中门外原日军军队宿舍正式成立。

除日本侨民外，兴中门外还安置了部分日军战俘。战俘们所住的房屋大多是他们自行搭建的，为铁皮顶、木质的一层房屋。侨民住在兴中大街（今建宁路）北侧，即图 3-38 中所示中兴大街左侧满园，战俘住在路的南侧，即图 3-38 中所示中兴大街右侧范围。

南京所有日侨、日俘集中营内的人员在 1945 年底至 1947 年间，被陆续遣返回日本。

①何应钦.中国与世界前途[M].台北:正中书局,1974:201.

图 3-38　兴中门外日侨集中营
图片来源: 笔者拼图; 原照片来自: http://phototaiwan.com（民国中央通讯社新闻照）(1945)

在遣返的过程中，中方对他们采取了相当宽大的态度，允许日人除了铺盖外，各自带行李 30 千克，侨民每人可再带 1000 日元，军人每人可再带 500 日元的现金。对此，冈村宁次也不得不承认："与其他从南洋各国返日的人相较，从中国返日者的行李的确太多了。"①

中国军民以德报怨，战后在日侨、日俘集中营中的日人不仅没有受到虐待和歧视，反而生活得十分自在。冈村宁次后来在他的回忆录中写道："停战后，中国官民对我等日人态度，总的来看，出乎意料的良好。"

2. 日侨、日俘集中管理所旧址现状

由于日侨、日俘集中管理所内建筑物均为日军搭建的一层通铺建筑，属于临时建筑，所以各日侨、日俘集中管理所的旧址建筑均未留存下来，仅在栖霞寺山门前集中管理地留下一口日军取水所钻凿的水井，现被命名为"受降井"，成为南京市级文物保护单位（图 3-39）。

图 3-39　栖霞寺外受降井
图片来源: 笔者自摄

同时，作为已确定的日侨、日俘集中管理所之一的凤仪门外管理所，其历史地点位于现在的望江楼风景区及绣球公园之间，紧邻八字山民国碉堡群，拥有挂牌宣告该处地点历史，作为抗日战争结束见证地之一的价值。

第六节　日伪时期的民国公共建筑

1937 年全面抗战爆发初期，战火还未烧至南京城下之时，原国民政府各机关、城内各公共机构、学校大部西迁，城内具有一定资产的居民也关门闭户，举家跟随国民政府西迁离开南京。1937 年底南京沦陷后，进入城内的侵华日军如入无人之境，直接霸占使用城内所有国民政府机构遗留的建筑。

这部分建筑的质量高，拥有民国时期特有的中西合璧的建筑风格，在南京沦陷期间经历了侵华日军及日伪当局的侵占与毁坏式使用，在抗战胜利国民政府返回南京后被修缮继续使用。时至今日，组成全国乃至世界闻名的南京民国建筑中，有一大部分经历了南京沦陷时期的日伪统治，为侵华日军、伪政府、大小汉奸、侵略日商等使用，这一特殊时期的历史亦为这些建筑历史的组成部分，在对这类历史建筑的介绍中须将这段历史经历加入，构成南京民国公共建筑完整的历史链。

1. 历史依据

南京沦陷初期，侵华日军有组织地对全城财产进行劫掠。1938 年 2 月，与国民政府军军医处处长金诵盘一同隐于南京安全区的军医处科长蒋公穀，得到走出安全区的机会，而仅一月余未见的南京市区，此时已然面目全非，"南京城内约有三分之一的房子被日本人纵火烧毁"[①]。"随处长乘搭他（美侨李格斯）的便车开往区外去一看，出新街口，经太平路、夫子庙，转中山路，沿途房舍，百不存一。屋已烧成灰烬，而它的两壁，却依然高耸着，这可见敌人纵火的情形，确是挨户来的。""……那些未烧毁的房屋，都变成了敌人的店铺，……敌人正麇集着。"[②] "……日军进城后没有一天不在某个地方纵火，常常是不止一处。在日军一开始占领的一个晚上……一次就数到 11 处纵火点。……而另一次数到 14 起。"[③]金陵大学美籍教授贝德士在 1937 年 12 月 21 日致日本使馆函中，亦证实了日军在南京城内的纵火是有计划、有组织地进行的："大群士兵在军官指挥下有计划地放火，使数千民众无家可归并失去恢复正常生活与工作的希望。他们（日兵）没有任何收敛的迹象。"

被日军抢劫后再遭焚烧的区域遍布南京城内各个政治、经济中心区。其中，中华路、夫子庙、朱雀路、太平路、中正路、国府路、珠江路及陵园新村，几近焚毁殆尽。太平路

① [德] 拉贝. 拉贝致西门子公司经理迈尔的信，1938 年 1 月 ─ 日 [M] // 陈谦平，张连红，戴袁支. 南京大屠杀史料集 30：德国使领馆文书. 郑寿康，译. 南京：江苏人民出版社，2007:66.
② 蒋公穀. 陷京三月记 [M] //. 南京图书馆 侵华日军南京大屠杀史料. 南京：江苏古籍出版社，1997:91.
③ 同①.

和中华路一带几乎化为焦土，讲堂街的教堂和青年会也被焚毁。蕴含千年文化的古都南京，在这一时期遭受了重创。

根据刘易斯·S. C. 史密斯全城普查后编写的《南京战祸写真》中记录的在战争期间滞留城区的市民财产损失情况如下：其中，只有 2% 的损失是因为交战，33% 的损失是因为日军掠夺抢劫，而 52% 的损失是因为纵火。其动产的损失中，超过 50% 是由于日军抢劫，31% 由于抢劫后的纵火。1938 年 3 月，南京沦陷后的第四个月，南京市民仍遭受了总额约为 4 000 万美元的损失，其中门东区的纵火损失最为严重，占该地区总损失的 70%。城西和门西区日军纵火造成的损失最轻，但也分别占到了该地区总损失的 34% 和 38%。战后没有明显损坏的房屋，仅占全市房屋总数的 11%，余下 89% 的房屋均遭到毁坏。被损坏的房屋中仅 2% 是因为战争而损坏，63% 的房屋因遭到掠夺和抢劫而损坏，24% 的房屋被日军纵火焚毁，而无论损坏与否，基本所有的房屋均遭到日军有组织地、彻底地洗劫。

秦淮河畔南京文教中心的夫子庙，曾拥有三组重要的建筑群：孔庙、学宫和贡院。南京刚沦陷，进入城市的侵华日军立刻纵火烧毁了孔庙，其棂星门、大成殿与所有配殿、楼阁被毁，一片瓦砾中只剩下几间倒塌在殿边的房子（图 3-40）。横跨秦淮河的文德桥也坍塌了半边。

图 3-40 被日军烧毁的夫子庙
图片来源：张宪文，《日本侵华图志》，山东画报出版社，2015。

大量具有历史蕴意的重要桥梁，如文德桥、利涉桥、淮清桥、大中桥、九龙桥、毛公渡桥等均被炸毁或焚毁。白鹭洲公园被炸毁，著名园林愚园的清远堂、春晖堂、水石居、无隐精舍、分荫轩、松颜馆、渡鹤桥、栖云阁等 36 景也毁于战后。秦淮河一带大片明清民居和古井被日军毁坏，沦为废墟。

1937 年 12 月 23 日上午，南京沦陷经过十天的无政府状态后，侵华日军匆匆扶植起的过渡时期临时性伪政府机构"南京自治委员会"成立，其临时办事处设在鼓楼新村 1 号。由于进入南京城内的侵华日军部队霸占了几乎所有原国民政府军政机构，这届伪政府直至 1938 年 4 月 20 日被正式裁撤，都未能进入原南京国民政府机关建筑进行办公。

1938 年 3 月 28 日早上 10 时，侵华日军扶植起的伪中华民国维新政府的成立典礼按计划在南京原国民政府大礼堂成立。

当日，由梁鸿志书写的"中华民国维新政府"八个大字的匾额被悬挂在原国民政府大院大门门楼上方。原刻在该处的由谭延闿弟弟谭泽闿所书"国民政府"四个字被铲去。但对外宣布正式成立的伪维新政府，在南京却找不到办公场所。南京城内原国民政府的各处机关建筑除被炸毁、破坏的，均被日本陆军、海军部队占据。原国民政府大院虽然挂上了伪维新政府行政院的牌子，却仍被日军占用。于是在成立大典第二天的 1938 年 3 月 29 日，伪维新政府的头面人物便回到了上海，将办公地点设在日占区上海虹口新亚酒店内，在日当局的操纵、监控中，在日军特务机关控制下的饭店里办公，伪维新政府被世人讥笑为"饭店政府"[1]。

直至 1938 年 6 月至 7 月间，南京社会秩序渐趋稳定，日当局才决定将被日军占据的原国民政府机关大院移交伪维新政府，以使伪政权的权力中心自上海日占区饭店迁移回南京。6 月 21 日开始，伪维新政府的各部、院等机构分批从上海迁回南京。同年 10 月 1 日起，伪维新政府正式在南京原国民政府大院办公。其伪行政院、伪交通部与日军顾问部设于原国民政府大院内，梁鸿志的办公室位于子超楼二楼东原国民政府主席林森的办公室内。伪立法院设在夫子庙前半部，后半部为伪内政部。伪外交部设于成贤街香铺营。原民国首都法院建筑在日军入城时被焚毁，所以伪江宁地方法院改设于瞻园路 126 号的原中央宪兵司令部内。转移回到南京的伪维新政府为加强其统治的宣传、否定南京国民政府，对南京许多具有国民政府政治特色的城市街道与桥梁名称进行了更名，将其改为具有日伪统治性质的名称。比如"中正路"更名为"复兴路"，原国民政府大院前的"国府路"被改为"维新路"，"军

①经盛鸿. 南京沦陷八年史 [M]. 北京：社会科学文献出版社 2005：264.

①沦陷一年来之首都：汉奸献媚借烟妓以繁荣，游击宣威杀哨兵于不觉 [N]. 申报，1938-12-27（6）.
②白芜：今日之南京（1938年11月25日）[M]// 马振犊，林宇梅，等 . 南京大屠杀史料集 64：民国出版物中的日军暴行 . 南京：江苏人民出版社，2014:188.

政路"改为"大通路"，等等①。为纪念国父孙中山先生而命名的中山路也被改名，伪政府首先拟改中山路为"昭和路"，呈报日军军部的时候却被日军以"天皇为神胤，如何能命为路名，任人践踏"为由被驳回。之后，伪政府为"纪念"松井石根骑马经由中山路进城，决定将中山路改名为"松井路"②。

　　然而不论是在 1938 年 6 月 10 日发行的、由日本人小山吉三绘制出品的南京地图上，还是在 1943 年汪伪政府南京特别市地政局出品的南京地图上，"国府路"仍被标注为"国府路"，"中山路"也未改变路名标注，仅"中正路"因其得名于蒋介石，在汪伪时期的地图上被改成了"复兴路"。由此可见，这些重要道路的名称其实早已深入人心，伪维新政府修改路、桥名称的行为，只是为向日当局献媚的多此一举，且不说南京市民，连日伪当局都没有真正地接受。

　　1940 年 3 月 30 日，侵华日军及日当局扶植起来的南京第三届伪政权，即由汪精卫出面主导的汪伪国民政府正式成立。3 月 29 日与 30 日两日内，伪中华民国维新政府、北平伪中华民国临时政府、伪中华民国政府联合委员会相继宣布解散和撤销。

　　汪伪国民政府的所有组织机构全部按照原南京国民政府设置，仅增加了伪宣传部和伪社会部。

　　其余各伪院、部、会及伪党、政、军特等主要机构所在地址，参照表 3-4。

表 3-4　汪伪国民政府各机构地址信息表

汪伪政府机构	原南京政府时期机构	伪维新政府时期机构	地址
伪国民政府 伪行政院 伪中央政治委员会合署 伪外交部 伪全国经济委员会 汪精卫办公室	考试院	—	鸡笼山麓、和平路
伪立法院 伪监察院 伪考试院 伪军事参议院 伪军事委员会政治训练部 伪航空署	国民政府大院	伪行政院 伪交通部 日军顾问部	国府路
伪交通部	东院行政院后座		
伪铁道部	东院行政院前座		

（续表）

汪伪政府机构	原南京政府时期机构	伪维新政府时期机构	地址
伪军事委员会 伪参谋部	国立美术陈列馆	—	长江路 266 号
伪内政部	—	伪内政部	夫子庙后半部
伪中央宣传部	国货银行办公楼	—	中山路 265 号
伪财政部	财政部	—	中山东路 164 号
伪教育部	中央庚款委员会	—	山西路 78、80 号
伪军政部 伪军事委员会军事训练部 伪社会部 伪侨务委员会 伪边疆委员会 伪赈务委员会	国民党中央党部	—	丁家桥 16 号
伪海军部	海军部	—	中山北路 346 号
伪军政部	中央研究院	—	鸡鸣寺旁，和平路
伪工商部	教育部	—	成贤街 51 号
伪农矿部	中南银行	—	白下路 173 号
伪水利委员会	内政部	—	瞻园路 132 号
伪司法行政部	—		新建房屋
伪宪政实施委员会	国民大会堂	—	长江路 264 号
伪国民党中央党部	中央党部	—	颐和路 32 号 丁家桥 16 号
伪国民党 南京市党部	—	—	慈悲社 八条巷 9 号
伪首都地方法院	宪兵司令部	江宁地方法院	瞻园路 126 号
伪首都警察厅	首都警察厅	—	保泰街
伪政治警察署	—	—	牯岭路 8 号
伪特工总部 南京区本部	—	—	颐和路 21 号
伪中央警官学校	工兵学校	—	光华门外海福巷
伪南京市政府 及其各局	法官训练所	—	中山北路 261 号
伪首都高等法院	—	—	宁海路 26 号

　　根据汪伪国民政府各机关地址信息，在南京市地图上还原其区位分布，从图 3-41 上可见，虽然汪伪国民政府体系基本成形，但由于其主要机关、机构除一处新建房屋外，其

余各部门均利用原南京国民政府所遗留下来的房产进行办公，而各个部门分布缺少规划，出现了一些机构其中一部分部门与其他机构挤在一处办公，而同属一个机构的另一部分部门办公地点却在相隔颇远的另一地点的现象。由此可见，汪伪政府正式成立之前虽然其政府体系基本构架已经完成，但位置部署上十分仓促，缺乏合理的规划。

与前两届伪政权没什么本质区别，汪伪国民政府依旧是侵华日军及日当局完全操控下的傀儡政权。

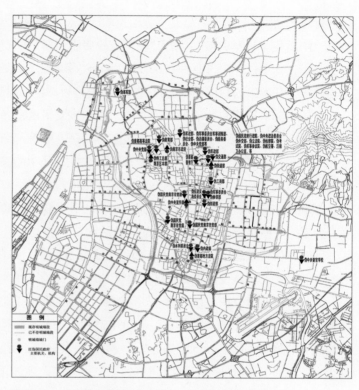

图 3-41　汪伪国民政府各主要机关、机构区位图（1940）
图片来源：笔者自绘

伪政府与日方勾结垄断南京米粮供应以控制南京市民民生进而达到控制社会的目的，同时伪政府还下令强行改变南京郊县的农业结构，打击和压制南京的桑蚕养殖业，为日本的丝制品外销业让道。对于南京的工矿企业，侵华日军及日当局在南京沦陷期间的掠夺重点放在矿业、重工业及化学工业方面，日当局认为拥有经济价值的便直接霸占或强制中国业主与日方"合资"，实质上是由日方经营并获得利益。

南京的对外及市内交通在伪政权时期亦是掌握在日本当局手中，包括长江航运、铁路运输、航空业，日当局引进十数个日本全资公司进入南京，进行经营，例如"上海内河汽船株式会社""华中电器通信株式会社""华中都市乘合自动车株式会社""华中铁道株式会社""中华航空株式会社""东亚海运株式会社"等。

为了进一步掌控南京市民的思想，日当局还利用两国共有的并拥有大量群众信徒的佛教进行思想殖民。日本原本就是佛教盛行的国家，对华侵略部队中即有日本僧人随军同行。南京沦陷后侵华日军入城举行的"南京战殁者慰灵祭"便有随军而来的日本西本愿寺的法师参与。南京沦陷之后，在对南京四郊和城市边缘地带的寺庙进行劫掠、纵火、破坏的同时，日当局已经开始策划利用各种宗教对南京市民进行感化与思想控制。

日伪当局利用南京原有的佛教基础，迅速恢复了南京各大佛教寺庙的宗教活动。南京一些著名庙宇，如毗卢寺、古林寺、灵谷寺、栖霞寺等都渐渐开始香火旺盛。这正是日当局乐于见到的，将中国民众的思想全部引向佛教教义中的来生世界，从而放弃现世的抗日情绪，是日伪当局为稳固其统治而策划并积极推行的另一卑鄙策略。伪政权积极配合日当局企图利用宗教来控制中国民众思想的卑劣诡计，谋划了歪曲孔子思想、与日本交换佛像举办佛事等一些以殖民统治为目的的宗教活动。

同时，伪政权配合日当局殖民政策，推行奴化教育。在日当局的指示下南京市各学校从1939年初开始必须开设日语课。日伪政权下的中、小学沦为日伪当局推行奴化教育的场所。

侵华日军在南京扶植起来的三届伪政府，在任期间各项政令均是为自身的利益而谋划，在城市修复方面没有有力的措施。战争中遭到侵华日军破坏的城市部件在伪政权期间没有得到应有的修复，对城市中既有的等级较高的公共建筑，可以说是破坏性使用，只管使用，鲜少进行维护。而城市中一些新建筑的建设也大多只是各届伪政府为宣传自己而进行的。城市残败之相一直延续到1945年日本政府宣布无条件投降。

2. 日伪时期民国公共建筑旧址现状

（1）南京民国政府机构旧址

南京国民政府机构旧址类别下，笔者列出49处南京抗战建筑遗产点，根据建筑功能的不同将其分为政府、军事机关建筑，交通、电信部门建筑及监狱建筑三个小类。其中2处旧址建筑在南京沦陷前的战争中毁于战火后未重建，另有7处建筑点至2020年4月调研完毕之前已被拆除，现存40处建筑点（图3-42）。

国民政府行政机构办公楼旧址有26处，其中3处建筑已经被拆除，另有3处原有建筑被拆除，仅存大门门楼。剩余20处保存较为良好的国民政府旧址中，5处现由军队管理使用，其余大部分为南京市、区等政府机构及学校使用，而仅有国民政府立法院旧址、国民政府

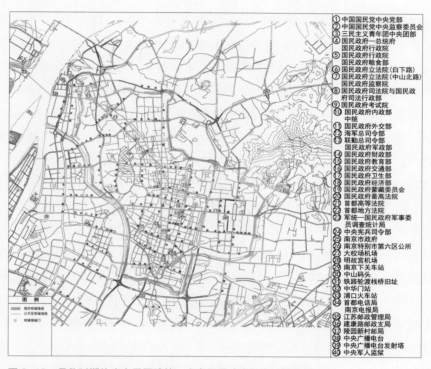

① 中国国民党中央党部
② 中国国民党中央监察委员会
③ 三民主义青年团中央团部
④ 国民政府—总统府
　　国民政府行政院
⑤ 国民政府行政院
　　国民政府粮食部
⑥ 国民政府立法院（白下路）
⑦ 国民政府立法院（中山北路）
⑧ 国民政府监察院
　　国民政府司法院与国民政府司法行政部
⑨ 国民政府考试院
⑩ 国民政府内政部
　　中统
⑪ 国民政府外交部
⑫ 海军总司令部
⑬ 联勤总司令部
　　国民政府军政部
⑭ 国民政府财政部
⑮ 国民政府教育部
⑯ 国民政府交通部
⑰ 国民政府卫生部
⑱ 国民政府经济部
⑲ 国民政府蒙藏委员会
⑳ 国民政府最高法院
㉑ 首都高等法院
㉒ 首都地方法院
㉓ 军统—国民政府军事委员会调查统计局
㉔ 中央宪兵司令部
㉕ 南京市政府
㉖ 南京特别市第六区公所
㉗ 大校场机场
㉘ 明故宫机场
㉙ 南京下关车站
㉚ 中山码头
㉛ 铁路轮渡栈桥旧址
㉜ 中华门站
㉝ 浦口火车站
㉞ 首都电话局
　　南京电报局
㉟ 江苏邮政管理局
㊱ 建康路邮政支局
㊲ 陵园新村邮局
㊳ 中央广播电台
㊴ 中央广播电台发射塔
㊵ 中央军人监狱

图 3-42　日伪时期的南京民国建筑：南京国民政府机构旧址区位图
图片来源：笔者自绘

最高法院旧址、国民政府蒙藏委员会旧址等为数不多的国民政府机构旧址部分建筑物作为商用对外出租。

① 政府、军事机关旧址

笔者根据历史资料总结出来的具有南京抗战文化价值的国民政府建筑、军事机关建筑有 31 处，其中原首都地方法院位于秦淮区长乐路的办公建筑在南京保卫战期间毁于战火，抗战胜利后搬至白下路原汪伪南京市第一中学校址继续办公。国民政府军事委员会调查统计局（简称军统）位于洪公祠 1 号的办公建筑在南京沦陷初期被烧毁，其最早的办公地点鸡鹅巷 53 号建筑现已被拆除。另有位于白下路 257 号的原国民政府审计部亦在战争中被毁，其抗战胜利后重建的建筑现已被拆除。

此类别中抗战文化遗址建筑现存 26 处，其中国家级文物保护单位 9 处、省级文物保护单位 5 处、市级文物保护单位 9 处、区级文物保护单位 1 处、文物点 2 处。国家级保护单位中，原国民政府考试院作为南京沦陷时期汪伪国民政府、伪行政院、伪中央政治委员会合署、伪外交部、伪全国经济委员会旧址，现为南京市政府所在地，属于政府机关。原国民政府总统府、行政院所在地，在南京沦陷时期先后为日军第十六师团司令部，伪维新政府行政院办公地，汪伪监察院、伪立法院、伪考试院、伪军事参议院、伪军事委员会政治训练部及伪航空署、伪交通部、伪铁道部所在地，现为南京总统府中国近代史博物馆，是国家 AAAA 级旅游景区。原国民政府内政部，南京沦陷时期为汪伪水利部所用，抗战胜利后为中国国民党原中央执行委员会调查统计局 [简称 "中统（局）"] 所在地，现为太平天国历史博物馆，是国家 AAAAA 级旅游景区。另有 11 处遗产建筑点属于军政机关使用、管理，其建筑均较为完好，一定程度上保存了原始风貌及历史环境，但由于其目前的军政功能，这些建筑点并不对外开放。在拥有文物保护级别的历史建筑中，现属于市级文物保护单位的原国民政府司法院与司法行政部，以及属于区级文物保护单位的三民主义青年团中央团部，在南京沦陷初期改为南京安全区内难民所，目前仅存大门门楼。同样仅存大门门楼的还有市级文物保护单位原国民政府联勤总司令部，其在南京沦陷期间曾被侵华日军霸占，成为其驻军地。

在未被评级的 2 处文物点中，位于洪公祠 1 号南京市公安局内的原国民政府军统办公楼已经经过了现代化改建，原始风貌模糊不清。原国民政府立法院白下路旧址，在南京沦陷期间是中国公学校舍所在地，目前仅存一栋二层小洋楼建筑，仍保有历史风貌，但年久失修，成为危房。这两处文物点均有深入挖掘历史与文化的价值，应为其确定保护级别的价值。

② 交通、电信部门建筑

在笔者总结出来的 16 处交通、电信遗产建筑中，江南汽车公司中央路建筑现已被拆除，原贯穿南京南北的京市铁路因城市的发展于 1958 年被拆除，另有原南京电报局在太平南路润德里的具体地址不明，现存 13 处抗战文化遗产建筑。其中国家级文物保护单位 2 处、省级文物保护单位 3 处、市级文物保护单位 1 处、区级文物保护单位 3 处，另有未评级的文物点 4 处。作为国家级保护单位的中央广播电台发射塔旧址，笔者调研时其处于一片拆迁地段的中心地点，自身建筑残破失修，周边环境面临开发建设后的全新变化。同为国家级保护单位的南京浦口火车站旧址，目前其建筑及配套设施保存较为完好，历史风貌较为完整，但整体建筑处于空置状态，周边大马路、津浦路及兴浦路地段正处于拆迁新建的过程中。此外，作为区级保护单位的原明故宫机场旧址，其主要历史建筑位于金城机械厂内，不对外开放，目前仅有一座二层机场附属建筑位于工厂厂区之外，经过全面整修后空置

图 3-43　（左）1952 年中山码头旧影；（右）中山码头建筑现状
图片来源：（左）晓庄（摄）；（右）笔者自摄

中，市民可前往参观。作为民国时期南京重要军事机场的南京大校场机场，目前正处于改造更新阶段。未被评级的文物点中，原铁路轮渡栈桥旧址现为南京滨江风光带中的一景，原中央广播电台旧址二层带阁楼建筑风貌保存较为完好，具有评定保护级别的价值。中山码头旧址处，码头主体建筑在最近的滨江风光带开发中新修立面，但其新修成的建筑造型、颜色等与历史上中山码头建筑风貌大相径庭（图 3-43）。因中山码头所经历的重要历史事件，其具有被评级的价值，同时应挂牌展示中山码头在民国时期的原始风貌。另有南京中华门火车站，虽历史风貌不存，但因其重要的历史价值，应挂牌向公众宣传其抗战时期所经历的历史事件。

③ 监狱旧址

南京沦陷之前，全市拥有四大监狱，它们分别是位于栖霞区的首都反省院、位于建邺区的中央军人监狱、位于鼓楼区的首都监狱及国民党国防部保密局看守所。目前四座监狱中仅存原中央军人监狱旧址还留存有原狱长办公二层小楼及两排监房，是南京市级文保单位。该处监狱在南京沦陷初期为侵华日军集中关押已缴械的中国军人及无辜市民的场所，后被侵华日军纵火烧毁大部分建筑。现存建筑为抗战胜利后，国民政府在原址重建而成。该建筑目前位于中国人民解放军某部驻军大院内，但其监房紧邻道路，且与南京大屠杀遇难同胞纪念馆比邻，具有单独划出军管区，作为民国监狱博物馆的一定价值。

（2）驻华使领馆

国民政府于 1927 年 4 月 18 日奠都南京，众多与国民政府建立邦交的国家随即在南京建立起驻华使领馆。至 1936 年，在南京建立使馆的仅有苏联、意大利、美国、英国、日本、德国、荷兰等国，而其他绝大多数外国的使馆馆址则仍设在北平和上海。1937 年，随着战争的逼近，这些使领馆中有些随着国民政府西迁离开了南京直至抗战胜利后国民政府回迁时，才再度回到南京。有些则在南京保卫战前后短暂离开南京后，于伪政权时期回到南京，例如日本在对南京发动无差别空袭前撤出了在宁所有日侨与日本政府工作人员，南京沦陷后的 1940 年底，日本与汪伪国民政府正式建交，随即在战前鼓楼日本大使馆原址复设大使馆，其总领事馆迁至新街口原中山路 39 号现中山路 55 号的国民政府中央日报社旧址。目前，中山路 55 号原有建筑已被拆除，于 2004 年建成 52 层高楼。位于鼓楼的原日本大使馆建筑群目前仅剩四层建筑一栋，位于武警支队和南京武警消防总队内。

1945 年中国抗战胜利，经历了 8 年日伪统治的南京城满目疮痍，随着国民政府回迁南京的各国使领馆遂聚集至建筑保存尚完好、具有西方建筑风格且大部分空置的南京颐和路小别墅区，租赁建筑办公。所以在笔者整理出的 21 处南京使领馆历史点中现存的 13 处旧址建筑中（图 3-44），有 8 处原为抗战爆发之前建成的小别墅建筑，其中大多数目前仍作为民居使用。现存的 13 处驻华使领馆旧址建筑中，有国家级文物保护单位 2 处，省级文物保护单位 2 处，市级文物保护单位 4 处，区级

① 美国大使馆
② 英国大使馆（虎踞北路）
③ 英国大使馆（颐和路）
④ 英国大使馆（傅厚岗）
⑤ 英国大使馆空军武官处
⑥ 中英文化协会
⑦ 法国大使馆（高云岭）
⑧ 法国大使馆（北京西路）
⑨ 法国大使馆（金银街）
⑩ 法国大使馆（宁夏路）
⑪ 日本大使馆
⑫ 意大利大使馆
⑬ 比利时大使馆

图 3-44　日伪时期的南京民国建筑：驻华使领馆旧址区位图
图片来源：笔者自绘

文物保护单位 4 处，未被评级的文物点 1 处。未被评级的为武夷路 9 号原意大利大使馆租用的梁定蜀所建公寓建筑，目前为军区首长住宅。建筑整体结构完整，风貌保持较好，其南、北面近邻现代新建小高层住宅，历史环境改变较大，但仍具有评定保护等级的价值。

（3）科学、教育机构

1927 年至 1937 年的十年建设中，南京城内得到发展的不仅仅是军政部门、工商金融业等，文化教育事业也进入了一个飞速发展的阶段。1937 年全面抗战爆发，南京的高等学校、研究机构纷纷举校西迁。由于战争，南京城内除部分西方教会学校外，幼托及中、小学则基本停办。南京沦陷后，绝大部分的学校校舍都被侵华日军或伪政府霸占另作他用。其中，位于南京紫金山麓的国民革命军遗族学校部分校舍在南京保卫战中被焚毁，其女校校舍被侵华日军霸占成为临时伤兵医院，根据金陵女子文理学院魏特琳教授的日记记录，侵华日军还在其霸占的女校校区内办起了"慰安所"。该学校女校经历日伪统治八年后校舍损毁严重，男校部分因有留校学生维护得以幸存。抗战胜利后，政府在原址修缮建筑重办遗族学校。目前，该校存有学校牌楼与校舍建筑四组于南京市玄武区卫岗 55 号院内，小建筑组群风貌保持较好，为南京市级文保单位。

目前，南京市内外存有 23 处此类型的建筑遗址遗迹（图 3-45）。

① 幼托及中小学

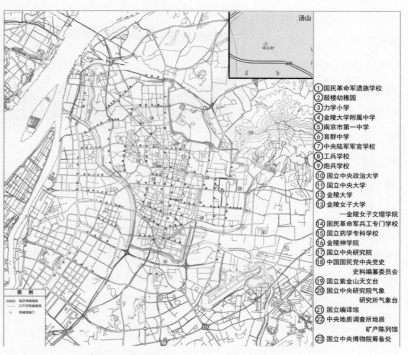

① 国民革命军遗族学校
② 鼓楼幼稚园
③ 力学小学
④ 金陵大学附属中学
⑤ 南京市第一中学
⑥ 育群中学
⑦ 中央陆军军官学校
⑧ 工兵学校
⑨ 炮兵学校
⑩ 国立中央政治大学
⑪ 国立中央大学
⑫ 金陵大学
⑬ 金陵女子大学
　　——金陵女子文理学院
⑭ 国民革命军兵工专门学校
⑮ 国立药学专科学校
⑯ 金陵神学院
⑰ 国立中央研究院
⑱ 中国国民党中央党史史料编纂委员会
⑲ 国立紫金山天文台
⑳ 国立中央研究院气象研究所气象台
㉑ 国立编译馆
㉒ 中央地质调查所地质矿产陈列馆
㉓ 国立中央博物院筹备处

图 3-45　日伪时期的南京民国建筑：科学、教育机构旧址区位图
图片来源：笔者自绘

在笔者总结出的幼托及中、小学旧址中，有幼托1间，为市级保护单位的鼓楼幼稚园，其在抗战期间因为战争而停办。小学1座，虽学校是在抗战胜利之后所建，但其是为了沦陷期间在日伪统治和战争中失学的儿童所建，现存主要文化遗产建筑是学校创始人邵力子夫妇故居，是南京市级文物保护单位。其余3处中学旧址中有国家级文物保护单位1处，南京市级文物保护单位1处，区级文物保护单位1处。这3处中学旧址目前均为原中学在原址办学，虽然在学校不断发展中学校基地范围有所扩展，学校建筑也各有更新，但各学校中均有1处至数处的原址建筑仍在使用中，风貌保持得较好。

② 军事院校

原国民政府所开办的军事院校在南京沦陷期间均被侵华日军部队或伪政府霸占。在5处国民政府开办的军事院校内，除在南京沦陷期间被侵华日军"中国派遣军野战兵工厂教育队"霸占的中央防空学校现已拆除外，其余4处学校旧址中，属于国家级文物保护单位的原国民政府中央陆军军官学校目前为东部战区司令部所在地。除位于现军区范围内的历史建筑群外，原中央陆军学校大门因扩路被拆除，现在黄浦路南首西侧存有大门门柱残件一根（图3-46）。

图3-46 （左）大门历史照片；（右）大门门柱残件
图片来源：（左）天翻地覆慨而慷——南京解放实录：党史网；（右）笔者自摄

原国民政府工兵学校现存大楼为南京市级文保单位，位于解放军工程兵学院内。原国民政府炮兵学院建筑群现为南京市级文保单位，位于中国人民解放军炮兵学院南京分院内。此3处军事院校目前为军管区，限制进入及拍照。据笔者调研时观察，所有历史建筑均结构完整，风貌保持较好。另有原国民革命军兵工专门学校，现为秦淮区区级保护单位，紧邻金陵制造局旧址，具有联合开发利用的实际价值。

③ 大学及研究机构

大学及研究机构，因拥有丰富的学术及文化资产，南京沦陷后即成为侵华日军抢夺、驻军的场所。笔者列出的 17 处大学及研究机构中仅 2 处在南京沦陷、汪伪政权成立后仍被伪政权利用原址办学，其余除 1 处在沦陷初期毁于战火后未能再重建外，剩下 14 处大学及研究机构均被侵华日军霸占。目前，3 处已经在南京城市发展中被拆除，现存 13 处抗战建筑遗产。现存的历史建筑点中，国家级文物保护单位有 7 处，省级文物保护单位 3 处，市级文物保护单位 3 处，区级文物保护单位 1 处。已有评级的大学及研究机构现存建筑单体体量均较大，拥有建筑群及其周围环境风貌均保存较好。根据笔者实地调查，仅原国立药学专科学校内，因发展需要多有建设，仅存 2 栋民国小别墅为旧有建筑，目前空置。另有原国立中央政治大学目前仅存大门门楼。

（4）医疗机构旧址

全面抗战爆发初期，南京沦陷前，城内大部分的医疗机构人员及设备随国民政府撤离了南京，但同时仍有一批坚守在医院岗位并未撤离的医生、护士及医疗工作者，在南京保卫战结束不久亦有一批冒着极大生命危险返回南京对城内伤病民众进行医疗救护的医生、护士及医疗工作者。他们冒着生命危险救助了无数被侵华日军残害的中国军人和百姓，作出了巨大的贡献。据笔者调查统计，南京市内外拥有 6 处可归为南京抗战建筑遗产的民国南京医疗机构，其中原圣心儿童院已被拆除，现存 5 处，如图3-47 所示。

图 3-48 中编号①为原中央医院与原国民政府卫生部。

原中央医院旧址现为南京东部战区总医院。东部战区总医院的范围在原中央医院及原中央卫生部的地界范围外向西面扩展

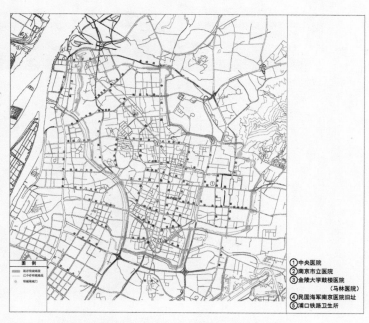

图 3-47　日伪时期的南京民国建筑：医疗机构旧址区位图
图片来源：笔者自绘

109

囊括了原明故宫机场飞行员宿舍区等地块形成现在的规模。根据原中央医院及原国民政府卫生部鸟瞰照片，可得出现存于南京东部战区总医院范围内的原民国时期建造的建筑及各建筑区位如图3-48所示。

参考1937年南京历史地图，可见在中山东路与珠江路之间的范围内，原中央医院所处场地面积并不大，并且偏居场地一隅。考虑到当时中央医院从属于原国民政府卫生部，该地块主要为卫生部所用。图3-48中红色虚线范围内为原国民政府卫生部范围，蓝色虚线之

图3-48　（上）原中央医院及原国民政府卫生部鸟瞰照片；（下）原中央医院及原国民政府卫生部现存建筑区位图
图片来源：（上）南京东部战区总医院院史展；（下）笔者自绘

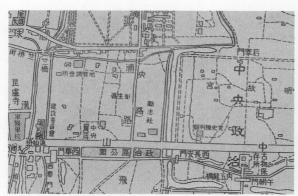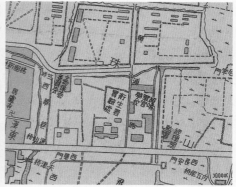

图3-49　（左）1937年南京地图；（右）1943年南京地图
图片来源：（左）日新興地学社出版社（南京出版社2014年再版）；（右）伪南京特别市地政局（南京出版社2014年再版）

①原文夫，芦鹏．日军荣字1644部队在南京设立的细菌工厂之考证[J]．南京大屠杀史研究，2011(2):84-93．
②中国第二历史档案馆，档案号：十二-六-5616．
③中国第二历史档案馆，档案号：十二-六-5658．

内才为原中央医院地块。图3-49所示1943年地图中，原国民政府卫生部位置直接标注为"卫生署试验处"，其位置在中央医院主楼建筑及其附属建筑群的正北面，是图3-48中编号④号与⑦号建筑所在的位置。1943年的南京处于沦陷时期，由当时汪伪南京特别市地政局发行的这份图纸上清楚标明了试验处的位置，从另一个侧面证实这一时期该"试验处"仍在运作。当年侵华日军荣字第一六四四部队应是霸占了原中央医院与原国民政府卫生部两处原国民政府公用设施进行驻军及细菌实验等活动，即图3-48中虚线划定的范围总和。

笔者根据美国国家档案局版本的荣字第一六四四部队内部设施概要图①，在研究原中央医院与原民国卫生部的平面布局、历史照片及相关历史资料的基础上，尝试在空间上恢复当年南京荣字第一六四四部队本部的布局。

原中央医院由于木屋建筑不敷使用遂决定建筑新楼。新楼自1931年12月开工，至1933年5月落成②。由基泰工程师杨廷宝设计。建筑分为两期进行建设，首期建成第一层与第二层，由建华公司进行施工建设。第二期建造的是主建筑的第三层与第四层，仍由建华公司进行施工建设。同期进行建设的，还有停尸房、焚化炉、锅炉房、洗衣房、厨房及球场等配套用房③。从图3-48可以看出，编号⑤的建筑为坡顶建筑，其后方还有高度相近，即同为二层建筑的平顶建筑一套，同时，该组建筑中有一座高耸烟囱。参考1937年侵华日军轰炸南京时遭到破坏的原中央医院锅炉房建筑形式如图3-50所示，编号⑤的建筑应为同期建造的锅炉房、洗衣房及厨房配套设施。

根据1937年侵华日军轰炸南京时，炸毁原中央医院及卫生部新礼堂、药剂师宿舍等新闻照片，如图3-51左图所示，卫生部新礼堂与其北侧一栋主楼为二层局部三层的建筑为近邻，由此可见礼堂整体高度约为二层建筑高度，与图3-52右图中现状建筑情况一致。从原中央医院新大楼拍摄的院内被日军轰炸情况照片中（图3-52）亦能在中央医院场地右侧，即东面看到具有大体量开窗的礼堂建筑，及与之靠得极近的在其北侧的编号③的建筑。观察图3-52右侧原中央医院鸟瞰照中

图3-50　1937年9月25日，原中央医院锅炉房被炸
图片来源：中国第二历史档案馆，档案号：四－四－2574

图3-51　（左）1937年9月25日13时，卫生部新礼堂西侧被炸毁；　（右）原卫生署新礼堂及其邻近建筑现状照
图片来源：（左）中国第二历史档案馆，档案号：四－四－2574；　（右）笔者自摄

图3-52　（左）自原中央医院新大楼拍摄的院内被日军轰炸情况；　（右）原中央医院鸟瞰
图片来源：（左）原民国中央通讯社拍摄新闻照；　（右）1939年南京航拍

①中国第二历史档案馆，档案号：十二－六－5557.

编号 ⑬ 的建筑已经建成，编号③和④的建筑还未建造，由此可以推断，编号③的建筑是与卫生部新礼堂一同建造的卫生部办公室及特别实验楼房。卫生部新礼堂与办公室及特别实验楼房由张裕泰建筑事务所承建，建于 1934 年①。对比历史照片及现状建筑，图 3-48 中编号③的建筑应为后期加建一层，并改坡屋顶，编号②的建筑靠近编号③一侧局部改建，降低了建筑高度。编号 ⑬ 的原中央医院东宿舍楼，已经拆除建成新肾科大楼。

图 3-53　（左）编号④建筑，（右）为编号⑧建筑
图片来源：笔者自摄

　　属于原国民政府卫生部的建筑中，图 3-48 中编号④与⑧的建筑根据笔者考证为中国建筑师范文昭为原中央卫生部设计的原国民政府卫生实验处新楼（④号建筑）及原中央卫生部大楼（⑧号建筑）。如图 3-53 所示，编号④的建筑第四层及坡屋顶为后期加建，除去加建的部分将其还原为原本的平顶形式，可见两栋在建筑立面风格及建筑材料使用上极为相似。为确定这两组建筑各自的原始功能，参考 1937 年侵华日军轰炸南京时的新闻报道图片，如图 3-54 所示可见大坑一侧建筑。该建筑并不是高度为四层的中央医院主楼，对比编号④与编号⑧的建筑平面形制与立面造型，参考该处建筑现状照片可以确定该建筑为编号④建筑，进一步证明目前被挂牌为"原国民政府卫生部大楼"的④号建筑实际是原

图 3-54　1937 年 9 月 25 日 13 时，全国经济委员会卫生试验处与中央医院之间的空地被炸成宽约 4 丈、深约 3 丈之大坑
图片来源：中国第二历史档案馆，档案号，四－四-2574

国民政府卫生实验处新楼。另外，对比 2001 年南京大学出版社出版，卢海鸣、杨新华主编的《南京民国建筑》中，对原国民政府卫生部设计的描述"……高三层，平面呈'口'字形……解放后，在原三层基础上增加一层，并将平顶改为坡顶。"现编号⑧的建筑群，平面呈近"口"形，且其南侧建筑被改建为四层坡顶建筑，极有可能实为原国民政府卫生部大楼。

　　编号④与编号⑧的建筑，在中国近代建筑史上也具有重要意义。这两栋建筑的设计者范文照在 1933 年之前的建筑设计是以民族主义作为政治需求，将"复兴中国建筑文化于当代"作为建筑价值取向，并参与及主导设计了励志社、国民政府铁道部、华侨招待所等民族形式建筑。但 1930 年代后，在上海自营建筑事务所的范文照，受到西方现代主义建筑思潮的影响，此时勒·柯布西耶、格罗皮乌斯、莱特的弟子——美籍瑞典裔建筑师加入了范文照建筑事务所。这之后范文照开始反省民族主义形式建筑的全面复古现象，提出了"首先科学化而后美化"的由内而外的现代主义设计思想[1]。由原国民政府卫生署署长刘瑞恒自 1931 年 3 月邀请范文照进行设计，于 1933 年建成的原国民政府卫生部大楼及同为其设计的原国民政府卫生实验处[2]，与于 1930 年由范文照、赵深设计建成的上海南京大戏院对比，可见明显的折中主义风格向现代建筑风格转变。南京原国民政府卫生部大楼及原国民政府卫生实验处新楼这两栋建筑虽然都有类似西方古典建筑的墙裙和檐口，但上海南京大戏院立面上所使用的典型西方古典建筑的元素已经淡化，其风格已经十分接近现代主义建筑，可以说是范文照先生建筑设计风格由民主主义转向现代主义的首批公建建筑。

　　此外，从原中央通讯社的新闻照片中可以看到，图 3-48 中编号⑤的建筑曾作为中央防疫处大楼使用，如图 3-55 左图所示，对比右图建筑现状可见该建筑也在后期的使用过程中

①陈晨，王柯. 民国建筑师在南京的民族形式建筑创作轨迹（1927—1937 年）[J]. 建筑师，2019(4):107-114.
②黄元炤. 范文照[M] 中国建筑工业出版社 2015:150.

图 3-55　（左）原中央防疫处大楼，（右）现状
图片来源：（左）原中央通讯社新闻照片；（右）笔者自摄

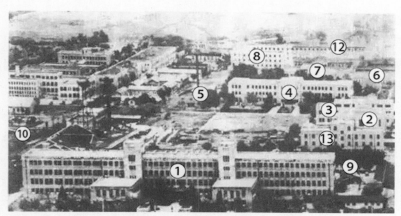

图 3-56 历史鸟瞰照片建筑对应区位图
图片来源：笔者自制

加建了一层并改为了坡屋顶造型。

原中央防疫处主要从事研究病毒、传染病的防疫、防治工作。由于其既有的建筑功能，在南京沦陷后极有可能被侵华日军荣字第一六四四细菌部队直接霸占，用作动物养殖及相关细菌的研究与培养，所以内部才会设有解剖室及水牢。

根据考证的各民国时期建筑历史功能，还原至鸟瞰照中确定其区位，如图 3-48 与图 3-56 所示：

① 荣字第一六四四部队本部大门；

② 大讲堂，即原国民政府卫生部新礼堂；

③ 教学楼，即原国民政府卫生部办公室及特别实验楼房；

④ 一科大楼，从事霍乱、斑疹伤寒、赤痢、鼠疫菌的培养，即原国民政府卫生实验处新楼；

⑤ 锅炉房、车库、厨房、烟囱；

⑥ 原国民政府卫生部礼堂，被荣字第一六四四部队霸占时功能不明；

⑦ 原国民政府中央防疫处大楼，被荣字第一六四四部队霸占时功能不明；

⑧ 荣字第一六四四部队军属、军官居住室；

⑨ 原中央医院男护士宿舍，被荣字第一六四四部队霸占时功能不明；

⑩ 飞行员宿舍；

⑪ 部队种植的药草园；

⑫ 实验用动物圈养所；

⑬ 药局、诊疗部，即原中央医院东宿舍楼。

其中编号①至⑧号建筑为现存历史建筑，结构完整、风貌保存较好。①号及④号建筑被评为江苏省文物保护单位。

② 其他医疗机构

作为拥有抗战建筑遗产历史价值的原圣心儿童院，由天主教玛利亚方济各传教修女会于 1936 年创建。1937 年全面抗战爆发，全体修女赴浙江兰溪国民政府军政部后方医院避难。次年 8 月修女全部返宁，在南京继续开办孤儿院接纳孤儿，并开设数处为贫穷居民低价或免费看诊、施药的诊疗所。1947 年，圣心儿童院迁入广州路 72 号新址，机构扩大。该处建筑原址上于 1953 年 4 月 1 日成立了南京市立儿童医院，旧址建筑群曾于 1956 年被列为江苏省文物保护单位，1982 年被撤销评级。1984 年 9 月，鼓楼区人民政府正式确定圣心儿童院旧址为区级文物保护单位。该处建筑不仅拥有教会建筑的特有风格（图 3-57），且承载着南京沦陷时期国际友人在南京进行人道主义援助的历史。遗憾的是，该处建筑群由于南京市儿童医院的扩建，于 2015 年全部拆除。

图 3-57　圣心儿童院祈祷室的哥特式尖拱窗
图片来源：卢海鸣：《南京民国建筑》，南京大学出版社，2001

其他现存 4 处医疗机构中，原南京市立医院于 1943 年被汪伪政府接管，改为南京市戒烟医院，目前仅存原主楼入口石制台阶一套，暂未有保护级别，为文物点。鼓楼区江边的原民国海军南京医院，建筑被整体翻新，成为南京鼓楼区滨江风貌区的一景，其周围历史风貌已改变，目前空置，是区级文物保护单位。原金陵大学鼓楼医院，现处南京鼓楼医院内，为省级文物保护单位，仍作医院使用，历史建筑结构完整、风貌好。另有浦口铁路卫生所旧址，南京沦陷期间曾被侵华日军霸占作为其军用医院使用，现存一栋砖混结构联体二层坡屋顶条形楼房与一栋砖混结构单体重二层坡屋顶条形楼房，空置中。

（5）文化、体育机构

南京沦陷之后，城市文化、体育事业停滞并急速倒退，日伪政府所组织的文化、体育活动无一不是为宣传其殖民统治、皇民化教育的，市民的参与都带有被强迫的性质及情绪。沦陷前的原文化、体育机构建筑在沦陷期间几乎都被挪为他用，例如原国立美术馆大楼，被汪伪政府霸占当作伪军事委员会、伪参谋部办公大楼使用。

① 国立美术陈列馆
② 国立北平故宫博物院
　　南京古物保存库
③ 国立中央图书馆
④ 泽存书库旧址
⑤ 中华书局南京分店
⑥ 管理中英庚款董事会
⑦ 江苏省立南京公共体育场
⑧ 金陵刻经处
⑨ 江浦民报社旧址

图 3-58　日伪时期的南京民国建筑：文化、体育机构旧址区位图
图片来源：笔者自绘

在笔者列出的 9 处归为南京抗战建筑遗产的文化、体育机构旧址中（图 3-58），有国家级文物保护单位 1 处、省级文物保护单位 3 处、市级文物保护单位 1 处、区级文物保护单位 4 处，其中一处为南京沦陷时期国民党江浦县政府所办江浦民报社旧址，该建筑于2008 年修缮，据当地居民说其地面在修缮时被整体提高 40 厘米。该建筑原属村子现已全部拆迁，仅剩该建筑位于林地间，没有直接通达道路，原始环境风貌已然不存，仅剩建筑单体。

（6）服务、娱乐场所

本类所指为商场、饭店、旅店、电影院等与市民生活息息相关的服务、娱乐场所。而这些战前为普通市民提供服务的建筑，在南京沦陷后基本被日伪占据，所有经营权实质上都为日人所有。几处规格较高的饭店被侵华日军占用作其高级"慰安所"，几乎全部设备较为先进的电影院均被侵华日本当局占用，专门播放日本电影并只为在宁日人服务。

笔者总结的 22 处可作为南京抗战建筑遗产的民国服务、娱乐场所中，原南京市内最大的公园——南京第一公园，在南京沦陷期间，被日军扩建明故宫机场占用而消失。另有 4 处旧址建筑，至笔者调研结束时已经相继在南京城市建设的过程中为新兴城市构件让道而被拆除了。现存的 17 处历史建筑中（图 3-59），有国家级文物保护单位 2 处，省级文物保护单位 7 处，市级文物保护单位 2 处，区级文物保护单位 1 处，文物点 5 处。未被评级的 5 处文物点中有中央商场，

图 3-59　日伪时期的南京民国建筑：服务、娱乐场所旧址区位图
图片来源：笔者自绘

其历史建筑早已不存，但该商场区位未变。南京沦陷时，原中央商场建筑第 2 层被日军烧毁，后建筑第 1 层被日军占为养马场，汪伪政权上台后将其底层建筑修复，恢复营业。中央商场是民族自强企业的代表、南京第一家大型百货公司，其曲折的历史可以通过立牌呈现给公众。另有延龄巷 70 号东方饭店，南京沦陷时被侵华日军霸占专门用于接待日本客人，其建筑目前临街立面仍保持原始风貌，具有评级保护的价值。另两处文物点，一处是位于夫子庙的首都大戏院，南京沦陷期间被日本组建的"中华电影公司"霸占，成为该日本公司的直营影院，专门放映日本电影。另一处为原新都大戏院，即南京解放后的胜利电影院。南京沦陷期间该戏院被侵华日本当局霸占，改名为"东和剧场"，专门放映日本电影。现旧址建筑已经被全部拆除，新建南京德基广场，仅在旧址区位处复原了原新都大戏院的建筑立面。这两处文物点中，夫子庙首都大戏院于 2019 年末挂牌作为南京历史建筑，而新都大戏院复原立面仅包含旧址建筑区位信息，亦可挂牌展示旧址照片、介绍旧址戏院信息。

还有一处位于太平南路上的商铺建筑。该建筑为抗战全面爆发前，中国爱国企业"三友实业社"在南京的分社，为面阔两间的临街店面。沦陷初期，在侵华日军在南京城内进

行有计划的纵火劫掠行动中，其成为太平南路上众多受害的店铺之一，多张历史照片中均记录挂有"三友实业社"招牌的被日军纵火焚烧后残垣断壁的店铺实景。由于该店铺临街立面为三层砖结构实墙面，所以在被纵火焚烧之后，临街立面砖墙并未坍塌。该立面风貌虽经过装修但仍保有部分原始风貌，成为太平南路上侵华日军对中国业主财物肆无忌惮地进行劫掠的仅存的几处历史证据之一（图3-60）。而另一处同样位于太平南路上，为在南京沦陷期间被侵华日军引入的日侨占为日本办事处使用的原中国绸缎庄店面，虽建筑立面风貌大部分保存，亦留有当年被日军纵火焚烧的痕迹，但由于其所处区位及建筑自身质量不高，至2019年已经被列入拆除计划之中了。由此可见，作为仅存的太平南路上经历过侵华日军劫掠，并有清晰历史照片记录的原三友实业社店铺临街立面，具有重要的历史价值，应及时对其进行评级、保护与风貌维护。

图3-60　（左）太平南路上被焚烧仅存临街立面及建筑主体结构的三友实业社；（右）太平南路117号商铺现状
图片来源：（左）[日]《展望中国》，1938年8月；（右）笔者自摄

（7）工业建筑及附属设施旧址

作为南京工业建筑遗产的一部分，本类南京工业建筑位于南京抗战建筑遗产之列的依据是其在南京沦陷期间被日伪所霸占、控制，对其企业造成不可逆的影响，并体现在其抗战胜利后的后续发展上。

笔者归纳的 13 处可归为南京抗战建筑遗产类别的工业建筑点中，除馥记营造厂现已拆除外，现存 12 处建筑点中有国家级文物保护单位 1 处、省级文物保护单位 2 处、市级文物保护单位 7 处、区级文物保护单位 1 处、文物点 1 处（图 3-61）。作为工业建筑，位于市区范围内的原金陵兵工厂、首都电厂、普丰面粉厂均已移除其工业生产功能，开发为产业园、公园等其他功能。而区位较为偏远的工业建筑点，除江南水泥厂现已停产外，其余工业建

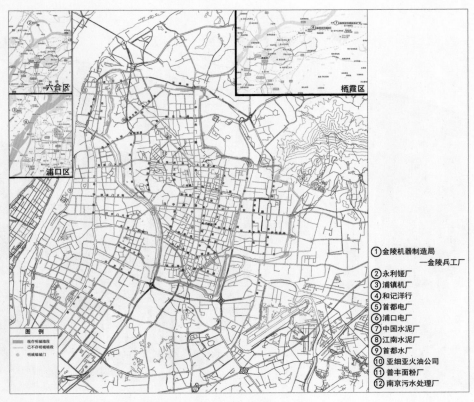

① 金陵机器制造局
　　—金陵兵工厂
② 永利铚厂
③ 浦镇机厂
④ 和记洋行
⑤ 首都电厂
⑥ 浦口电厂
⑦ 中国水泥厂
⑧ 江南水泥厂
⑨ 首都水厂
⑩ 亚细亚火油公司
⑪ 普丰面粉厂
⑫ 南京污水处理厂

图 3-61　日伪时期的南京民国建筑：工业建筑旧址区位图
图片来源：笔者自绘

筑依旧处于工业生产中。

　　在省级文保单位中，南京和记洋行在南京沦陷初期作为安全区外难民所之一收留了大批难民。难民所被日伪政府强迫解散后，和记洋行的机械设备被日军强行搬走或被破坏，厂区被日军霸占作为仓库使用。

　　现在，由于和记洋行厂址位于规划的鼓楼滨江风光带中，其工业功能也已移除，并在接下来的改造建设中，建设方严重违规施工，将和记洋行始建于清末的数座大型冷库建筑几乎全部拆除，仅剩毫无建筑风貌可言的外立面框架，该处历史建筑实已与被全部拆除无异。至 2020 年，和记洋行原址改造在经历舆论批评、政府职能机构监督整改之后已经基本完工，在拆除后仅剩框架的历史建筑基础上，模仿各栋建筑的原始风貌，建成一组崭新的"仿古"建筑（图 3-62）。作为可能为中国历史上第一组钢筋混凝土框架结构的现代工业建筑，它的拆除对南京抗战建筑遗产和南京工业遗产建筑来说都是一个无可挽回的重大损失。

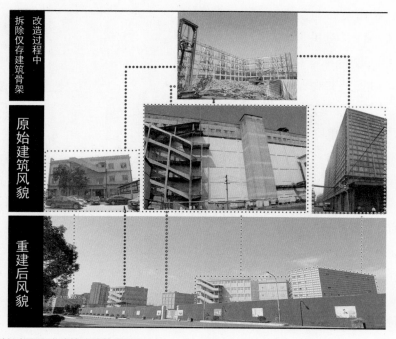

图 3-62　和记洋行主要历史建筑改造前后对比
图片来源：改建过程中照片出自南京广播电台 2017 年 12 月新闻报道，原始建筑风貌为笔者摄于 2015 年，重建后风貌为笔者摄于 2021 年

　　另有一处未被评级的原南京污水处理厂旧址，现存办公楼一座，位于颐和路民国公馆区与江苏路衔接处，是南京城市名片颐和路公馆区的入口位置，有较好的宣传价值，可挂牌明示其历史功能。

　　（8）金融业建筑旧址

　　民国时期金融业建筑主要为各家银行在宁分行的办公楼。由于银行业的资本实力，其建筑均为等级较高、质量较好、造型美观的中高层建筑。南京沦陷前市内银行企业也大举西迁，沦陷后这些空置的银行建筑被侵华日军私自撬锁进入，搜刮一空，尔后被日军及伪政府霸占移作他用。汪伪政权上台后，其与日当局勾结组成的汪伪中央储备银行，就是占用上海交通银行南京分行的办公楼开办的。

　　笔者总结出可归为南京抗战建筑遗产的 11 处民国金融业建筑中，现存 8 处（图3-63），其中省级文物保护单位 5 处，市级文物保护单位 2 处，区级文物保护单位 1 处。除原中国银行南京分行白下路行址建筑及上海商业储备银行南京分行建邺路行址建筑目前空置，因缺少维护而略

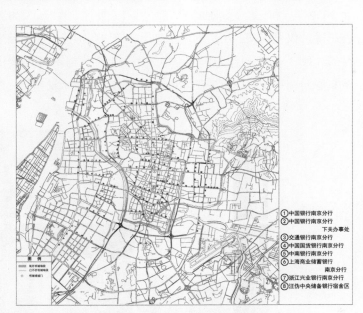

图 3-63　日伪时期的南京民国建筑：金融业建筑旧址区位图
图片来源：笔者自绘

显破败外，其余仍在使用的金融业旧址建筑目前结构完整，建筑单体风貌较好。

　　（9）陵园、墓葬与纪念性建筑

　　此类别中判定其为抗战文化遗产建筑的依据为：参与抗日战争的名人的墓葬及为其所建的纪念性建筑和附属建筑，抗战期间遭到日伪破坏或霸占的名人墓葬及纪念性建筑和附属建筑，以及为纪念抗战期间为争取民族自由、抵抗侵略而英勇牺牲的先烈，具有重要意义的战斗而在现代建立起来的墓葬、陵园及其他纪念性建筑和附属建筑。

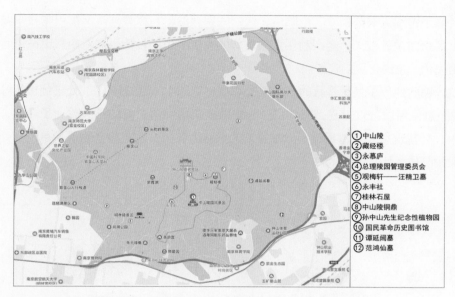

图 3-64　日伪时期的南京民国建筑：陵园、墓葬与纪念性建筑区位图
图片来源：笔者自绘

　　在南京保卫战前后及南京沦陷期间遭到侵华日军破坏或被日伪霸占的名人墓葬、纪念性建筑及附属建筑主要集中在现在的钟山风景名胜区内（图 3-64）。南京保卫战时，中山陵园所在的紫金山作为南京城区紧邻的制高点经历了连日的战火，南京沦陷之后中山陵便再无人管理，侵华日军对其中建筑任意洗劫，陵园中树木也被肆意砍伐，同时紫金山也成为日军驻军的地点。包括孙中山先生陵寝在内的经历了南京抗战历史的 12 处墓葬及纪念性建筑中，原总理陵园管理委员会旧址建筑在战争中被破坏，之后在南京沦陷期间完全损坏，目前仅存依稀可辨的建筑石栏杆构件，被用作登山石阶。其余 11 处墓葬、纪念性建筑及附属建筑中，有国家级文物保护单位 2 处、省级文物保护单位 1 处、市级文物保护单位 4 处、区级文物保护单位 1 处、文物点 3 处。同时应该注意的是，中山陵园在历史及政治层面，其主要属性仍为南京民国建筑，主要承载的是南京的民国历史与文化，而抗日战争时期的历史经历与文化干扰只是其附加属性，在对建筑历史与文化进行阐述时增加相应历史事件，在论述南京抗战文化时加以叙述即可，不需另立系统重新予以定义、保护与利用。

　　（10）宗教建筑

　　抗战期间，南京宗教建筑遭到了侵华日军毁灭性的破坏，日军闯入这些宗教建筑中劫掠、纵火、屠杀神职人员与信众。沦陷后，南京的宗教活动与宗教建筑又被侵华日军及日当局利用，其歪曲宗教教义，企图利用宗教信仰的力量来协助日伪当局对南京市民进行思想控制与殖民化、皇民化洗脑宣传。

抗战期间经历了日军暴行的宗教建筑有据可查的 11 处旧址中，2 处已经被拆除，其余 9 处或经过修缮或经过重建，有的仍作为宗教建筑被使用，有的已经改变了功能，有的则闲置中，其建筑风貌基本延续了旧址建筑的风格。其中，有省级文物保护单位 3 处，市级文物保护单位 6 处（图 3-65）。

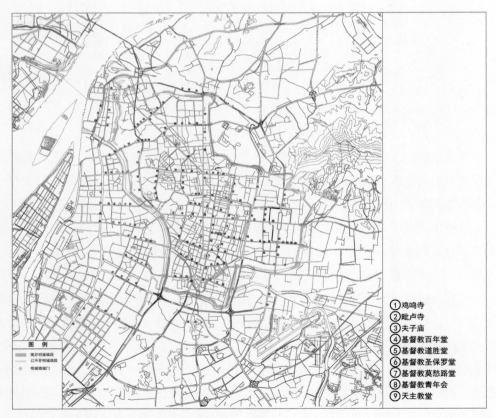

图 3-65　日伪时期的南京民国建筑：宗教建筑区位图
图片来源：笔者自绘

第七节　抗战时期的名人故居与旧居建筑

南京沦陷之前作为中国首都城市，是全国的政治经济中心，城区内按照居住等级的不同规划了数片较为集中的居住区。同时众多当时政要人物与国内富甲在南京建设房屋，这些私产建筑同样也体现了当时的技术先进性与建筑风格的时代与地区特色，是南京民国建筑的重要组成部分。同时，由于这类建筑的拥有者有的是在抗日战争期间对战争起到正面或负面重要作用的历史名人，或是有些重要的历史事件发生在这类建筑中，所以抗战时期名人故居与旧居建筑同样也是南京抗战建筑遗产的重要组成部分。

1. 历史依据

此类别建筑中判定为抗战建筑遗产的依据是曾经居住的人或曾是该处建筑所有人在抗战历史中直接或间接地对中国抗战历程起到过一定影响与作用，无论这种作用是积极的抑或是消极的。

同时，除曾作为南京沦陷时期日伪重要官员宅邸与南京沦陷期间被侵华日军及日伪当局霸占用作侵华日军"慰安所"使用的建筑外，其余大部分名人故居、旧居建筑其所承载的南京抗战时期历史只能作为该建筑历史中的一部分，其最主要的属性仍为南京民国建筑，仅需在其历史介绍标牌中添加南京抗日战争时期的历史经历即可，无需加入南京抗战建筑遗产系统中另行保护与利用。

2. 抗战时期的名人故居与旧居建筑现状

在笔者统计出的可列为南京抗战建筑遗产的 76 处名人故居、旧居中，有 13 处建筑已经被拆除，1 处旧址建筑被拆除新建；其余 62 处旧址建筑现状较为良好，其中有国家级文物保护单位 2 处，省级文物保护单位 9 处，市级文物保护单位 35 处，区级文物保护单位 10 处，文物点 6 处。具体分布如图 3-66 所示。

位于南京主城区内的名人故居、旧居建筑其建筑自身保存较为完好，令人担忧的是其周围环境的迅速变化，历史区域风貌消失之后，这些名人故居、旧居便成了一座又一座的

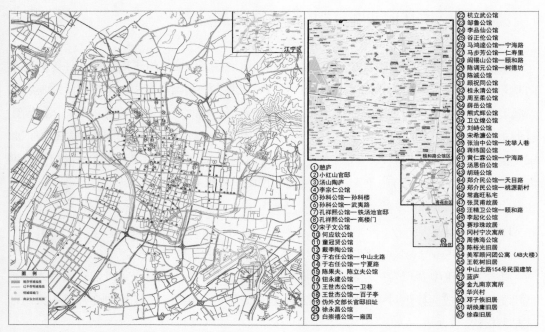

① 憩庐
② 小红山官邸
③ 汤山陶庐
④ 李宗仁公馆
⑤ 孙科公馆—孙科楼
⑥ 孙科公馆—武夷路
⑦ 孔祥熙公馆—铁汤池官邸
⑧ 孔祥熙公馆—高楼门
⑨ 宋子文公馆
⑩ 何应钦公馆
⑪ 童冠贤公馆
⑫ 戴季陶公馆
⑬ 于右任公馆—中山北路
⑭ 于右任公馆—宁夏路
⑮ 陈果夫、陈立夫公馆
⑯ 钮永建公馆
⑰ 王世杰公馆—卫巷
⑱ 王世杰公馆—百子亭
⑲ 伪外交部长官邸旧址
⑳ 徐永昌公馆
㉑ 白崇禧公馆—雍园

㉒ 杭立武公馆
㉓ 邹鲁公馆
㉔ 李品仙公馆
㉕ 谷正伦公馆
㉖ 马鸿逵公馆—宁海路
㉗ 马步芳公馆—仁寿里
㉘ 阎锡山公馆—颐和园
㉙ 陈调元公馆—树德坊
㉚ 陈诚公馆
㉛ 顾祝同公馆
㉜ 桂永清公馆
㉝ 周至柔公馆
㉞ 薛岳公馆
㉟ 熊式辉公馆
㊱ 卫立煌公馆
㊲ 刘峙公馆
㊳ 宋希濂公馆
㊴ 张治中公馆—沈举人巷
㊵ 蒋纬国公馆
㊶ 黄仁霖公馆—宁海路
㊷ 汤恩伯公馆
㊸ 胡琏公馆
㊹ 郑介民公馆—天目路
㊺ 郑介民公馆—桃源新村
㊻ 常鑫旺私宅
㊼ 张灵甫故居
㊽ 汪精卫公馆—颐和路
㊾ 李起化公馆
㊿ 赛珍珠故居
51 冈村宁次寓所
52 周佛海公馆
53 陈裕光旧居
54 美军顾问团公寓（AB大楼）
55 王乾树旧居
56 中山北路154号民国建筑
57 蓝庐
58 金九南京寓所
59 华兴村
60 邓子恢旧居
61 胡焕庸旧居
62 徐森旧居

图 3-66　抗战时期的名人故居与旧居建筑区位图
图片来源：笔者自绘

城市历史与文化的孤岛。同时，一些已被评级的旧址建筑在保护与开发利用上力度不够，如树德坊 1—22 号原国民党军事参议院高级职员宿舍建筑群历史建筑 4 栋，建筑结构完整，风貌保持良好，并以小院的形式组团呈现，虽均为区级保护单位，但社会知名度并不高，建筑在使用过程中的维修也缺少指导。而板桥由华侨建造的华兴村，全部巴洛克风格的西式别墅住宅均已被拆除，目前仅剩一幢市级文物保护点的华兴农业二层办公楼及板桥活水堂教堂建筑一座。

第八节　小结

南京抗战建筑遗产中的民国历史建筑主要是由 1927 年至 1937 年之间，国民政府在南京进行城市建设时建设的历史建筑与名人、商人富甲在这一时期建造起来的私产建筑组成，包括从 1934 年起在德国军事顾问指导下所建造的军事防御设施、城市公共建筑、私家别墅与住宅楼等。

这其中，南京保卫战遗址遗迹作为抗战时期中国正面战场的重要历史遗存在南京抗战建筑遗产以及中国抗战建筑遗产中具有重要的地位与价值。时至今日，南京保卫战遗址遗迹中的一些民国碉堡、炮台遗址已经得到政府机构的挂牌保护，并拥有了区级以上的保护级别，但仍有大量散布在南京保卫战时防御阵地位置上的战争遗址遗迹未能被保护或发现。对南京保卫战遗址遗迹进行普查，建立名录，进行系统的保护与利用迫在眉睫。

民国公共建筑中政府机构类建筑由于建筑质量较高、造型美观，在南京沦陷前后及沦陷期间均为各届政府及军事部门所使用，所以建筑现状较好，建筑群及建筑环境大部分保存较为完整。南京的高校及科研机构在城市沦陷之前经历了一次西迁行动，其校舍、办公地点在被侵华日军占领之后大多移作他用，例如国立中央大学四牌楼校区校舍，南京沦陷后被侵华日军霸占作为陆军医院使用。抗战胜利后在原址继续办学的高校及回迁原址办公的国家科研机构基本沿用原址建筑至今，现存历史建筑虽经过修缮及现代化改造，但仍保持着鲜明的历史风貌。其余各类民国公共建筑根据其所处区位的不同、城市对其需求的不同及权属单位建设需求的不同，有的现状良好，有的仍在使用但风貌大为改变，有的被空置，有的则已经遗憾地被拆除了。

民国社会名流及富甲商人出资建造的别墅、住宅等私家建筑，由于业主不同，每栋建筑之间的建筑风格、建筑内外装饰各有不同，但建筑质量大多较好。这些小别墅、住宅建筑或是因其业主在抗战时期的历史作用或是由于其被日伪霸占使用的历史功能，被纳入南京抗战建筑遗产之列。

第四章

南京抗战时期的
日、伪历史建筑旧址

①张静如，唐正芒. 抗战文化与中国先进文化的前进方向[J]. 求索，2003(3):228—233。

在过去很长一段时间内国内学界对中国抗战文化的研究以对先进革命文化的研究，即对以民族大义为前提的反抗日本帝国主义侵略的文化研究为重点，对抗战建筑遗产的保护研究也以对抗战建筑遗产中体现先进革命历史的红色建筑遗产为保护研究的重点。目前，随着时代的发展及学术界研究的深入，抗战文化的内涵得到扩展与丰富，除先进文化外，抗战时期的健康有益文化和落后文化都得到了重视。这其中落后文化经过努力改造后亦可成为反抗日本帝国主义有用的抗战文化①。承载这些抗战时期落后文化的日伪权属历史建筑，经过改造之后亦可成为组成抗战建筑遗产的警示性建筑遗产。

同时，由于南京在中国抗日战争时期的特殊历史地位，作为曾经的日伪政权军事与政治的中心，除拥有中国共产党与中国人民抗击日本侵略争取民族解放的先进文化的物质承载的建筑遗产外，还有大量在日伪殖民统治下产生的落后文化的物质承载的建筑遗产。这些见证了侵华日军及伪政权妄图殖民统治中国人民、剥夺中国人民自由、掠夺中国资源等落后文化的建筑旧址与遗址遗迹，须与先进文化遗产建筑一样得到应有的重视。只有这样，才可以完整地展现中国抗日战争时期文化的完整性与多面性，进一步佐证抗战先进文化的真实性。在不同的时代背景下，此类建筑遗址遗迹是否应被归为"抗战建筑遗产"大类之下，社会各界拥有不同的观点，需学者进行进一步的研究与论证。但可以确定的是，此类建筑遗址遗迹作为日本帝国主义发动侵略战争的物质罪证、历史重要事件的承载者，具有被留存的现实价值。

笔者结合历史资料与实地调研获得南京抗战建筑遗产中现存日伪建筑旧址与遗址遗迹共20处，其区位如图4-1所示。按照这些建筑的目的与建造人的不同，又可将它们划分为侵华日军南京驻军建筑、侵华日军殖民建筑与侵华日军扶植伪政权公共建筑三类。

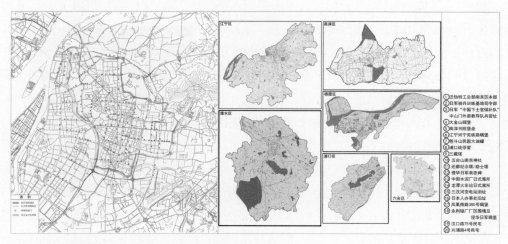

图4-1　日伪建筑旧址与遗址遗迹区位图
图片来源：笔者自绘

第一节　侵华日军南京驻军建筑旧址

南京沦陷后侵华日军随即将其侵华最高司令部，即侵华日军中国派遣军司令部设于南京。为保证南京作为其侵略战争后援中心的持续运转，日军在南京驻扎了大量部队，在霸占中国及第三国人不动产的同时，也新建了大批建筑物供其部队驻扎使用。

1. 历史依据

1937 年 12 月 13 日，侵华日军攻入南京城，在仅仅四天后的 12 月 17 日便急不可耐地组织了一场盛大的日军占领南京的"入城仪式"，这也标志着侵华日军对南京正式军事占领的开始。当天，日本侵华华中方面军司令官松井石根骑着战马于下午 1 点 30 分耀武扬威地率领着一众日本侵华军队官僚穿过中华门城门，进入南京城。下午 2 点，队伍到达原南京国民政府大院门前广场。2 点 30 分，在原南京国民政府大院前，日军举行了"入城典礼"。

在这之后，日当局、驻南京侵华日军与其扶植起来的伪政府开始了对南京长达八年的统治。城市一切政策与活动均是为日当局、驻南京侵华日军及在南京的日侨的最高利益而服务的。这种畸形的社会中，产生了一系列具有特定侵略目的的产物。

1945 年日本宣布无条件投降后，日军组织人员对其在南京占领期间的不动资产进行了普查，于 1946 年 1 月完成相关数据的汇总。从日本亚洲历史资料中心保存的一份名为《南京附近日军使用建筑物调查书 1946 年 1 月 5 日》的侵华日军战败后南京军用不动产调查报告中可以了解到，在其战败前夕，侵华日军在南京城内、近郊及附近地区的军用不动资产情况。这些不动产中包括侵华日军部队及相关机构霸占的中国产权不动产、第三国产权不动产（主要是 1942 年后日军"收缴"的英国与美国的不动产），以及侵华日军部队自行建筑的军用不动产。

根据报告所示，侵华日军至战败前夕在南京共驻扎有 45 支部队，并拥有部队医院与兵工厂等部队附属机构。这其中的 43 支部队的主力均驻扎于南京城内及近郊区域。侵华日军军事机构在南京拥有约 125 万平方米的建筑使用面积，驻扎有约 6.2 万名士兵与军政人员。

侵华日军在南京驻扎的主要部队，除进行远距离作战的日军第十三飞行师团司令部外，主要为其侵华物资保障与医疗部队。其中包括日军中国野战侦查用品厂南京分厂、日军野战军械厂南京分厂、日军野战汽车厂南京分厂、日军中国派遣军野战兵工厂以及日军第一五六兵站医院及其分院等，这几个军用物资保障与医疗部队所用建筑面积占到了全部南京日军不动资产面积的一半以上。

另外，作为侵略前线作战的兵力补充、支援基地，日军中国下士官候补队、日军中国派遣军步兵教育队也驻扎在南京城内及近郊。同时，为保证南京的"安全"，在南京各个军事要地日军均驻扎有防守部队。

从日军驻守南京部队所在地点的区位图（图4-2）中可以看到，南京城北原国民政府新建设区、下关沿江商贸区、原中央政治区、城东原南京商业中心区都是日军部队驻扎较为密集的区域。而在原国民政府建设投入较少、南京保卫战中被日军破坏最为严重的城南地区，日军鲜少有部队驻扎。同时，日军驻军所使用与建造的建筑与原国民政府新建的建筑区域大部分重合。由此可见，日军在南京是以利用原国民政府及南京市民建造的等级较高、质量较好的已有建筑为主，不敷使用的部分再加以增建。

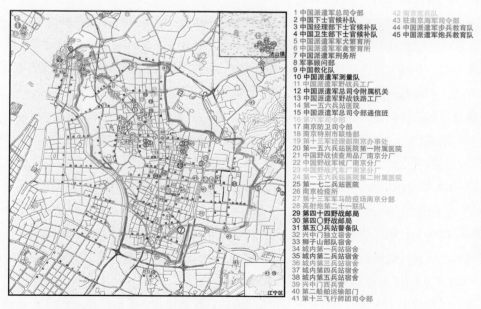

1 中国派遣军总司令部	42 南京宪兵队
2 中国下士官候补队	43 驻南京海军司令部
3 中国经理部下士官候补队	44 中国派遣军步兵教育队
4 中国卫生部下士官候补队	45 中国派遣军炮兵教育队
5 中国派遣军军犬繁育所	
6 中国派遣军军禽繁育所	
7 中国派遣军刑务所	
8 军事顾问部	
9 中国教化队	
10 中国派遣军测量队	
11 中国派遣军野战兵工厂	
12 中国派遣军总司令部附属机关	
13 中国派遣军野战铁路工厂	
14 第一五六兵站医院	
15 中国派遣军总司令部通信班	
16 第六军司令部	
17 南京防卫司令部	
18 南京特别市联络部	
19 第十三军经理部南京办事处	
20 第一五六兵站医院第一附属医院	
21 中国野战侦查用品厂南京分厂	
22 中国野战军械厂南京分厂	
23 中国野战汽车厂南京分厂	
24 第一五六兵站医院第二附属医院	
25 第一七二兵站医院	
26 南京检疫所	
27 第十三军马防疫场南京分部	
28 高射炮第二十一联队	
29 第四十四野战邮局	
30 第四〇野战邮局	
31 第五〇兵站蓄备所	
32 兴中门独立宿舍	
33 狮子山部队宿舍	
34 城内第一兵站宿舍	
35 城内第二兵站宿舍	
36 城内第三兵站宿舍	
37 城内第四兵站宿舍	
38 城内第五兵站宿舍	
39 兴中门西兵营	
40 第二船舶运输部门	
41 第十三飞行师团司令部	

图4-2　南京附近侵华日本军建造、使用建筑物区位图
图片来源：笔者自绘

从日军所统计的其在南京不动资产统计调查书中所显示的各侵华日军部队、机构所用建筑的所属产权中也可得到同样的结论。在所有驻南京的日军部队、机构使用的建筑中，其直接霸占中国业主的房屋多达333处，占总数的57%以上。而权属属于日本的建筑物，实质是日军在中国土地上所建的功能性建筑，多数为兵营、仓库及其他一些小型、附属性建筑。相较于其霸占的中国权属的建筑，侵华日军自建的建筑绝大多数等级不高、面积较小、质量较一般。日军所占用的英国、美国产权的建筑物，均位于下关江边，其中属于英国产权的江边不动资产中，应该包括了同样位于下关江边的大型机械化工厂，即英商和记洋行所有厂房、设备、仓库及货运码头等。

2. 侵华日军南京驻军建筑旧址现状

侵华日军南京驻军建筑目前现存的有史可考有址可查的旧址与遗址遗迹主要有以下几处。

1）侵华日军中国下士候补队兵舍

南京的中山门外、自明朝起便一直是政府驻军所在。现南京理工大学校址所在，曾是原国民政府教导总队驻军地。1937年12月南京保卫战爆发在即，侵华日军逼近南京城。国民政府卫戍司令部为防止日军在南京近郊占据据点而对南京城墙外侧大面积房屋等展开"清野"行动。国民政府教导总队兵舍随即因战争而毁。南京沦陷后，侵华日军仍选择在原国民政府教导总队驻军原址驻扎，并建造起了办公楼、兵营、仓库等一批建筑。

南京沦陷期间，该处成为侵华日军中国下士官候补队南京驻军地之一，为侵华日军训练候补士官的所在地。

至1945年日本投降，根据侵华日军的调查报告，侵华日军下士官候补部队在此建有约2 500平方米的办公用房，约32 155平方米的兵营，约5 000平方米的仓库及约2 000平方米的其他用房，日军部队约4 300人驻扎在此。现仍有4栋经过改建、修缮但仍保存有当年建筑风格的日式兵营建筑位于南京理工大学的校园内，建筑风貌保存良好，如图4-3所示。

2）江宁东山侵华日军骑兵训练基地司令部

该处建筑建于1939年，是侵华日军所建骑兵训练基地司令部所在地。1945年抗战胜利后，该处建筑被国民政府军队接收，先后成为国民党新六军十四师、整编七十四师五十一

图 4-3 南京理工大学校园内编号为 367 幢的侵华日军中国下士官候补队兵舍现状
图片来源：笔者自摄

旅和陆军伞兵司令部办公地。现为国防科技大学气象海洋学院办公楼。

东山侵华日军骑兵训练基地司令部旧址建筑属于南京现存侵华日军南京驻军建筑中建筑等级最高的旧址建筑，平面为战斗机造型，建筑为二层砖混结构，灰色坡屋顶配以红色墙面，入口设有四根爱奥尼柱式立柱（图4-4）。2008 年，在保持原有建筑风格的基础上对该建筑进行了全面修缮。2012 年 3 月，南京公布的第四批市文物保护单位名单中该建筑位列其中。

由于该建筑处于军管区的教学区中，所以并不对外开放。

图 4-4 江宁东山侵华日军骑兵训练基地司令部大楼旧址现状
图片来源：学校官方宣传视频截图

3）其他

侵华日军南京驻军建筑旧址除以上两处外，还有三汊河侵华日军军用变电站旧址、笆斗山民国大油罐遗址、高淳书院堡垒遗址三处建筑旧址与遗址遗迹。其中三汊河侵华日军军用变电站是由侵华日军所建，其旧址位于市区次干道郑和南路一侧，同时也是城市开发区的边缘地带，是一栋红砖二层砌筑混合结构平屋顶建筑，具有典型的日据时期建筑风格，如图4-5所示。目前建筑内部经过改建作为民居使用。

笆斗山民国大油罐是南京现存的唯一民国时期油罐建筑遗址，位于燕子矶街道笆斗山上。现存的两座油罐遗址，相距约500米。其中南侧油罐以钢板焊接而成，钢板外用青砖砌筑圆形防护层，上有射击孔，可储油3 000吨，占地面积约1 000平方米。北侧油罐现仅存外侧青砖圆形防护层，留有射击孔，占地面积约600平方米。两座油罐遗址均位于军管区内的山岭中，不对外开放，但也未有相关的保护维修措施，仅为空置状态，目前是区级文保单位。

高淳书院堡垒遗址为侵华日军于1939年8月攻入高淳县城淳溪镇后，将县城学山书院四周筑起铁丝网，而打造的高淳警备队司令部堡垒遗址。据资料称，高淳书院堡垒遗址目前位于高淳高级中学内。由于该处为学校性质，不对外开放，需要与相关部门联系安排后，进一步进行现状考察。

图4-5　三汊河侵华日军军用变电站旧址现状
图片来源：笔者自摄

①经盛鸿.南京沦陷八年史[M].北京:社会科学文献出版社,2016:559.
②罗森.罗森致柏林德国外交部报告（1938年4月29日）[M]//东谦平,张连红,戴袁支.南京大屠杀史料集30:德国使领馆文书.郑寿康,译.南京:江苏人民出版社,2007:201.

第二节　侵华日军殖民建筑旧址

南京沦陷期间，侵华日军在指使其扶植起来的伪政权为其殖民统治而施政的同时，其自身也出于殖民目的在南京进行了一系列的规划与建造活动。

1. 历史依据

侵华日当局在南京推行其殖民政策，其中很重要的一项便是要将南京打造成日本的经济附庸体，使南京的本土经济日本化，从而更易被日当局完全掌控。所以，日当局在南京大量引进日本人与日本企业，让其在南京立足、发展、壮大。

侵华日军占领南京后，遂组织越来越多的日本人及日本殖民统治下的朝鲜籍与中国台湾地区人士来到南京定居、经营工商业，并予以其在南京的全面保护。来到南京的日本侨民，其"首要条件是引进有资本、有技术的日本人"。为此，"占领以来特务机关和派遣军协作，确定了一定区域，制定了局部性的、集团性的复兴计划"[①]。侵华日军占领南京后，即改变原本拟将南京城北 2/3 区域划分给日侨的计划，转而将城市最繁华的新街口地区霸占成为日本军管区，并作为日本人的聚居区与商业区。即便在侵华日军及日当局扶植起伪政权之后，这个区域仍在南京城市重新划分的行政区之外，形成了城中城一般的存在，即日当局后来宣称的所谓"日人街"。

日人街范围北起国府路，南达白下路，西至中正路，东到市内小铁路线，总面积231.40万平方米。这个区域是原南京国民政府大力建设的城市中心，拥有南京市内质量最好、价值最高的建筑群。侵华日军霸占了这个区域之后，直接将这个区域划归日方所有，把仍留在这个区域中的中国人尽数赶走，将这个区域中的房屋按照日军当局的安排分配给日侨居住与进行商业经营。"日本人控制了以前被他们洗劫过的、大部分已被纵火烧毁的商业街，并毫不顾及那里的私人财产关系或中国与日本以及其他国家订立的协定状况，宣称它是日本人街。"[②]其中包括中山路、中正路、中山东路、江南路、国府路、白下路、太平路，囊括了战前南京城内最繁华的商业区域。曾有战时暂避至乡下的中国商人见局势逐步稳定，便回到城内，却发现自己在新街口的店面已经被日本商人占据。

日人街上的商铺最初被禁止向日本人以外的人出售商品，只可为日本人服务。这一时期内，只有日本人和持有日当局颁发的"购买许可证"的伪政府人员才能用日本军票在日本人开办的商铺中购买商品。直到 1938 年 2 月，驻南京侵华日军为加强殖民统治、稳定民心，才经侵华日军上海派遣军参谋长基军经理的同意，指定 13 家日人开办店铺向中国人销售商品。这 13 家商铺分别是：福田洋行、东运公司、丸甲洋行、衣川洋行、日比野洋行、议和洋行、鸭川洋行、思明堂、三星洋行、西亚洋行、本田商店、中村商店、大石洋行①。这些商铺所售基本均为日需用品，在其中消费必须使用日本军票，且物价是由日本警备司令部、日军经理部及其宪、特机关指派委员所组成的物价统制委员会所制定的。

至 1938 年 3 月 10 日，在日本所谓"日俄战争纪念日"当天，南京的日侨成立了在宁日本居留民会。至 3 月底，已经有日本侨民 820 人（其中包括女性 390 名）来到南京定居，主要有商人、医生、演员及少数餐饮业者。在南京经商的日本人须向日本军方贷借房屋，而这些由日本军方发予日本商人的房屋，毋庸置疑均是中国人的财产。1938 年 3 月底，到达南京的日人向日军方贷借房屋 148 间，获得营业许可 140 件，其中 88 间开业，一半以上均是食品杂货及餐饮店②。

随着越来越多的日本人来到南京，日方开始设立专门为日人服务的社会机构，依旧是以"接管"原南京国民政府所建设的公共机构转为向日人服务为主。为便于日本侨民出行，南京市内小火车增设中山东路站。位于延龄巷，由中国商人汤子才于 1927 年创办的东方饭店，被日本商人占用，改名为"宝来馆"，专门接待日本旅客；太平南路上建于 1932 年的安乐饭店，被日军占用，改为"日军军官俱乐部"。1938 年 5 月 3 日，日本同仁会接管了中华路下江考棚的原南京市立医院，这家原来为南京普通市民服务的市立医院，变成了专为日军与日侨服务的"日本同仁会南京医院"，开始为日军军属免费诊疗。1938 年 6 月，日本同仁会又在莫愁路秣陵村开设日军专用防疫站——"同仁会南京防疫处"。至 1941 年 12 月底，日本人开设的医院有 9 家、牙科诊所 11 家、兽医院 1 家③。

与此同时，专门为日本青年、儿童而开办的学校也开始了授课。在对日本青年、儿童授课的同时，日本当局亦不放松对本国青少年思想的把控，经常组织日本儿童、青年对南京周边侵华日军设立的"慰灵"设施进行祭拜，以达到对其青少年国民进行"靖国"思想洗脑，为其侵略行径效愚忠的目的。

由于侵华日军与日当局的推动与支持，到南京经商、生活的日侨与日俱增。至 1939 年，南京已经有超过 5 000 日本人从事商业活动。1939 年初春，在南京经商的日侨倡议成立了"南

① 张树纯, 卢岳美, 权方敏, 等. 满铁档案中有关南京大屠杀的一组史料 (续)[J]. 民国档案, 1994(3):7-17.
② 经盛鸿. 南京沦陷八年史 [M]. 北京: 社会科学文献出版社, 2016:567.
③ 向岛熊吉. 南京 [M]. [S.l.]: 华中印书局股份有限公司, 1941:651

①向岛熊吉.南京 [M].
[S. l.]: 华中印书局股
份 有 限 公 司,1941:
481—483, 622—
624.
②孙继强，鲁晶石.战
后南京日侨集中管理
生活之考察 [J]. 兰台
世 界 , 2014(28):41－
42.

京日本商工会议所"，并于当年夏季在碑亭巷水野组的"水之乡"揭幕。委员会长是日通的岩山爱敬，副委员长为南京铁工所渊本、土桥号的武井。该商工会议所主要负责代表在南京的日籍商人与领事馆当局交涉，向日本国策公司和银行等商议劳动仲裁、贷款等事宜，并得到日本国策公司，如三井、三菱等财团的支持。

这些日侨所经营的商铺基本位于侵华日军及日当局在南京划定的日人街范围内。仅位于中山路沿线、太平路沿线与中山东路沿线的日人商铺就多达159家，占登记商铺总数的78%。其余日人商铺则是以南京新街口侵华日军军管区为集中经商中心，周边区域零星分布。

而事实上，在南京的日侨店铺远远不止这些。根据南京日本商工会议所的统计，截至1938年12月末，南京已有日本侨民3 950人，占南京全市人口的0.89%，共有日商企业579家。至1939年12月末，南京的日本侨民数量上升至8 425人，占南京全市人口的0.98%，有日商企业1 029家。1940年12月末，日本企业增至1 500家，日本侨民人数为11 229人，占南京市民人口的1.796%。至1941年6月，南京日本侨民达到12 816人，占南京市居民人口的2.06%，其中男性7 120人，女性5 696人；中国台湾人648人，占日本侨民的5%；朝鲜籍人573人，占日本侨民的4.47%。这里面包括日本商人及其家属和数量众多的日本无业浪人。此时，在南京的日商企业数为1 200家[①]。到1943年，南京的日本侨民人数约有18 000人，占南京市民总人口的2.57%[②]。

此外，大量日本媒体、新闻通讯社也在南京开办了分社。至1941年6月，南京市日本新闻社概况如表4-1所示。

表4-1 1941年6月南京市日本新闻社概况表

名称	南京地址	总社地址
朝日新闻社南京支局	中山北路123号	东京
大阪每日新闻社南京支社	国府路	大阪
东京每日新闻社南京支社	国府路	东京
上海每日新闻南京支社	保泰街50号	上海
爱知新闻社南京支局	中山路241号	名古屋
中外商业新报社南京支局	丰菜桥景星里	东京
同盟通信社南京支局	复兴路125号	东京
名古屋新闻南京支局	中山北路53号	名古屋

名称	南京地址	总社地址
南京大陆新报	中山北路 25 号	上海
日华写真通信社	羊皮巷	南京
日刊工业新闻南京支局	中山路 13 号	大阪
日本工业新闻	中山东路 149 号	大阪
福冈日新闻南京支局	中山路 202 号	福冈
报知新闻南京总局	中山北路 71 号	东京
满洲每日新闻社支局	中山北路 51 号	奉天
读卖新闻社南京支局	中山路 399 号	东京
新亚产业时报南京总局	中山东路 241 号	上海

对蜂拥前来南京开办分社进行殖民宣传和虚假"亲善"报道的日本媒体公司，南京抗日民众充满了愤怒。1938 年 1 月 1 日，日本大阪每日新闻社开业的当天，其支社的后墙便被南京抗日民众破坏了（图 4-6）。

由于日本侨民人数的激增，日军原本划定的"日人街"区域不敷使用，于是日伪当局开始向其他城区逐步扩张"日人街"的范围。为满足来南京日侨的住房需求，伪南京市政府特意在特务机关内设立了"日侨家屋组"，通过伪政府以极低的租金向来宁日人提供出租房屋。除通过向伪政府租赁房屋外，还有些日本军人和日侨在日当局的暗中支持下，直接驱赶中国居民、强占中国人的房屋和财产。

图 4-6　大阪每日新闻社南京支社被抗日民众破坏的后墙
图片来源：秦风、杨国庆、薛冰，《金陵的记忆——铁蹄下的南京》，广西师范大学出版社，2009

此外，日方当局还往往用恐吓、胁迫等手段，强制中国商户接纳没有任何资本的日本

①经盛鸿. 南京沦陷八年史[M]. 北京: 社会科学文献出版社, 2016:580.

所谓"合作伙伴",或要求中国人经营的商业必须用日本人的名字才能获得经营许可,对南京的本土商业发展造成了严重的损害。而在南京经商的日本商人往往利用其特权,压榨中国劳工、偷税漏税、随意提高商品价格、违法乱纪、欺行霸市等,日当局对日本商人这些行径视而不见,而伪政府方面,不论是伪南京市自治委员会、伪维新政府还是汪伪南京国民政府,在日当局的监控下,均无力作为。

直到 1945 年 8 月日本战败投降,日本侨民在南京享受特权所进行的商业活动才结束。当时在南京的日侨约有 1.1 万人,日本商铺 1 000 多间①。

此外,南京各重要工厂企业在沦陷前后均遭到了侵华日军的严重破坏。占领南京后,日军便立刻霸占并驻军于所有其认为重要的工厂企业中。虽然伪维新政府时期,日军及日当局对南京工矿企业进行了分类管理,至汪伪政府时期日军又进行了一部分工矿企业的所谓"发还",但南京工矿企业中日方认为对其侵华最高利益举足轻重的,仍由日方全面掌控,而一些日方认为对其侵华最高利益并不重要的工厂企业,在名义上是开始变成中、日合资经营的,但这些工厂企业的主要管理层仍全部为日方人员。为弥补其劳工的不足,侵华日军还在南京江北的浦口地区建起战俘营,强迫中国战俘在极差的生存条件下为其劳动。

2. 侵华日军殖民建筑旧址现状

时至今日,仍能找到旧址与遗址遗迹的侵华日军为殖民目的而建造的建筑主要有以下几处。

(1)日本侵略神社——五台山 1 号建筑 -1 与五台山 1 号建筑 -2:

侵华日军于 1937 年占领南京后,其部队及日当局不仅企图利用中国本土已有宗教对南京市民进行思想侵蚀,还企图将日本神道文化、日本节日、日本风俗等日本文化移植到南京社会中,妄图将这些日本本土宗教与风俗融入南京市民日常生活中,进而达到同化市民思想与风俗的目的,最终使其能够成为南京殖民文化中的骨干内容。其中,建造日本神道教神祀场所——日本神社,便是最具代表性的一项活动。

这些由日本殖民政府或伪政权出于明确的政治目的而组织进行建设的日本神社建筑,是宣传与强制执行日本政府所谓皇国臣民教育、加强殖民统治、奴化中国人民的场所。基于这个事实,日本学者辻子实称日本明治时期至二战战败期间在国境之外建设的这类精神侵略武器为"侵略神社",准确定义了这一类日本海外神社,被日本学界广泛使用。

①溯源

神社建筑是日本民族宗教"神道教"的专属神祀建筑,而日本神道教自其出现至今都与日本政治界的关系密不可分。明治维新之后,蓄谋对外扩张的日当局开始极力鼓吹"大和魂",强化极端民族主义,提倡"祭政合一"。作为日本民族宗教的神道教逐渐与日本极端民族主义思想融合,不仅遍布日本国内,还随着日本帝国主义对外侵略的步伐在日本国境外蔓延开来。神道教这个日本全民信仰的宗教成为日本政府对外扩张及殖民侵略的宣传工具。日本政府借由宗教,在对日本本国民众进行思想控制的同时亦对其发动侵略战争后占领的地区内的外国人民进行"皇民化"宣传与奴化教育。而中国是第二次世界大战期间日本侵略政府与军队在其国家境外建设神社数量最多的国家。

中国第一座日本侵略神社,建于中国台湾省。1895 年 10 月,日本亲王北白川宫能久在镇压台湾民众反抗侵略的战争中病死,日当局为这位日本亲王于 1901 年在台湾建成"台湾神宫"。中国大陆第一座日本侵略神社是于 1905 年 10 月建成的"安东神社",这座侵略神社是随着日本具有侵略性质的资源掠夺团体"开拓团"来到中国辽宁安东,即现在的丹东市。

日本神社所供奉的神主随着时代的变更与社会的发展而不断变化、增加。对于 20 世纪遭受到日本帝国主义侵略伤害的国家来说,深恶痛绝的纳鬼社——东京靖国神社,便是于 1869 年新建的仅有百余年历史的近现代神庙。建于明治二年(1869 年)的东京靖国神社原名东京招魂社,于 1879 年改名为现在的"靖国神社"。该社最初是为了纪念在明治维新时期的日本内战戊辰战争中为恢复明治天皇权力而死去的反幕武士而建。在日本明治维新之后,靖国神社便成为供奉日本在甲午战争、日俄战争、侵华战争等侵略战争中战死的日本兵将的纳鬼社,将日本帝国主义对外发动侵略战争过程中死亡的 246.6 万人的灵魂立为主神。靖国神社的"靖国"源于中国古籍《左传》僖公二十三年"吾以靖国也",意为"使国家安定"。这一词汇被日本明治天皇使用,重新命名了东京招魂社。随着日本帝国主义对外扩张的侵略战争不断发展,"靖国"一词逐渐被日本政府与军方歪曲本意,被赋予了另一种"时刻准备为国家侵略战争而死"的愚忠洗脑意味。为了将这种愚忠思想散播到各个侵略战场,从而更加便捷地对日本本国人民及被侵略国的民众进行思想控制,无数神社就像东京靖国神社散播出的种子一样,开始在日本帝国主义侵略的土地上散播。

①日侨庆祝神社落成 昨开始举行各项仪式 侨民各户均悬旗庆祝.《中报》1943年11月3日第三版[A]. 南京图书馆藏,3/N-047.

②请配给八月份的食米市神社建设工事一附名单函市府[A]. 南京市档案局,1002-01-1007(00)-0006.

③《中报》1943年11月3日第三版[A]. 南京图书馆藏,3/N-047.

④东亚各地日侨举行遥拜式,《中报》1944年4月30日第三版[A]. 南京图书馆藏,3/N-047.

⑤谢任. 神社与它的躯壳:对南京五台山日本神社的考察[J]. 学海(江苏省社会科学院). 2016(3): 91-103.

海外日本侵略神社与日本东京靖国神社不同的是，神社内除了供有主神及军阶较高的日军军官牌位的主殿外，还专门建有侧殿作为战死兵将骨灰的暂存地，与主神一同接受朝拜与祭祀。1942年在南京五台山山顶建成的日军侵略神社便是这类在华侵略慰灵神社的代表，其正殿中供奉天照大神及在战争中阵亡的校官以上军官灵位，正殿东侧的侧殿用于尉官以下军官和普通士兵灵位及骨灰的临时存放和供奉。在侵略神社出现之前，日本国内本土神社仅是祭祀朝拜所供奉神体、神宝的场所，并不具有骨灰存放及墓葬功能，拥有此类功能是随着日本发动侵略战争而演化出来的又一独有特点。

曾经在中国大陆境内建起的日本侵略神社，时至今日已所剩无几，如位于广东的侵略神社仅剩两座鸟居立于郊野之中，长春侵略神社存主殿建筑，现为长春市人民政府机关第二幼儿园使用。其中建筑群体及建筑形制保留最为完整的是南京五台山顶的原侵华日军侵略神社，现五台山1号建筑-1与五台山1号建筑-2旧址。

②五台山1号建筑-1与五台山1号建筑-2现状

五台山1号建筑-1与五台山1号建筑-2原是侵华日军在南京建造的一座暂存并供奉日本侵略军死亡官兵骨灰的神社，是侵华日军当局在中国大陆筹建的最大一座侵略神社。

该侵略神社于1939年9月开始选址①，社址最终霸占了位于五台山山顶的原五台山小学校址。在动工开挖地基的时候曾挖出两个千人坑，这正是1937年12月日军攻占南京时，侵华日军第九军团将困在五台山上的2 000多名中国警察、高射炮官兵和难民全部屠杀后就地掩埋的地点。南京日本侵略神社正是建在中国人民白骨上的侵略神社。修建这座中国规模最大的日本神社的是日本人出川茂开设的建筑公司"出川组"，并雇佣了中国籍的工人120人②。1943年11月2日，"南京神社"主体建筑建设完成，对外宣称竣工，于当日迎奉日本神道教天照大神、明治天皇及国魂大神灵位于神社内③。1944年4月30日，"南京神社"内主殿东侧的护国神社也建成完工④。

历时约五年建成的南京日本侵略神社其平面呈"凸"形，拥有贯穿南北、东西并列的两条祭祀通道。整座神社地界内占地约有95 900平方米⑤。从图4-7的D视点照片可看到拜殿建筑及其后方的本殿屋顶建筑的形制。侵略神社内西侧祭祀通道是建筑群的主要通道，连接着神社入口与主建筑入口，两处入口处分别设有花岗岩材质的神社鸟居和中门鸟居（图4-7中J视点），其中神社鸟居高约10米，两门柱间距约6米。

现存南京五台山1号-1与1号-2建筑，为原南京日本侵略神社的主殿建筑与东南角

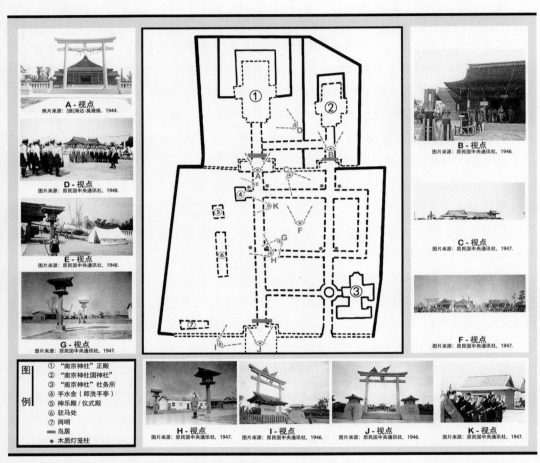

图 4-7 "南京日本神社"平面图及各主要建筑物实景照片
图片来源：笔者自制；平面图来源自《为会商办理征收五台山基地体育场一案请确定会商日期及中国童子军总会复函》（1947年9月29日），南京市档案馆，1003-7-323；历史照片来源：http://phototaiwan.com.

的社务所建筑。两条南北向主要参道道路尺度未变，主要空间形制仍大体保持原始状态。

南京日本侵略神社在中国人民抗战胜利之后，其原始的宗教功能随即消失，其主殿在1945年被中国政府改造为中国抗战阵亡将士纪念堂，主殿东侧的原"护国神社"建筑被改建为抗战胜利战利品陈列堂。

20世纪50年代，江苏省体委将该处建筑旧址所在地作为办公场所及职工生活区使用至今。1958年，位于神社主殿西南方的一座约10平方米的日式房屋被拆除，其他如驻马处、

①王晓曼,周兆涵,
陈宗彪.抗战时期日
军在华设建神社初
探[EB].918爱国网,
2003.10.28.
②南京市地方志编纂
委员会.南京文物志
[M].北京:方志出版
社,1997:73.

洗手亭等小型建筑也被相继拆除,差不多同一时期,神社主殿门口、护国神社门口及神社门口的三座鸟居全被拆除①,神社内逐渐建造起多处职工宿舍等建筑。1985年,因计划建设体育委员会的宿舍,神社遗存建筑曾被考虑整体拆除。其神社主殿建筑及社务所建筑在著名建筑学家童寯的呼吁下得到保留与保护②。

目前,五台山原日本侵略神社内存有原主殿建筑,即五台山1号建筑–1;原社务所建筑,即五台山1号建筑–2,以及原建筑群内部分残存建筑构件及苗木。2011年,南京日本侵略

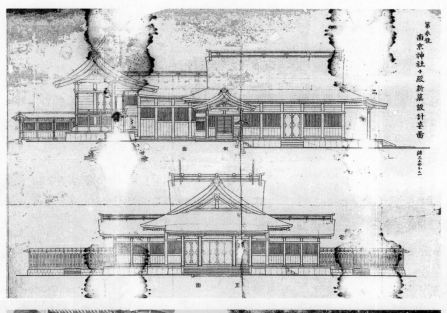

图4-8　"南京神社"主殿建筑设计图与现状对比图
图片来源:设计图:[日]神奈川大学非文字资料研究センター;实景照片:笔者自摄

神社被定为江苏省文物保护单位。作为文保单位，现存主殿即五台山 1 号建筑 -1，正立面形制保存相对良好，主体部分屋顶日式构建全部被拆除，屋顶结构未变，桧皮葺屋面被替换为瓦片。正立面屋顶屋檐下中心装饰仍存。建筑原四周矮墙组成的"瑞垣"，即神殿本殿围墙已经被拆除，仅存单体建筑（图 4-8）。

原神社社务所建筑即五台山 1 号建筑 -2，屋脊日式装饰保存至今，但建筑立面在抗战胜利后各个时期的使用改造中发生较大变化（图 4-9）。神社范围内还存有石灯笼基座、奠基碑等残件。

据笔者查证，南京侵华日军侵略神社旧址可能为中国大陆范围内现存形制最为完整的侵略神社旧址建筑群，是日本帝国主义因发动侵略战争而产生的"侵略神社"这一建筑形制的实例，是日本帝国主义妄图通过宗教掌控本国国民思维、控制被侵略地区民众思想的物质罪证，拥有被保存、保护的实际价值。

图 4-9 "南京神社"社务所建筑现状
图片来源：笔者自摄

（2）其他

此外，还有菊花台侵华日军表忠碑遗址及数处侵华日军以侵略殖民为目的在南京建造的军事建筑、工厂附属宿舍等建筑旧址，大多分布在南京对外的重要交通要道附近，以及被其掠夺式霸占经营的南京工矿企业中，如江宁区江宁河宁芜铁路日伪碉堡（图 4-10）、大金山日军碉堡、永利铔厂日军碉堡（图4-11）、南京水泥厂宿舍区内日式寓所、龙潭火车站日式寓所等。这些旧址中，由于大部分处于工厂厂区范围内，所以至今风貌保持较好，大部分寓所建筑仍然作为居住建筑使用。而当年修建的碉堡、碉楼等军事建筑则均空置，且缺少维护。

　　另外，虽然由侵华日军一手组建的南京浦口战俘营在抗战胜利后被取消，但国民政府曾在日军焚尸集葬处修建了"抗日蒙难同志纪念塔"和纪念碑，后于1954年损毁。1989年浦口区人民政府在战俘营所在地重建"抗日蒙难将士纪念碑"，讲述这段历史，纪念在战俘营中被侵华日军残害的抗日英雄。

图4-10　江宁区江宁河宁芜铁路日伪碉堡
图片来源：笔者自摄

图4-11　永利铔厂日军碉堡
图片来源：笔者自摄

第三节 侵华日军扶植的南京伪政权公共建筑旧址

在侵华日军占领南京之后长达八年的统治之下，南京城内由侵华日军扶植的伪政权在侵华日军的指使下主持建成数处宣扬日本殖民主义、民族主义统治与日本帝国主义侵略的纪念性设施。1945 年 8 月日本战败投降，国民政府还都南京之后，在南京市民的强烈要求下拆除了一些日伪残暴统治的象征物。

但目前仍有一处伪政权建筑旧址，与一处被伪政权利用的民国建筑的挂牌信息需要警醒勘误。

1. 历史依据

侵华日军扶植的三届伪政府在任期间，各项政令均是为自身的利益而谋划，对城市修复方面没有有力的措施，战争中遭到侵华日军破坏的城市部件在伪政权期间没有得到应有的修复，而城市中一些新建筑的建设也大多只是各届伪政府为宣传自己而进行的。城市残败之相一直延续到 1945 年日本政府宣布无条件投降。

在对城市规划、战后建筑修复等民生问题上毫无建树的伪政权在对外宣传自己方面却不遗余力。

伪维新政府上台后依仗日军及日当局给予的特权，大张旗鼓地为自己宣传、造势。1939 年 2 月下旬，为庆祝伪维新政府成立一周年，日当局更是指挥伪政府在南京开展了一场历时两个月的庆祝活动。3 月 3 日，伪维新政府成立了庆祝初周纪念大会筹备委员会，提出为伪维新政府建立永久纪念塔。

据 1938 年 3 月 12 日及 28 日的《南京新报》报道：伪维新政府为庆祝其初周，在日控华东地区构筑了 16 个维新政府成立初周纪念塔，其中有 4 处建在南京，其一是新街口广场中央的临时纪念塔，高十余丈，塔身上挂有"维新政府初周纪念"红色方体字，四周悬有伪维新政府国旗和日本国旗数十面。其二为鼓楼广场旁保泰街口的维新政府初周纪念塔，于 1939 年 12 月 28 日开始动工，由周顺兴志号营造厂承建，于 1940 年春建成，塔身上有"维新政府初周纪念"字样。其余两座纪念塔位于山西路和夫子庙，形制与新街口的纪念塔相仿，均为临时纪念塔。这四座纪念塔中只有保泰街口的初周纪念塔是永久性的（图 4-12），其

图 4-12　建造中的伪维新政府初周纪念塔及塔身上的"维新政府初周纪念"字样
图片来源：民国相关报道新闻图

余均是临时搭建的竹扎塔。

通过一系列类似的活动与宣传，日当局企图麻痹南京市民的抗日热情，营造出一种河清海晏、中日亲善的假象，同时也是对伪维新政府的大小汉奸们的鼓励，达到进一步加强对其思想感情进行控制的目的。

汪伪国民政府上台后，其行为方针与前两届傀儡政权无异。

1940 年 3 月 30 日，汪伪国民政府正式在南京上台，将政府主要机构全部设于鸡笼山下原南京国民政府考试院内，原国民政府考试院遂成为汪伪政权的权力中心。为扩大影响，汪伪政权政要于 3 月 29 日在原国民政府考试院东轴线起始点的东花园内举办了盛大的还都纪念塔及还都纪念碑揭幕典礼。几天内，南京市由日伪全面控制的新闻报刊《中报》《南京新报》等都借机对汪伪政权政要在考试院东首举行的这次典礼大肆宣传。而根据历史资料显示，汪伪政府的这次揭幕典礼上，真正由汪伪政府新建的只有为伪政府歌功颂德的还都纪念碑而已，而"还都纪念塔"则是伪政府利用现有的原国民政府考试院励士钟塔，稍加修缮、装饰改建而成的。

1941 年太平洋战争爆发，汪伪政府为配合宣传日本进行太平洋战争，于 1941 年 12 月 27 日举行"大东亚解放大会"，发表宣言称伪政府将在所及区域内开展"新国民运动"，

图 4-13　左图为正在建造的"维新政府初周纪念塔"；右图为"保卫东亚纪念塔"
图片来源：美国哈佛大学数字图书馆藏

为日本提供"建设新东亚应有之协力"。1942 年元旦，汪伪政府颁布《新国民运动纲要》，2 月底汪伪中央政治委员会第二十八次会议上决定，将每个月的 8 日定为"保卫东亚纪念日"，在这一天，组织各种集会，并在全市报纸上重点宣传"保卫东亚"。

为给"保卫东亚纪念日"造势宣传，汪伪政府看上了伪维新政府的"初周纪念塔"，计划将其改建为"保卫东亚纪念塔"。1942 年 3 月 8 日上午 10 时，汪伪政府举行了"保卫东亚纪念塔"动工典礼，多名伪政府高级官员参加了仪式。

对比伪维新政府的"维新政府初周纪念塔"和 1944 年德国摄影师海达·莫理循所拍摄的汪伪"保卫东亚纪念塔"［图 4-13（右）］，可见塔整体形制基本没变，汪伪政府只是将塔身重新装修一番，把原来"维新政府初周纪念"几个大字铲除，替以"保卫东亚纪念"几个字，并且可以看到塔身东面也被写上了"励行新国民运动"几个大字，在附近的路边围墙上还刷有"实现大东亚解放"的标语。

1942 年 11 月初，侵华日军中的高森部队修建日本稻和神社。在施工的过程中，从大报恩寺遗址发掘出玄奘法师头顶骨的石函和多件文物，头顶骨后被瓜分。

为进一步扩大影响，日伪当局决定择地重葬留在南京的那份玄奘佛骨。汪伪政府于 1943 年开始筹建三藏塔，1944 年正式建成。

1944 年的 10 月 10 日，即中华民国国庆日当天，日伪当局在九华山顶三藏塔大张旗鼓地举行了玄奘佛骨的奉安典礼。整个"佛骨事件"和建成的三藏塔，在这一时期其政治意义远大于宗教含义，都成了日伪当局作秀的道具，用来扩大伪政府影响，利用宗教加强对南京人民的思想控制。前后近两年时间内，日伪当局大张旗鼓地围绕玄奘佛骨宣扬辗转，妄图利用宗教信仰来巩固其侵略成果。这番动作不过是对佛教在民众之间的影响力的物尽其用，毫无虔诚可言，仅是为了达到日伪当局令人不齿的目的罢了。

在对外宣传自己的同时汪伪政府助纣为虐，为了达到自己不可告人的目的在南京组建特务机关，对中国抗日力量进行打击。汪伪政府在宁海路 21 号设立特务机关，并在宁海路 25 号设置该机关附属看守所。该看守所是一处由高墙围合的浅色三层小楼，在地下室设有水牢一座。在这里关押、迫害的均为日伪政府抓获的抗日重要人员，包括国民党及中共派往沦陷时期南京的特工。1945 年抗战胜利后，此处被国民政府接收，改为宁海路国民党国防部保密局看守所继续使用。

位于老虎桥 45 号的首都监狱是汪伪时期的唯一一处正式监狱。但在伪政府的"管理"下，它成为"中国战区日本官兵总联络部看守所""拘禁所""刑务所"，用于关押中国战俘与日军在南京及周边各地抓来的抗日分子、市井流氓等。这里不久便成为实质意义上的战俘劳工集中营，监狱中所关押的犯人被日军送往南京各个地方强迫劳动，还有大量在押犯人被日军秘密送往中山东路上的日军荣字第一六四四部队进行人体病毒、细菌等惨无人道的活体实验。

侵华日军及日当局扶持的伪政权利用原民国政府建筑在南京展开统治，扶植起来的三届伪政权不具有独立的意志和完整的权力，由侵华日军及日当局挑选人员并一手组建，并随着侵华日军的战败而瓦解。其存在期间，所有政令皆为侵华日当局的利益及其对华政策而服务，造成南京城市、社会与经济等发展严重倒退，城市文化遭到侵华日军毒害。

2. 侵华日军扶植的南京伪政权公共建筑旧址现状

抗战胜利后，作为宣扬侵华日军殖民统治的伪政权所建设的一些建筑也在群众自发的行动或中国政府的组织下被拆除了，如保泰街的保卫东亚纪念塔等。南京现存的伪政权所建设的公共建筑，经笔者考察，有以下两座。

（1）九华山顶三藏塔

三藏塔至今仍立于玄武湖畔、九华山顶，于 1982 年被列为南京市级文物保护单位。

2015 年，三藏塔迎来了史上首次大修。因埋葬着玄奘部分佛骨，九华山三藏塔在当代已经成为中国重要的佛教圣地之一。

经过维修后的九华山三藏塔，仍然保持着初建时候的建筑风貌（图 4-14）：为五级方形仿木建筑结构的楼阁式砖塔，高 20 余米，每层腰檐下装饰石质斗拱和镂空气窗，采用近代工艺建成。腰檐为菱角牙子叠涩挑出。整座砖塔建在一座圆形石台上，石台南面镶嵌三块石碑，其内容依次是：记录三藏塔历史渊源、

图 4-14 三藏塔现状
图片来源：笔者自摄

玄奘像和西行路线、玄奘生平事迹。三藏塔每层四面，各开一座半圆弧门。塔底层南门之上青砖刻有"三藏塔"三个字。各门券内镶石条门框，石条雕刻花纹；底层装饰一圈石制墙裙。三藏塔一层正中间设有一座莲花石座，石座上有一方石函，标示出玄奘顶骨舍利正安葬在这方石函下方。石函上雕刻有文字，其正上方，塔二层楼板之上设有一座圆形天井，天井周围有石制围栏。在塔的西北角设有登塔的通道。

但目前三藏塔挂牌介绍上有一处错误需要勘正，挂牌上将三藏塔的造型表述为"仿西安大雁塔形式"，如图 4-15 所示。但不论从历史资料中，还是从其建筑形制与建筑用途上来看（图 4-16），三藏塔都是仿照唐代长安南郊兴教寺玄奘墓塔所建。

（2）被挪用的和平公园"还都纪念塔"

在南京市民中广为人知的汪伪政府

图 4-15 九华山三藏塔挂牌所示内容
图片来源：笔者自摄

图 4-16　（左）唐代长安南郊兴教寺玄奘墓塔，（中）南京九华山顶三藏塔，（右）西安大雁塔
图片来源：（左）新浪新闻；（中）（右）笔者自摄

①陈娟，王静. 南京和平公园"汪伪还都纪念塔"身份遭疑 [EB/OL].http://www.gog.com.cn.

"还都纪念塔"，位于原国民政府考试院东首小花园内，即现在的南京市政府大院南面和平公园内。

早在 1934 年全国考铨会议在南京成功举行之后，南京国民政府考试院院长戴季陶便倡议所有与会人员捐建一座"励士钟"，以代替原本当作考试院上下班铃的武庙旧钟，并称新铸的励士钟可被当作"全国士大夫阶级之晨钟暮鼓"。这一倡议得到了全体与会代表的响应。在励士钟铸造完成后，各界再度集资建造钟塔来安放励士钟。1936 年 9 月至 1937 年 3 月，励士塔建造完成①。

1937 年 6 月 6 日，南京发行的《中央日报》就对考试院励士钟塔进行了报道（图 4-17），并刊登了一张由当时的国际记者拍摄的励士钟塔照片。这篇报道全文如下：

"考试院为纪念全国考铨会议，昔与中央各机关及全国各大学集款捐建励士塔一座于该院东花园内，

图 4-17　1937 年 6 月 6 日《中央日报》关于励士钟塔的报道
图片来源：于峰，《南京和平公园是汪伪所建？学者称长期被误读》.金陵晚报，2012-3-12

该塔高六十余尺，塔顶镌刻总理建国大纲全文，形式异常美观，现已全部落成。图示励士钟塔全景。"①

励士钟塔具有典型民国中西合璧的建筑风格，高四层，为钢筋混凝土结构，平面呈正方形，位于原南京国民政府考试院东、武庙中轴线的南端，考试院东花园内，邻近考试院路。励士钟塔自下而上，塔身逐渐收拢，塔上第三层有一圈开放式观景走廊，三层屋顶铺有绿色琉璃瓦，四层塔顶铺有蓝色琉璃瓦，为中国传统十字重檐歇山顶。塔身四面均开有一扇从一层地面延伸至二层的细长圆拱门，塔的第三层四面开窗，从民国中央通讯社所拍摄的励士塔建成报道照片可以看到，塔第四层四面均为一面报时钟（图4-18）。励士塔飞檐翘角、雕梁画栋，塔顶层有现代报时钟，塔内悬挂励士钟，造型集实用与美观为一体。

在汪伪集团利用励士钟塔作为其"还都纪念塔"后的第二年，南京日伪所控报刊《中报》一周年所发行的纪念特刊《新南京》中，再度把"还都纪念塔"当作汪伪政权统治下南京的一道风景进行宣传。但其后，励士钟塔又作为"和平钟塔"出现在1942年8月汪伪南京特别市政府编印的《南京》一书中。此后励士塔便以"和平纪念塔"的身份多次出现在汪伪政府史料中②。可见同一座钟塔，在汪伪政权刚刚上台时被用作宣传汪伪国民政府的所谓"还都"，待伪政府在南京坐稳之后，又被用来宣传伪政权的"和平主义"了，真可谓物尽其用。

在"还都纪念塔"旁，确有汪伪政府竖立的还都纪念碑，其高约2米，宽约0.8米。1940年3月29日，褚民谊亲自为其揭幕。

2006年，和平公园钟楼被定为南京市文物保护单位，整体保存完好，但钟楼楼身上所嵌钟楼简介如图4-19所示，仍将其描述为汪伪政府为庆祝"还都"所建纪念塔，实为谬误，应该予以纠正。

图4-18　民国中央通讯社对励士塔建成报道的照片
图片来源：http://phototaiwan.com

①于峰.民国杂志里惊现"还都纪念塔"[N.金陵晚报,2012-3-12.
②同①.

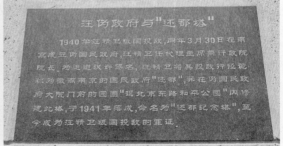

图 4-19　励士塔现状及该塔目前挂牌介绍内容
图片来源：笔者自摄

第四节　小结

侵华日军占领南京后，对南京城市的修复与再规划发展并没有什么热情，八年统治中仅为驻军、侵略活动及资源掠夺进行了一些零散的建造活动。侵华日当局曾经草拟过一份西起五台山、东至太平南路的南京"日人街"规划，但最终并未加以具体实施。南京沦陷期间其城市格局基本没有变化，在南京保卫战中及沦陷初期侵华日军的劫掠中受损的古建筑及近代新建建筑绝大部分直至 1945 年侵华日军战败投降都未能得到很好的修缮。

从现存南京抗战建筑遗产中日、伪历史建筑旧址与遗址遗迹的分布情况上可以直接看出侵华日军在南京对中国资源掠夺、对对外贸易与交通的把控、对政治权利的控制情况，以及伪政权作为侵华日军及日当局的附庸与傀儡的碌碌无为。

直至今日，满载中国人民血泪的，记载侵华日军暴行历史罪证的遗址遗迹仍遍布在南京城市之中，其所承载的历史大多不为普通市民所熟知。挖掘这些历史实物证据的价值，保护其文物本体及周围历史环境，扩大其影响力，将是保护南京抗战建筑遗产的一项重要工作。

第五章

南京近现代抗战纪念性建筑

一般意义上的"建筑遗产"主要指的是具有历史与价值双重条件的物质文化遗产，但作为南京抗战建筑遗产中一个特殊的类别，近、现代抗战纪念性建筑在建造年代上不属于"历史建筑"的范畴。联合国教科文组织亚太区文化遗产保护奖项评定标准中，将建成 50 年以上的建筑划定为"历史建筑"。我国目前对于建筑遗产的列入年限多以建造完成时间至评定时超过 30 年或 50 年为准。如上海市于 2003 年将列入保护建筑的时间标准由原规定的"建造于 1949 年"以前，扩展至"建成 30 年以上"。

但对于重大历史事件的近现代新建纪念性建筑，我国存在将其划归为建筑遗产范畴的特例。如 1961 年国务院公布第一批全国重点文物保护单位的时候，就将刚刚竣工不到 5 年的人民英雄纪念碑及中苏友谊纪念塔列入其中。同样，在南京抗战建筑遗产中的近现代纪念性建筑中，由国家主持建造的南京大屠杀遇难同胞纪念碑与抗战英雄墓葬及纪念设施目前也已经评为全国重点文物保护单位。

由此可见，南京抗战建筑遗产中本类型建筑，其历史价值远远大于建筑价值，评定标准是以其承载的抗战时期的重要历史事件为标准，而建筑建造的年代、建造的技术等条件与其历史价值相较而言则是次之又次的参考内容。

此类别南京抗战建筑遗产的产生依据分别是抗战期间侵华日军在南京实施惨无人道的种族灭绝行为——南京大屠杀，以及中国军民反抗日本侵略在南京进行抗日斗争的历史史实。

第一节　南京大屠杀遇难同胞殉难地与丛葬地纪念设施

1. 历史依据

南京城市人口在中国抗战全面爆发之前曾一度突破 100 万，为一座拥有百万人口的现代化大都市。1937 年全面抗战爆发初期，随着政府的西迁，南京较为富裕的住户基本都随之迁往外地，而家境较为贫苦或无处投靠的市民则滞留在城内。根据南京市政府于 1937 年 11 月 23 日致军事委员会后方勤务部函称，当时仍滞留在城内的常住居民约为 50 万人，加上 9 万中国军人和数万名自其他战区逃难而来的难民，南京沦陷前期的总人口应在 60 万人左右，或甚至多达 70 万人[①]。

侵华日军在其发动的战争中，将他们由战争引发的兽性报复延伸到每个战区的战俘和该地区的平民身上。维也纳报纸《晨报》于 1937 年 11 月 30 日刊登了一名目击者在上海附近战役中看到的日军暴行：他们杀害数千名妇女、儿童及无武装的平民，用刺刀杀害已投降的中国军人，并在杀害前强迫这些战俘挖自己的坟墓[②]。日军在南京的暴行在世界战争历史中找不到一个可与之比拟的。"我们欧洲人简直被惊呆了！到处都是处决的场所……"[③]

南京沦陷后侵华日军首先对城内已经缴械的中国士兵与中国警察进行集中屠杀。日本朝日新闻社记者本多胜一所著的《中国之旅》中选刊了一张拍摄于 1937 年 12 月 17 日、刊登在 1938 年 1 月 5 日《朝日画报》的照片，照片上在两名日本士兵的带领及数名日本士兵的押解之下，一队百余已经解除武装的南京警察被带往不知名的地点。本多胜一这样写道："这些人被说成是'潜入难民区的残兵败卒'，也有人说这些人穿的是警察的服装。不管是残兵败卒，还是警察，可以推断他们全部被杀害了。"[④]

南京沦陷后的几天内，所有表明身份成为战俘的中国军人均被日军集体屠杀，而脱下军装隐入难民之中的中国军人也在日军长达数月的大规模搜捕与屠杀中几乎全部罹难。日本 1977 年发行的刊登抗日战争时期不被日军高层及日当局允许发行的记者摄影集《一亿人的昭和史（10）不许可写真》中，记录了南京沦陷之后日军在南京城内"扫荡"抓捕已放下武器的中国军人的照片，从图 5-1 所示照片背景的牌坊可以辨认出，该照片拍摄于南京原国民党中央监察委员会大门前的中山路上。该杂志对该照片的描述是："（昭和）十二

① 孙宅巍. 南京大屠杀与南京人口[J]. 南京社会科学, 1990(3):75-80.

② 张生，杨夏鸣. 南京大屠杀史料集 71 东京审判书证及苏、意、德文献[M]. 吴世民，谈礼英，郑寿康等译. 南京：江苏人民出版社, 2010:234.

③ [德] 约翰·拉贝. 拉贝日记[M]. 南京：江苏人民出版社, 2015:150.

④ 本多胜一. 南京大屠杀始末采访录[M]. 刘春明，包容，等译校. 太原：北岳文艺出版社, 2001:275.

①张纯如. 南京大屠杀 [M]. 北京：中信出版社，2015:25、64.

图 5-1 日本杂志刊登日军"扫荡"部队抓捕中国军人照片
图片来源：［日］每日新闻社，《一亿人的昭和史（10）不许可写真》，1977 年

年十二月十三日，被攻陷后的南京市内，扫荡队逮捕中国残军，南京大屠杀在这之后开始，有人声称并没有虐杀 30 万人，只有 2 万～3 万人，因此与大屠杀相关的照片被列为绝对保密的文件。"

根据张纯如女士《南京大屠杀》一书的记录，当时涌入南京城的日军有 5 万人之众，入城后立刻分散成一个个小队，对南京城进行地毯式扫荡，见人就杀、见物便劫①。

在侵华日军华中方面军最高指挥松井石根"扫荡残兵"的命令下，以侵华日军上海派遣军第九师团与第十六师团为主力，对南京无辜平民及已放下武器的军警展开了全城范围内的分区搜查、抓捕与集中屠杀。日本 1977 年发行的摄影集中称，南京安全区外的难民在寻找一切机会逃到安全区内或是各国大使馆中避难，以期得到生命安全的庇护。然而安全区内实则并不安全。由于"南京安全区"创建伊始便没有得到国际社会及日本政府的承认，南京城内的日军虽然对安全区的几位外籍负责人的身份有所忌惮，却也仍旧每日不断地冲入安全区搜查"疑似战斗人员"，抢劫、强奸等恶行不断。

南京沦陷最初的一段时间内，日军禁止南京各界团体、个人对遭到杀害的中国同胞的尸体进行收殓，南京大街小巷尸骸遍野。直到 1938 年春季，侵华日军及日当局见天气转暖，害怕遍地尸骸腐坏引起瘟疫，才允许南京各慈善团体及个人开始展开大规模的尸骸收殓工作。至 1938 年 3 月，南京报备在案的 15 个慈善团体中有 7 个团体业务范围内包括"掩埋"一项。其中规模较大的两家团体之一的世界红十字会南京分会救济队掩埋组，于 1938 年 3 月呈报的掩埋统计表中详细记载了其掩埋的遇害同胞尸体的数量及地点。其中提到从 1937 年 12 月至 1938 年 3 月间，该队由和平门外经下关区、上新河至水西门一带，共掩埋了男、女、幼童尸体 31 368 具，而中华门外到通济门、光华门外一带的尸体还未及收殓。其中城内收殓的 1 793 具尸体里只有 20% 是投降的士兵，其余皆为无辜平民；而在城外收殓的 29 856 具尸体中士兵占了 98.5% 之众。至同年 5 月，世界红十字会南京分会救济队又于城外掩埋了 5 131 具尸体。"从 12 月 13 日，日军入城开始，至（1938 年）5 月底，掩埋尸骸的工作从未停止，一批被埋掉，马上又有一批新的来补充。"[①]另一慈善团体"崇善堂"在 1937 年 12 月至 1938 年 4 月间，于南京城内太平门至富贵山、鼓楼至中华门间等城南、城东各处，掩埋尸体 7 548 具；城外中华门外兵工厂至花神庙、水西门外至上新河、中山门外至马群以及通济门至方山等处掩埋了 104 718 具尸体[②]。

1938 年开春以后，由于天气渐暖，且被残害平民与中国军人尸体数量庞大，顾虑于疾病蔓延、蚊蝇滋生等因素，日本军队与时任伪政府机构也开始参与了部分尸体掩埋的工作。

除大规模的集体屠杀外，侵华日军在南京犯下的零散屠杀罪行更是难以计数。往往是没有理由的，见东西便抢、见男人便杀、见女人便强奸。南京人民在日军的暴行中过着如身处地狱般的日子。仅由国民政府在南京光复后组织的"南京调查敌人罪行委员会"根据各遇难同胞尸骸收殓掩埋点、尸骸数量所统计的侵华日军制造的南京大屠杀暴行的受害者数量就达 227 600 余人，其尸体分布地点为：上新河地区有 2 873 名遇难者，兵工厂与南门外花神庙有 7 000 余名受害者，草鞋峡有 57 418 名遇难者，汉中门有 2 000 余名遇难者，灵谷寺有 3 000 余名遇难者。另外，慈善组织崇善堂与世界红十字会南京分会掩埋受害者尸体 155 300 余具。还有大批遇难同胞的尸骸在被谋害后即由侵华日军推入长江洪流之中、集体焚烧、活埋等而未能被收殓，也就不在国民政府所统计的南京各界慈善团体、个人及伪政权下属机构所掩埋的遇难者尸骸的数字之中。

根据南京难民区国际委员会秘书刘易斯·史密斯（Lewis S. C. Smythe），于 1938 年 3 月 9 日至 4 月 23 日，历时三个月所进行的全南京范围内、战后第一时间较为全面的普查《南京战祸写真》中记述，曾拥有百万人口的南京在沦陷之后人口数量急降到了 20 万 ~ 25 万

① 林娜.血泪话金陵[M]//"南京大屠杀"史料编辑委员会，南京图书馆.侵华日军南京大屠杀史料.南京：江苏古籍出版社，1997:141–143.
② 孙宅巍.南京大屠杀史料集 5：遇难者的尸体掩埋[M].南京：江苏人民出版社，2006:152–155.

①南京市地方志编纂
委员会．南京公安志
M].深圳：海天出版
社，1994:48.

之间。其中 27 500 人躲避在难民营中，占当时南京城内人数的 12%，另 31% 约 68 000 人涌入南京安全区避难，直至南京沦陷的三个半月后，仍有 43% 的人住在安全区内。可见南京沦陷后的长时间内，日军仍暴行不断，使得躲入安全区的难民们不敢离开。

同样是记录在《南京战祸写真》中的另一组数据，也从一个方面证实了日军在南京屠杀青壮年男子的暴行：1932 年南京人口男女比例据统计为 114.5:100，并且曾经一度达到过 150:100。而在战后的这次普查中，这个比例急剧下降到了 103.4:100；城市中安全区里的男女比例为 80:100，城外为 144:100。年龄在 15 ~ 49 岁之间的男性市民在全部男性市民总数中的占比，从 1932 年的 57% 下降到了 49%，50 岁以上男性市民的比例从 13% 上升到了 18%。由此可见，造成南京城市范围内青壮年男性数量急剧下降的原因，除了一部分原因是因战乱而离开南京，其更大的可能性便是南京沦陷后日军对"疑似中国士兵"的青壮年男性进行的大规模搜捕与屠杀。

自 1937 年 12 月 13 日侵华日军占领南京起的长达数周的时间内，南京城内的中国人民陷入了日军制造的恐怖屠杀地狱。南京沦陷前夕的近 70 万人口，至 1938 年 8 月仅剩 30 万人左右，直到 1945 年才逐渐恢复到 65 万人左右，远远不及战前 100 万人口的水平①。

2. 南京大屠杀遇难同胞丛葬地纪念设施现状

南京沦陷初期，侵华日军在南京制造了泯灭人性的大屠杀，已放下武器的中国军人及无辜百姓被侵入南京城的日军集中起来进行大规模的屠杀。惨遭杀害的同胞曝尸数月后，被侵华日军及伪政权派出的收殓队伍集中起来进行丛葬、掩埋。在东京审判文献、各种其他文献与亲历者的口述中，这段惨无人道的历史屡屡被提及，随着时间的推移，侵华日军南京大屠杀遇难同胞的丛葬地也越来越多地被发现。迄今为止，南京城内外已经发现且被认定的丛葬地有 23 处，区位如图 5-2 所示，其中立碑 22 处。立碑者包含了官方、民间及社会组织。

新中国成立后，政府于 1985 年开始陆续在南京大屠杀遇难同胞丛葬地范围内立碑纪念。2006 年，南京城内外 17 处侵华日军南京大屠杀死难同胞丛葬地被列入全国重点文物保护单位，它们分别位于：江东门、中山陵西洼子村、挹江门、清凉山、煤炭港、北极阁、中山码头、汉中门、草鞋峡、上新河、五台山、南京大学、燕子矶、鱼雷营、花神庙、正觉寺、普德寺。

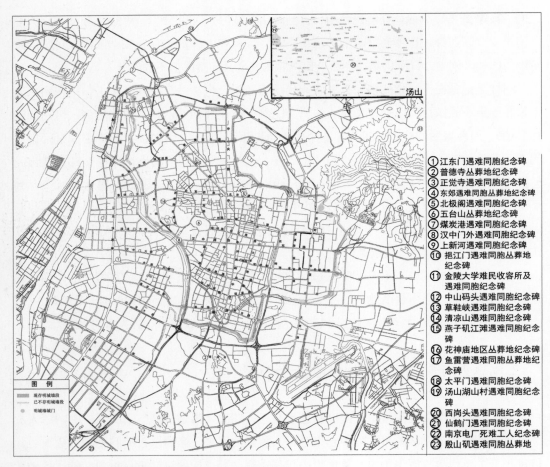

① 江东门遇难同胞纪念碑
② 普德寺丛葬地纪念碑
③ 正觉寺遇难同胞纪念碑
④ 东郊遇难同胞丛葬地纪念碑
⑤ 北极阁遇难同胞纪念碑
⑥ 五台山丛葬地纪念碑
⑦ 煤炭港遇难同胞纪念碑
⑧ 汉中门外遇难同胞纪念碑
⑨ 上新河遇难同胞纪念碑
⑩ 挹江门遇难同胞丛葬地纪念碑
⑪ 金陵大学难民收容所及遇难同胞纪念碑
⑫ 中山码头遇难同胞纪念碑
⑬ 草鞋峡遇难同胞纪念碑
⑭ 清凉山遇难同胞纪念碑
⑮ 燕子矶江滩遇难同胞纪念碑
⑯ 花神庙地区丛葬地纪念碑
⑰ 鱼雷营遇难同胞丛葬地纪念碑
⑱ 太平门遇难同胞纪念碑
⑲ 汤山湖山村遇难同胞纪念碑
⑳ 西岗头遇难同胞纪念碑
㉑ 仙鹤门遇难同胞纪念碑
㉒ 南京电厂死难工人纪念碑
㉓ 殷山矶遇难同胞丛葬地

图 5-2　南京大屠杀遇难同胞丛葬地纪念设施区位图
图片来源：笔者自绘

　　另外，日本和平人士松冈环女士在走访日本参战老兵的过程中，从 6 位参与南京大屠杀的侵华日本士兵口中确定了太平门遇难同胞丛葬地。2007 年，日侨、日本友人出资，与南京市政府联合建立起了太平门遇难同胞纪念碑，成为南京第一座由日本友人确立地点、发起并最终建成的南京大屠杀遇难同胞丛葬地纪念碑。这之外，南京民间组织也自发在已确认的侵华日军屠杀中国同胞的地点，建立起纪念遇难同胞的纪念碑。而 2006 年发现的殷山矶丛葬地，目前还未立碑。

南京市内外现有的大屠杀遇难同胞殉难地、丛葬地概况如表 5-1 所示。

表 5-1　南京大屠杀遇难同胞殉难地、丛葬地纪念碑概况表

编号	名　称	地　点	建立方性质
1	江东门遇难同胞纪念碑	侵华日军南京大屠杀遇难同胞纪念馆内	官方
2	普德寺丛葬地纪念碑	雨花新村，雨花广播电视服务中心电视发射塔下	官方
3	正觉寺遇难同胞纪念碑	长乐路武定门城墙内，长乐花园小区门口	官方
4	东郊遇难同胞丛葬地纪念碑	灵谷寺停车场附近	官方
5	北极阁遇难同胞纪念碑	北京东路中段北侧，北极阁南麓	官方
6	五台山丛葬地纪念碑	五台山东面四号门内	官方
7	煤炭港遇难同胞纪念碑	仪凤门外方家营老江口	官方
8	汉中门外遇难同胞纪念碑	汉中门桥桥头	官方
9	上新河遇难同胞纪念碑	棉花堤滨江公园内	官方
10	挹江门遇难同胞丛葬地纪念碑	绣球公园内、城墙脚下	官方
11	金陵大学难民收容所及遇难同胞纪念碑	汉口路南京大学天文系门内	南京大学
12	中山码头遇难同胞纪念碑	江边路与建宁西路交叉路口	官方
13	草鞋峡遇难同胞纪念碑	永济大道西端	官方
14	清凉山遇难同胞纪念碑	河海大学西康路校区内	官方
15	燕子矶江滩遇难同胞纪念碑	燕子矶公园内江边矶山顶	官方
16	花神庙地区丛葬地纪念碑	花神大道西侧雨花功德园入口旁	官方
17	鱼雷营遇难同胞丛葬地纪念碑	金陵造船厂内	官方
18	太平门遇难同胞纪念碑	玄武湖畔、太平门外	官方与民间团体
19	汤山湖山村遇难同胞纪念碑	江宁区汤山镇湖山村	民间
20	西岗头遇难同胞纪念碑	汤山炮兵学院北面西梅村	民间
21	仙鹤门遇难同胞纪念碑	云盘山脚下仙鹤门村	官方
22	南京电厂死难工人纪念碑	中山北路与江边路交叉口北偏东 100 米处	民国政府

殷山矶丛葬地形成于 1937 年 12 月，在侵华日军制造南京大屠杀之后，当地村民自发收殓、掩埋被日军残杀的中国官兵及平民的尸体，最后形成一座"大坟"。抗战胜利后曾经立碑纪念过，但当时立起的碑现在已经无迹可寻。根据记载，"'大坟'三面环山，位于一个山坳中。坟高约 5 米，直径约 10 米，坟上及周围长满了各种树木"，掩埋有 100 多

具遇害同胞的尸骸[1]。现已被重新发现与确认的殷山矶丛葬地，位于建邺区沙洲街道双和村附近的殷山矶山上，是南京城内外目前所发现的南京大屠杀遇难同胞丛葬地中，唯一一处还未立碑纪念的。

此外，南京城内外还有有历史资料记载但尚未考证到具体地址的大屠杀遇难同胞丛葬地数处，如乌龙山脚下乌龙村北家边"万人坑"，当年由以青年严兆江为首的北家边村民掩埋队，在半个月时间内于南京城东北的尧化门、乌龙山一带，收殓、掩埋了 6 000 余军民的尸骸。又如 1937 年 12 月 18 日，侵华日军将已解除武装的中国官兵与部分平民 300 余人，押至南通路北麦地里，以机枪扫射屠杀，随后弃尸而去。宝善里 70 岁老人胡春庭联合部分难民组成南通路难民掩埋队，将这 300 余名遇难同胞尸骸收殓并就近掩埋。

除集体屠杀外，侵华日军制造的小规模屠杀案件遍布南京城市内外，如中华门内新路口的南京大屠杀幸存者夏淑琴，一家 7 口人在家中被日军屠杀；李府街一带及附近城墙上 20 余平民被日军杀害；家住石观音的菜贩柯荣福一家 9 口人及 4 名房客，全部被日军杀害；栖霞镇陈家窑村民于 1937 年 12 月，掩埋了村前被日军抓来用机枪射击屠杀的 30 余具无主尸骸；等等。另，战后据不完全统计，留有姓名、住址、职业等详细记录的南京市民自行收埋亲友尸体的案例，就多达 119 例[2]。

1937 年 12 月 13 日南京沦陷后，侵华日军在南京进行了长达数周惨绝人寰的大屠杀，制造了震惊中外的南京大屠杀惨案。南京大屠杀是日本帝国主义在南京犯下的大规模屠杀、强奸以及纵火、抢劫等战争罪行与反人类罪行。南京大屠杀遇难同胞殉难、丛葬地的逐渐发现与纪念碑的竖立，是对日本右翼分子否认南京大屠杀言论的有力驳斥，同时也警醒着战争中的侵害者和受害者及其后人不忘历史、敬畏生命、珍视和平，更表达了中国政府和人民对南京大屠杀遇难同胞的纪念与还原抗战历史真相的勇气和胸怀。

①张宪文.南京大屠杀全史[M].南京：南京大学出版社，2012:885.
②张宪文.南京大屠杀全史[M].南京：南京大学出版社，2012:884-893.

第二节　南京抗日英雄墓葬及纪念设施

1. 历史依据

①刘家国. 论华中抗日根据地的开辟[J]. 军事历史研究，2002(3):56-62.
②南京市地方志编纂委员会. 南京建置志[M]. 深圳：海天出版社，1994:245.
③肖一平，等. 中国共产党抗日战争时期大事记 1937-1945[M]. 北京：人民出版社，1988:56.

抗日战争全面爆发后，1937 年 12 月 25 日，新四军军部在汉口成立，1938 年 1 月 6 日，移至江西南昌。2 月 15 日，毛泽东对新四军的工作发出指示，指出新四军应该力争集中苏浙皖边，发展游击战。但是目前最有利于发展的地区还是在江苏境内的茅山山脉，以溧阳、溧水地区为中心，与南京、镇江、丹阳、金坛、宜兴、长兴、广德线上的日军作战，必定能建立根据地，扩大新四军的基础。如果有两个支队，则至少以一个支队在茅山山脉，另一个支队位于吴兴、广德、宣城线以西策应[①]。新四军第一、二、三支队随后开始向皖南，第四支队向皖中集中。

5 月 4 日，毛泽东电示新四军副军长项英发展华中地区敌后游击战争，指出："在广德、苏州、镇江、南京、芜湖五区之间广大地区创造根据地，发动民众的抗日斗争……是完全有希望的。在茅山根据地大体建立起来之后，还应准备分兵一部进入苏州、镇江、吴淞三角地区去，再分一部分渡江进入苏北地区。"[②]5 月 14 日，中共中央发出新四军行动方针的指示，指出根据华北的经验于目前形势下在日军广大后方——平原地区也同样便利于新四军游击活动的展开和根据地的创造。新四军应利用目前有利时机，主动深入到日军后方，扩大新四军的影响。5 月 16 日，新四军第四支队一部在安徽巢湖县东南蒋家河口伏击日军，全歼日军 20 余人，首战告捷[③]。5 月中旬，新四军一支队在陈毅的率领下继先遣部队之后，从皖南出发，向苏南日军后方挺进。6 月 1 日，新四军第一支队由南陵出发，3 日抵达高淳、宣城边境，从宣城、芜湖之间越铁路进入江苏境内，当夜渡过固城湖，于 4 日凌晨抵达高淳县城后，分别驻扎于淳溪镇及附近的东甘、肇倩、姜家、南塘、夹埂、大巷等村庄，司令部位于淳溪镇东吴家祠堂。在到达高淳的当日，新四军即展开抗日活动，收集情报、走访士绅与群众、组织抗日宣传等。在得到粟裕先遣部队的情报后，陈毅将新四军第一支队重新部署，兵分两路：第一团第一、第三营及教导队，从高淳北肇圩渡过石臼湖，在京杭国道以西的江宁、溧水、当涂地区活动，团部设于小丹阳；第二团直驱茅山，14 日到达茅山。

6 月 5 日第二支队司令机关及第三、第四团在司令张鼎丞、参谋长罗忠毅、政治主任王集成的率领下先后由皖南泾县田坊出发，突破南陵到湾址附近的宣芜铁路日军封锁线，北渡石臼湖，到达博望、横山及江宁秣陵关，成功进驻江宁—当涂—溧水—高淳地区。至6月中旬，第二支队除一个营外全部进驻江南敌后抗日区，于京芜铁路以东、京杭国道以西地区展开抗日活动。

6月17日，新四军先遣队在镇江以南三十里的卫岗伏击日军车队，击毁日军多辆汽车，击毙击伤日军大尉梅津五四郎等30余人，江南首战告捷[1]。6月28日，新四军第二团副团长刘培善和参谋长王必成率第二营在镇江西南的镇句公路上的竹子岗、孔家边地区（今属丹徒县）伏击日军车队，共伏击日军车队及来援之日军400余人，击毁日军汽车6辆，毙伤日军20余人，俘虏日军特务机关经理官弦政南，这是新四军在苏南地区俘虏的第一名日军军官[2]。当月下旬，先遣支队撤销建制，粟裕回到新四军第二支队司令部主持工作。

7月至8月间，新四军一支队活动区内，召开了各界代表会议，成立了镇（江）、句（容）、丹（阳）、金（坛）四县抗敌总会；第二支队活动地区成立了江（宁）、当（涂）、溧（水）三县抗敌自卫委员会[3]，在陈毅等领导下，发动群众，广泛开展统一战线工作。同时，新四军第三支队挺进皖南芜湖、繁昌、青阳地区，发展群众，开展游击战争。

8月12日，新四军第一支队夜袭句容县城日伪守军，歼灭日伪驻军40余名，摧毁了伪县政府。22日，驻沪宁线上的日军调动步兵4 000余人、骑兵500余人，配重炮10余门、轻炮数十门、轰炸机20余架、装甲车数十辆，由秣陵关、溧水、当涂、采石、江宁等地兵分八路，企图将新四军第二支队三团全歼于小丹阳。新四军第二支队以小部兵力对日军进行阻击，主力集结在小丹阳以西杨家庄准备打击日军；另以一部兵力对陶吴、当涂和南京近郊进行袭击，一度夺取了南京城南中华门外雨花台制高点。与此同时，新四军第一支队也动员广大群众和地方武装，对京沪、沪杭、镇（江）句（容）等公路进行破坏，阻滞京沪线上日军向武汉方向支援其主力进攻武汉。至26日，日军对新四军第二支队的围攻被完全粉碎[4]。

新四军在华中日战区频繁活动，日军深感其占领下的城镇与交通要道受到严重威胁，于是从9月初起，将新调来华的第十五、第十七师团，并以杭州地区第一一六师团一部及伪满军5 000余人增调至南京、芜湖、苏州，使京、镇、芜地区兵力从3个联队增加至2个多师团，组成据点群经常向四周展开"扫荡"。新四军面对武器装备方面敌强我弱的实际情况，依靠群众，灵活使用游击战术，接连取得了天王寺（1938年9月21日）、禄口（1938年10月2日）、白兔镇（1938年12月上旬）等一系列战斗的胜利，并粉碎了日军大小"扫

①肖一平，等.中国共产党抗日战争时期大事记 1937—1945[M]北京：人民出版社1988:45、62.
②百团大战（4）[EB/OL].http://clangsihpeople.com.cn.
③曹景文，张士引.试析新四军东进战略及其重要意义[M]//唐培吉.新四军研究.上海：上海辞书出版社，2010.
④肖一平，等.中国共产党抗日战争时期大事记 1937—1945[M]北京：人民出版社1988:70—71.

①中国人民解放军
历史资料丛书编审
委员会.新四军[M].
北京：解放军出版
社,1992:22.
②同①:24.
③同①.

荡"二三十次①。日军被迫放弃小据点，集中兵力防守大据点，陷入了被动。

1938 年新四军挺进苏南敌后地区进行抗日活动后，发挥中共新四军近战、夜战特长，连续对日军展开突袭，在京沪铁路、京芜铁路、京杭国道两侧，南京近郊的句容、江宁等地，取得了大大小小 280 余次战斗的胜利，成功粉碎多次日伪"扫荡"，击毙击伤日伪军 3 200 余人，俘虏 600 余人，击毁日伪汽车 180 余辆，颠覆火车 2 列，毁桥梁 90 余座②。南京城郊机场、雨花台附近、麒麟门外均有新四军抗日行动的足迹，严重摧毁了侵华日军及伪政权的交通线，打击日伪的嚣张气焰，鼓舞了敌后军民的胜利信心。在短短半年多的时间内，新四军在十分艰苦及复杂的条件下，进入华中日占区的敌人大后方，首次开展平原游击抗日活动，在壮大了自己队伍的同时成功开辟了华中敌后战场，在中共地方组织和人民群众的支持下，打开了苏南、皖中的敌后抗战局面，成功策应了正面战场的作战。

为稳定华中地区抗战局势，中共中央决定派刘少奇进入华中敌后抗日新四军江北战区。1939 年 11 月，刘少奇抵达安徽定远县东南藕塘镇的新四军江北指挥部。1940 年 10 月，苏南抗日根据地东路部队已经发展到 7 个支队，2 000 余人。新四军苏南主力北渡后，第二支队统一领导留下的第四团、新三团和地方武装共 3 000 余人。1940 年 11 月中旬，华中新四军八路军总指挥部在海安成立，叶挺任总指挥，刘少奇为政治委员，陈毅任副总指挥。苏南抗日根据地的发展，成功牵制了沿江京沪段日军力量，积极支援和保障了苏北抗日斗争工作的展开。

在不到 3 年的敌后游击战中，至 1940 年底，新四军在南京、上海、武汉、徐州、开封外围对日伪作战 2 700 余次，击毙击伤日伪军 3.8 万余人，俘虏 1.7 万余人，并缴获大量武器装备，直接威胁日伪指挥机构，牵制的日军数量约占整个侵华日军数量的 1/6③，有力遏制了日军对正面战场的进攻。至 1941 年初，华中日占区敌后 86 个县中，由中共建立的县民主政权已经达到了 42 个。

1941 年 1 月 25 日，新四军新军部在苏北盐城成立，陈毅任代军长。新军部以华中新四军、八路军总指挥部为基础组成，将新四军和活动于陇海路以南的八路军部队先后统一整编为 7 个师和 1 个独立旅。统一整编后的新四军，全军共 9 万余人。其中第一师，由原苏北指挥部所属部队编成，师长为粟裕。第一师活动于东至黄海，西达运河，南临长江，北到淮安、大岗、斗龙港一线以南的苏中抗日根据地，紧邻侵华日军中国派遣军军部和汪伪政权所在地南京，以及日伪经济中心的上海，在坚持抗日游击战争的同时，作为新四军主力部队机动作战。第二师由原江北指挥部所属部队编成，兼师长张逸云。第二师主要活动于东起运河，西至淮南铁路、瓦埠湖，北达淮河，南濒长江的淮南抗日根据地，与南京隔江对峙，在坚持淮南抗日游击战争的同时，防范西方桂军东犯。另第三至七师及独立旅，在华中敌后抗日区内各司其职，形成了新的华中战略布局。

而自 1941 年起，中共敌后抗日活动进入艰苦坚持的严重困难时期。侵华日军急于结束中国境内的战争，派出 11 万日军直接用作对抗新四军，并在一年内发展起伪军 16 万人之多，一并用于对抗活动于敌后抗日战区的新四军。与此同时，重庆国民政府掌权集团的顽固派仍没放弃对中共新四军的军事打击。上半年，日伪当局在苏南地区设立了 300 余处据点，对苏南地区新四军进行"驻缴"。新四军在反"扫荡"作战中，采用灵活机动的战略战术，主力军与地方武装及广大群众密切配合，取得了多场战斗的胜利。

1941 年底日本偷袭美国海军基地珍珠港，1942 年 1 月 1 日起苏、美、英、中等 26 个国家在华盛顿签署了反法西斯联合宣言，世界形势进入了一个新的阶段。日当局为了将中国变成其太平洋战争中的所谓"大东亚圣战"基地，加强了对中共领导下抗日力量的打击。在华中地区，日军以 14 个师团、3 个独立混成旅团共约 29 万人的兵力，继续并强化"扫荡""清乡"与"蚕食"。而这一时期的重庆国民政府，则采取了"消极抗日，积极反共"的抗战方针。

1942 年 2 月至 3 月间，日伪当局在华中展开"清乡"计划，汪伪政府也于 3 月成立了"清乡委员会"，由汪精卫亲自担任委员长，开始进行"清乡"策划、选拔特务、建立情报网、招募和培训伪警察及伪军等，同时日军也调集大批人马协助汪伪政府在苏南地区进行大规模的"清乡"活动。太平洋战争爆发后，侵华日军中国派遣军司令部要求在 1942 年内将第一、第二期"清乡"的地区，编成汪伪政府"独立统治的模范地区"，使日军可以"逐步撤走"[1]。其范围在苏（州）常（州）太（仓）地区及澄（江阴）锡（无锡）虞（常熟）地区。1 月至 6 月间，日伪军队在澄、锡、武（进）和昆山部分地区展开了第三期"清乡"。6 月后，日伪"清乡"行动推进至浙江省，进而是上海市郊区。至下半年，日伪"清乡"行动先后推行至青浦、吴江、平湖、海盐、金山、南汇、奉贤等县。12 月，日伪决定进一步扩展"清乡"，以苏南镇江地区和苏中南通地区为重点。1943 年 3 月开始，日伪纠集 1 万余人，在镇江地区的丹阳北、茅山、太（湖）溹（湖）等地进行"清乡"。

面对日伪声势浩大的清剿行动，中共新四军在苏浙皖赣地区采取灵活机动的战斗策略，发动广大人民群众，一边战斗一边壮大自身的武装力量，在取得大小无数场反"清乡"战

①日本防卫厅防卫研究所战史室．中国事变陆军作战史 [M]．田琪之，译．北京：中华书局，1979:225.

斗的胜利后，1944年新四军开始局部反攻，日伪在各地的"清乡"活动以彻底失败而告终。长达三年的华中军民反"清乡"斗争，不仅粉碎了日伪企图消灭其后方抗日根据地的"清乡"计划，打破了侵华日军伪化根据地的阴谋，还巩固了抗日民主政权，坚持了抗日阵地，使日当局"以华制华""以战养战"的殖民侵略计划陷入重重困难，最终破产。根据地的军民在极其困难与艰苦的环境下坚持斗争，浴血奋战，付出重大牺牲的同时，也磨炼得更加坚强，成为平原地区长期坚持敌后斗争的光辉典型，体现了华中军民的爱国主义精神和百折不挠的英雄气概。

至1945年抗战胜利前夕，中共新四军已经对作为华中日伪政治权力中心的南京形成了包围的态势。

2. 南京抗日英雄墓葬及纪念设施现状

南京主城的栖霞区及四周的溧水、高淳、江宁、六合、浦口，是抗日战争南京沦陷时期中共新四军进行敌后抗日斗争的重要活动地区。在长达十四年的抗战斗争中，中共中央所领导的解放人民、抗击日本侵略者的部队，不仅要面对武器装备占绝对优势的日军及伪军的扫荡与突袭，还要面对最高决策层反复无常的国民政府派出的反动"剿共"武装。在艰苦卓绝的斗争中，无数新四军战士献出了他们年轻而宝贵的生命。在2014年完成的南京抗战烈士纪念地普查中，有多达40处纪念地分布于南京7个区中。其中江宁区有17处，六合区有7处，高淳区有4处，溧水区有4处，浦口区有2处，玄武区有2处，雨花台区有2处。其名称及所在行政区如下：

（1）江宁区内（17处）

横山烈士纪念碑、云台山抗日烈士陵园、后阳烈士墓、陶家齐烈士墓（2018年10月29日迁入龙都烈士陵园）、周岗烈士陵园、龙都烈士陵园、土桥烈士陵园、张耀华烈士墓（已迁入龙都烈士陵园）、姚文龙烈士墓、山景村西山暮范仲儒烈士墓、重名桥（邓仲铭烈士殉难处）、方山抗日烈士墓、仲铭亭、无名新四军排长烈士墓（地址不详）、张义如烈士墓、汪传忠烈士墓、黄子新烈士墓（地址不详）、罗存侍烈士墓（地址不详）、陈文林烈士墓（地址不详）。

（2）六合区内（7处）

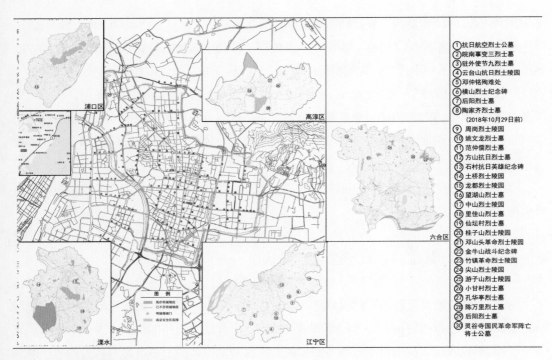

图 5-3 抗日英雄墓葬及纪念设施区位图
图片来源：笔者自绘

竹镇革命烈士陵园、桂子山烈士陵园、金牛山战斗纪念碑、樊集烈士纪念碑、尖山烈士陵园、邓山头革命烈士陵园、瓜娄山烈士公墓。

（3）高淳区内（4处）

游子山烈士陵园、小甘村烈士墓、孔华亭烈士墓、陈万里烈士墓。

（4）溧水区内（4处）

中山烈士陵园、望湖山烈士墓、里佳山烈士墓、仙坛村烈士墓。

（5）浦口区内（2处）

侵华日军浦口战俘营"抗日蒙难将士纪念碑"、石村抗日英雄纪念碑。

（6）玄武区内（2处）

南京航空烈士墓、灵谷寺国民革命军阵亡将士公墓（历史上有部分局部抗日战争时期的烈士安葬于此）。

（7）雨花区内（2处）

南京菊花台驻外使节九烈士墓、雨花台烈士陵园（有部分抗日战争中牺牲的烈士安葬于此）。

笔者在调研走访中寻访到其中34处，目前集中在28处纪念设施中（图5-3）。

在笔者对各处抗日烈士纪念碑、烈士陵园及墓葬的实地调研中，可以看到部分区县政府对该辖区内的烈士纪念设施的管理和保护工作已经取得了卓越的成果。如江宁区，于近几年对该辖区内的烈士墓进行统计后，已经展开将散布在田野、村落中的部分烈士墓迁至烈士陵园中的工作。以耀华村的张耀华烈士墓为例，原址位于乡野小路的路边，规模较小、地点偏远，现已被迁葬于湖熟街道龙都社区龙都中心小学对面的龙都烈士陵园内，陵园内有烈士纪念碑、其他近十位抗日烈士墓及烈士事迹碑，交通便利，益于开展爱国主义教育活动。

一些非官方组织也不断在地方政府的组织下进行着南京革命烈士墓葬的发现与保护活动。例如2019年在江宁区委党史办的统一安排和指导下，南京审计大学和南航金城学院的大学生志愿者再次在江宁区进行红色遗迹寻访，最终寻访到了汪传忠与张义如两位烈士的烈士墓所在。汪传忠烈士墓位于江宁区横溪街道石塘社区朱塘村的深山密林里，定位经纬度为北纬31度43分36秒、东经118度42分35秒。张义如烈士墓位于淳化街道新林社区郭村路和胜鸣路交叉路口附近的丛林里，经纬度是北纬31度52分56秒、东经118度55分33秒。

但在调研过程中，仍发现不少急待改善、解决的问题。例如对当地烈士事迹宣传力度的不足。大多数烈士墓、纪念碑都建在抗日战争中烈士们为革命献出宝贵生命的地点，而这些地点均散布在现今南京各郊区的村落、田野间。在寻访这些烈士纪念设施的过程中，笔者发现当地年过四十的居民，基本对烈士事迹、烈士纪念设施所在地点有所了解。然而年轻一辈的居民，甚至是在社区单位内工作的年轻人，都对烈士事迹和纪念设施所在点十分模糊或是完全不了解。而一些由政府进行的烈士墓迁移工作，却因为实施过程中的宣传力度不够，给当地人留下了"烈士墓已经被拆除"的印象。一些新建的烈士陵园的对外宣传工作不足，也给想要造访该处烈士陵园、瞻仰、凭吊烈士的市民造成了困难。例如六合竹镇革命烈士陵园，2014年竹镇人民政府将原位于赵家岗的烈士陵园整体搬迁至大泉水库上游桃花岛风景区西约1.5千米处。但在笔者于2017年夏季寻访的过程中，当地人对新建烈士陵园的地址含糊不清，而在桃花岛风景区附近的景点指示牌中也对新建的烈士陵园只字未提，在找到位于新址的烈士陵园后，发现其规模宏大，却乏人问津，真令人遗憾。

一些散布在田野中的烈士墓，根据当地居民及村委会的意愿应该进行相应的保护、环境整修与纪念工作。如位于禄口街道的姚文龙烈士墓，根据当地居民介绍，因姚文龙烈士无后人在世，所以其墓缺乏维护，且附近村民也有可能因附近禄口机场的建设需要而整村迁移。当地居民希望在村子迁走之前，能有相关部门出面主持，将姚文龙烈士的墓迁至烈士陵园中去，便于后人祭扫。同样情况的还有处于山野中的丹阳乡山景村的范仲儒烈士墓，根据东岳庙陆村长介绍，范仲儒烈士是当地闻名的革命烈士，对该村具有十分重要的意义，希望能由有关部门出面主持，对范仲儒烈士墓进行原址修缮，建成具有一定规模的纪念场地。

同样我们也应看到，在抗日的敌后战斗中，亦有大量国民政府军人为伟大的民族解放事业献出了宝贵的生命。目前已经被发现的国民政府军队烈士的墓碑，应进行适当的保护并进行纪念设施筹建工作。例如在对抗日寇的战斗中牺牲的国民政府财政部税警总团少校特务长陈万里的墓碑，目前仅靠放在高淳玉泉寺内东北角的墙边，墓碑上的字迹已显模糊，急需对其进行抢救性保护。

在抗日战争期间，无数的革命先烈为争取民族解放、抵抗外来侵略奋不顾身，用鲜血和生命换来了如今的海晏河清。对这些为民族解放献出宝贵生命的革命烈士的墓及纪念设施进行修缮、更新与扩建，以向社会便利地开放，不仅仅是为了缅怀先烈，更是为了将先烈们大无畏的革命精神宣扬及传承下去。

第三节　小结

在对建筑遗产的研究中，某些语境下"建筑遗产"与"历史建筑"的概念趋同。"历史建筑"其狭义上的概念是其法定概念，即《历史文化名城名镇名村保护条例》中定义的："指经城市、县人民政府确定公布的具有一定保护价值，能够反映历史风貌和地方特色，未公布为文物保护单位，也未登记为不可移动文物的建筑物、构筑物。"其狭义概念包含的内容有限，而其广义上的含义是指历史上留存下来的所有建筑。可见"建筑遗产"的内容包含狭义"历史建筑"，与广义"历史建筑"趋同却也有所区别。

南京抗战建筑遗产中，既包含抗战时期的历史建筑，也包含为纪念抗战历史重大事件、重要人物而在近、现代建造的纪念性建筑及附属设施。这符合"遗产建筑"内涵包括"历史建筑"但不仅限于"历史建筑"范畴的普遍规律，也符合中国建筑遗产判定的特例性。

南京抗战建筑遗产中的近现代纪念建筑所承载的历史事件、历史人物事迹在发生的当时，无论是中国人民还是中国政府不可能为纪念这些历史事件树立标识性设施。在新中国成立、中国人民得到真正的解放之后，国家与人民为了这些不应被忘却的记忆和英雄而建造起的纪念设施，其价值不在建筑本体，而体现在其承载的历史记忆之上。这部分建筑具有近、现代纪念性建筑风格，质量较好，周边配套环境较完整。

第六章

南京抗战建筑遗产
价值评估体系的建立

①童明康，保护世界遗产谋求可持续发展 [EB/OL].http://www.nbwb.net/info.spx?ld=1701.

　　曾作为全国宜居城市前三名的南京，因结合了历史与现代的城市景观而闻名。但在 21 世纪以来的城市急速现代化建设发展中，城市中历史建筑的去留成为各界关注的重点。同时，亦有大量未能明确价值的历史建筑，迅速消失在了城市建设的洪流之中。

　　南京抗战建筑遗产由于组成种类繁多，各种类之间建筑风格与建筑质量差异巨大，加上建成年代普遍在百年以内、所处地理位置大多位于城市核心地段，相较于某一独立类别的历史建筑来说，所触及的部门众多、保护难度大。如不尽快明确南京抗战文化中建筑遗产的组成体系、确定其价值、弄清其保护内容与保护利用的方式，那么在城市的快速发展中很容易造成整段抗战历史文化的物质承载链上某一环节的缺失，进而成为南京城市历史中遗憾缺失的一页，南京城市文化的完整性便会遭到破坏。南京抗战建筑遗产的价值将被降低甚至丧失，而价值是遗产的根本，没有了价值一切利用都是空谈①。

　　因此，组建南京抗战建筑遗产的体系，揭示其综合价值，为南京抗战建筑遗产的判定、保护与再利用提供理论依据，将是南京抗战建筑遗产研究的重要课题。

第一节　价值判断的立足点与基本构成

文化遗产的概念及保护实践最初诞生于欧洲，并于 19 世纪传入了美国和处于明治维新时期下的日本。1931 年在雅典召开了仅限于欧洲范围的保护文化遗产建筑的国际会议。十五年后的 1946 年，联合国教科文组织提出的《组织法》获得全球 20 个国家的批准并开始生效，对文化遗产建筑的保护扩展到了全世界范围内，且随着参与保护的国家、人口的不断增长，"文化遗产"的概念在种类上、时间上、地理上也在不断扩展。

根据《保护世界文化和自然遗产公约》（1972 年）的规定，文化遗产（Cultural heritage）包括文物、建筑群以及遗址，并且明确所谓遗产都是带有价值取向的，有无价值才是选择的标准所在。目前在中国，某一处历史建筑是否被列入国家级、省级、市级或区级保护单位，成为判定其价值的重要依据。南京抗战建筑遗产之中虽拥有为数众多的具有保护级别的历史建筑，但同时存在着大量未被评级仍被作为军用或民用建筑使用，抑或空置的历史建筑。这类建筑由于其不公开性，既在文物定级上具有一定的困难性，又容易被大众忽略，进而成为被任意改建或拆除的对象。但这部分历史建筑仍是抗战建筑遗产中不可缺失的一部分。

因而，对南京抗战文化中建筑遗产的价值判定，不应局限于文物价值判定的思路，而应采取更加切合实际情况的方式，在定性地判断建筑价值是否达到留存标准的前提下，通过详细的价值指标评估来对建筑进行定量价值判断，进而制定相应的保护与开发措施。

1. 价值判断的立足点

南京抗战文化属于文化遗产的范畴，其包含了抗日战争爆发至取得胜利这一特殊历史时期的所有物质与非物质遗产。作为这一文化的重要物质载体，抗战文化遗址遗迹不仅仅承载着相关的历史、文化、民族情感与城市记忆等，而且是与抗战文化价值直接挂钩的物质实体。

所以，对抗战文化遗址遗迹的认知是对南京抗战文化遗产价值判断的重要一步。在数量众多的抗战文化遗址遗迹中，其物质实体遗存自身的价值并不一定是其在抗战文化遗产价值中的主要决定性因素，同时由于抗战文化遗产中拥有三大类共 330 余处性质不同的建

①陈耀华,刘强.中国自然文化遗产价值体系及保护利用[J].地理研究,2012,31(6):111—120.

筑及附属物,各建筑点之间必定不会具有同等的价值。

南京抗战文化遗产的物质载体承载着该文化的独特性与不可复制性,更是历史、文化研究对象及近代历史建筑保护和再利用的研究与工作对象,是南京抗战文化遗产保护工作的重要物质媒介。

2. 价值的基本构成

建筑遗产的价值体系指的是一系列层次、分工明确,彼此由有机关联的自然、社会、经济多重功效构成的价值体系①。因此,南京抗战文化中的建筑遗产价值体系应是在理论或逻辑上有合理完整、明确主次因果关系的。

南京抗战建筑遗产的价值本质是由其建造风格与技术、其所经历的历史、承载的文化等多方面因素构建而成的,在经历了时间的洗礼之后,这些物质的与非物质的因素与建筑物本身融为一体,使其成为南京抗战文化的物质载体。依据其承载的历史、文化内容首先对其进行定性价值的评估,是南京抗战建筑遗产价值的基本构成元素之一。

与此同时,南京抗战文化遗产具有重要的社会价值。以抗战建筑遗产为物质载体面向社会进行城市与国家的历史与文化的宣传,将抗战文化遗产这份宝贵的文化遗产传承下去是研究、保护与开发抗战文化遗产的目标。同时,抗战文化遗产又是激发市民公共参与性,构建南京城市记忆与南京精神必不可少的要素。

为了更切合实际情况地对南京抗战文化遗产进行保护与开发,使其融入现代社会,充分开发与利用其自身经济价值是必要的措施之一。而通过充分发挥建筑自身价值进而提升附近区域的整体社会、经济价值,亦为保护该处历史建筑的重要附带价值。

综合各种现实因素,对南京抗战文化中的建筑遗产进行定量价值判定,便是南京抗战建筑遗产价值的基本构成元素之二。

① MacCannel/D. T
Tourist: a new the
of the leisure class[
New York: Schock
Books, 1976:48.

第二节　定性评估

成为文化遗产，必须拥有科学的、美学的、记忆的、社会的价值。在现代社会，文化遗产建筑便是这些价值的载体，而充分利用这些价值，以旅游活动作为媒介，建筑遗产可以成为联系全球社会的一种纽带①。

对南京抗战建筑遗产进行定性价值的评估，其自身的价值是不可忽视的根本。同时，南京抗战建筑遗产因文化的独特性，在南京城市发展中拥有不可替代与不可再生的城市与经济价值，加之在中国近代史中的重要地位，共同构成了其多元化定性价值。

1. 南京抗战遗产建筑自身价值

1）作为抗日战争时期中国人民顽强抵抗外来侵略者的历史记忆

抗日战争时期，中日两国之间国力、军力差距巨大，处于极端劣势之中的中国军民无惧侵华日军豪强，奋力反抗外来侵略，书写了一段可歌可泣的民族抗争史。

在南京保卫战中，中国军民依托南京明城墙改造而成的工事及预先建造的碉堡阵地，顽强抵抗从淞沪战场上追杀而来的日本侵略军队。虽然这场战斗最终以守军失败、南京沦陷而告终，但在战斗中中国守军给了日本侵略部队沉重的打击，让拥有极大军事优势的日本部队大为错愕。这场战斗遗留在南京明城墙上的破坏痕迹及守军使用的碉堡，甚至当年作战所挖掘的战壕，至今在南京城市内外仍有迹可寻。目前，普通大众对于南京保卫战这场战斗的关注点往往放在战争失败的结局之上，而对于战斗过程中中国守军反抗日军侵略的作战努力知之甚少，对明城墙曾被改建为守卫南京的现代化工事、对南京城市内外的民国碉堡的历史亦知之甚少。城市记忆中这一页的集体记忆被淡化，所幸承载这段记忆的物质载体目前依然有大量遗存。如何利用好这些文化遗产建筑唤起市民的关注与共情，是在保护与利用这类抗战建筑遗产时所面临的课题。

在沦陷之后，南京成为华东地区伪政权的中心城市，是敌后抗战活动的焦点地区。国共两党的地下活动在南京城内秘密进行的同时，中共新四军派部队进驻南京周边地区组织地方力量、成立民主政府，对抗侵华日军及伪政府的侵略与殖民统治。无数先烈在敌后斗争中献出了宝贵的生命。在这些先烈牺牲的地点，当地人民或政府先后建立起了烈士墓、烈士纪念碑等纪念设施，以纪念这些英雄为取得民族解放而作出的伟大牺牲。这些纪念设施大部分散布在南京的郊县之中，是当地人民记忆的一部分，也是当地历史的重要一段，同时更是南京抗战中敌后斗争历史的重要组成部分，将这些纪念设施串联起来成为一个整体，将更能够集中体现南京抗战文化遗产中民主斗争历史的重要环节。

南京抗战建筑遗产，既承载了抗日战争爆发时中国军民正面反抗外来侵略的战斗历史，又包含了南京沦陷后中国军民不屈不挠在敌后进行反侵略、反殖民斗争的历史，是南京城市历史记忆中至关重要的一段。

2）作为侵华日军在华罪行不容狡辩的证据

抗日战争全面爆发伊始，地处战争前沿且为当时中国首都的南京立刻成为侵华日军进攻的焦点。在战火直接燃烧至南京城下之前，日军已经组织其空军对南京实施了长达三个多月的无差别空袭轰炸。

南京保卫战期间及沦陷之初，城市遭到更加严重的破坏，城南、城东大部分区域遭到侵华日军有组织有计划的抢劫及纵火，全城超过三分之一的建筑被夷为平地，化为一片焦土，秦淮河畔的古夫子庙也被付之一炬。至今留有这些战争创伤的历史建筑仍有迹可循。

入城的侵华日军以捉拿守军为借口，对部分军民展开泯灭人性的大屠杀，数十万南京百姓惨死在日军的刀枪之下。时至今日，日本右翼人士仍对南京大屠杀事件矢口否认，然而有历史资料可寻的侵华日军屠杀已经缴械投降的中国士兵及无辜南京百姓的地点至今仍在，其集体掩埋受害人及伪政府集中收殓被害人遗体的万人坑仍在，这些铁一般的证据沉默地驳斥着否认南京大屠杀事件的小丑，也是南京抗战文化遗产的重要组成部分。

日军及日当局占领南京之后，在南京扶植起了三届伪政府，实施了长达八年的统治。除霸占原国民政府的军政建筑外，侵华日军还在南京五台山顶建造了东京靖国神社的翻版"南京神社"，在南京城南菊花台顶建造起一座高大的"纪念侵华日军对华战争中战死兵将亡魂"的表忠碑，以此加强其对南京民众的殖民统治，宣传皇民化思想。

这些被侵华日军破坏或由其建造的历史建筑，作为侵华日军在华罪行不容狡辩的证据，是驳斥日本右翼否认历史事实的有力依据，亦为谋求中日两国长久和平共处的基石。

3）作为南京近代与现代城市空间塑造的参与者

南京主城区"山水城林"的城市个性形成于明代。明代顺应南京地理环境而修建的城墙圈定了今日南京主城区的外形，而城市内部主要道路走向与各个功能片区分布的成形则是在 20 世纪抗日战争全面爆发之前的城市现代化建设中。

面对外来侵略的威胁，1932 年开始筹备并实施的防御计划，使得南京成为当时国家防御体系的中心地点——既是保护的中心，亦成为被敌集中火力攻击的重点城市。战争期间的敌方空袭、攻城战及战后的劫掠与统治在南京城市空间中留下了不可磨灭的印记。攻城战中，日军放火烧山，南京城郊牛首山上的众多古刹均化为乌有。面对高大的南京明城墙，日军动用飞机、火炮，对城墙进行狂轰滥炸，其中光华门段受损最为严重，城门两侧城墙尽数坍塌。拥有悠久历史的夫子庙被焚毁，夷为平地，对比 1929 年美国空军拍摄的南京航拍照片，战后重建的夫子庙范围仅为战前夫子庙的一半大小。原址在今天南京金城机械厂、公园路、明故宫护城河一带，占地 40 余亩、环境优美的第一公园在战争中全毁于日军空袭的炮火之下，后在南京沦陷期间，日军占用第一公园原址扩建明故宫机场，从此这处城市绿地完全消失在了南京的版图之上。中山南路及太平南路沿线，是战前南京的商贸集中区，在沦陷期间成为日方划定的"日人街"，成为日本商铺林立、"慰安所"遍布的区域。战争与侵华日军的统治，在一定程度上改变了近代南京的城市空间，但并未能撼动南京城的整体骨架。

时至今日，南京城已成为中国长三角地区唯一的特大城市[①]，在城市的发展中，与主城区一江之隔的江北新区成为国家及南京城市发展的新兴区域，即将与上海浦东新区、浙江舟山群岛新区等联动发展，成为南京新的副城区。与此同时，南京主城区内的发展则有了明确的人口及建设用地限制。由此可见，以前的快速拆除大规模建筑的发展方式不再是南京老城区的未来发展方式，在发展的同时保存城市的文化与历史，再现城市魅力，成为未来老城区发展的目标。而南京城所蕴含的抗战时期的历史与文化正是老城区更新发展的重要依据之一，是城市历史中关键的一节，是南京城市魅力的主要组成部分。

4）对于现代城市的价值

对现代城市建设、城市生活来说，作为城市历史链中至关重要的一环，抗战文化遗产具有举足轻重的意义与价值。

① 不可再生的城市记忆承载

依《中华人民共和国文物保护法》第二十二条的规定"不可移动文物已经全部毁坏的，应当实施遗址保护，不得在原址重建"，所以南京抗战建筑遗产具备不可再生的特性。其作为南京城市记忆的物质承载，往往与重要的历史事件、历史人物等息息相关，因此除

①国务院.国务院关于《南京市城市总体规划（2011—2020）的批复 [R].2016.

①陈柳钦.论城市精神及其塑造和弘扬[J].原理工大学学报(社会科学版),2010,:1-6.

修缮、维护时须详细考察其原始建造资料、历史照片等史料外，应坚持原址保护的基本原则。在南京抗战建筑遗产中，就出现过原址没变但房屋被全面拆除重建的情况，如沈举人巷张治中公馆；还出现整体建筑迁往别处重建，使得该处建筑的建筑形制既与原址建筑存在偏差，又失去了原址历史信息的情况，如玄武区姚文采寓所，实为南京抗战建筑遗产保护中的憾事。

② 不可替代的城市标签

城市标签，是城市精神中某一特质的具体表述。而城市精神，是一种深层次的社会意识，是一座城市在特定环境中发展、沉淀而来的历史传统、文化底蕴、发展特征、时代风貌和价值追求的概括，是城市市民所认同的精神价值与共同追求①。这其中，抗战文化资源占有重要的一席。

与国内其他城市的抗战资源相比，南京抗战文化资源物质载体规模庞大、存世数量众多，且体系完整。在抗日战争中，南京既是战争开始时的前线城市，也是战争结束时的受降城市。中国抗战历史与南京城市历史息息相关，并成为城市记忆的一部分，构成了南京独特的地方文化。

南京抗战文化遗产见证了中国军民在南京顽强抵抗外来侵略、在敌伪的压迫下勇敢反抗，最终取得胜利的民族抗争历程。南京抗战建筑遗产不仅代表着一个时期内中国最具特色的近代建筑风格，反映了当时最先进的建筑建造技术，同时也参与了南京近代城市空间的塑造，而且在中国战争史上具有重要的地位，它体现了当时中国国内最先进的战争防御工事构筑体系与单体工事形制。

南京抗战建筑遗产对于南京城市而言具有不可替代性与不可再生性，在城市发展过程中成为南京极具个性的城市标签之一。

③ 未来城市发展与空间构筑中不可或缺的增值基础

南京抗战建筑遗产无论是在中国城市人文历史、建筑历史还是在战争历史中都占有重要的地位，它不仅是历史的见证，也是抗日战争时期的产物。因此，在以往的城市发展中，南京抗战建筑遗产虽因为其自身的重要价值而得到了保护，但又因为时代、政治等种种原因，其承载的重要信息往往模糊不清。例如南京紫金山风景区内的民国碉堡，常被游客误解为日军所修建的碉堡，而雨花台烈士陵园内的民国碉堡，更是鲜为人知。

南京抗战文化遗产至今仍未被充分挖掘，在南京未来的发展中，将成为南京老城区内已深度开发区域更新发展的物质与文化基础。其中占据大幅比例的历史建筑，因其自身的良好城市区位与可开发性，将能够在通过开发、利用提高自身价值的同时，增加社区经济价值，提高市民文化生活质量，为周边老街区注入新的活力。

2. 南京抗战遗产建筑对于中国抗战历史与文化的价值

在 20 世纪 30 年代爆发并迅速蔓延至中国全国的反法西斯抗日战争中，通过中国军民的共同努力，在国共两党艰难的合作中，在中国共产党坚决的抗日决心及有力领导下，中国人民取得了最终胜利。伟大的抗战文化蕴含着以爱国主义为核心的伟大民族精神，体现了中华儿女最深切的爱国热情和为维护国家独立自主不屈不挠、前赴后继、义无反顾的英雄血性。时至今日，抗战文化仍是世界了解中华民族的重要窗口，仍激励着中华儿女奋发图强、拼搏进取。

在整个中华抗日文化中，延安是中心，拥有丰富的敌后文化，影响深远、功绩卓著。重庆是中国抗战时期的陪都，是当时中国的政治、经济、军事、文化中心，并且成为第二次世界大战期间世界反法西斯战争远东指挥中心，同样影响和推动着全国抗日文化的发展。而南京则可以被称为中国抗战文化的前哨，它经历了一线战争，而后成为抗日战争时期中国敌伪的政治、权力中心，既是侵华日军进行殖民统治、皇民化教育的重点城市，又是中国军民进行敌后斗争的重要战区。与重庆相比，南京拥有更为多元化的抗战文化资源。

1）是中国抗战历史中重要的一环

在中国抗战历史上，南京拥有重要的地位。侵华日军发起的攻击上海进而占领南京的一系列战争，不仅是全国抗日战争的开始，也标志着在中国军民的奋勇抵抗下，侵华日军"三个月内灭亡中国"的美梦被彻底粉碎，抗日战争转向持久战。侵华日军及日当局利用南京作为中国首都城市的地位与影响力，在南京相继扶植起三届伪政权，企图通过"以华制华"政策来控制中国人民，华东地区成为日伪高压控制的地区，同时也成为全国抗日地下斗争与敌后活动的中心区域。1945 年抗战胜利后，南京重新成为中国首都城市，并举行了盛大的受降仪式。

南京是中国抗日战争的全程参与者，既经历过抗战正面战场的战争，也承载着中国军民不屈不挠进行敌后抗战的历史，又是战争胜利结束的受降地，作为中国抗战历史的重要组成部分不可或缺。

　　2）具有中国抗战文化多元化的要素

　　在 20 世纪席卷全国的日本侵略与中国军民反侵略的战争中，中国涌现出一批抗战文化历史名城，如作为战时陪都的重庆，成功打击侵华日军嚣张气焰、扭转战局的台儿庄战役发生地台儿庄，中国抗日正面战场最后一役的发生地芷江等。这其中，南京是当之无愧的中国抗战文化历史名城之一。

　　在日本发动侵华战争初期，南京遭受了日军空军部队的无差别轰炸。随后在著名的南京保卫战中，南京成为战争的一线阵地，中国军人以强烈的爱国热情与无畏的牺牲精神，在失去制空权的情况下，以落后的军备武器抵抗日军的进犯。这场战争虽然因中国军队领导层的错误决定而迅速失败，但在各个阵地上仍然发生了可歌可泣的战斗，中国守军给予了日军一次又一次的沉重打击。除了战役失败的悲壮外，南京也拥有中国军民正面一线抵抗日军侵略的顽强抗争精神。

　　南京沦陷之后，侵华日军制造了震惊中外、惨绝人寰的南京大屠杀惨案。南京城内外有很多被屠杀的无辜百姓与已缴械投降的中国军人的丛葬地。侵华日军及日当局除在南京扶植起伪政权外，还将其灭绝人性的细菌部队安置在南京市中心的原中央医院内，以活人作为其细菌实验的对象。该细菌部队为其在江浙一带进行数次秘密细菌战的主力之一。

　　同样是在南京市中心区域，原城市的商贸区，日军及日当局将其划为日本人专属的"日人街"，将中国人驱逐出去。为满足侵华日军的兽欲，日人街中及日军驻军部队附近均开办有"慰安所"，无数中日韩妇女在其中遭到迫害。

　　沦陷期间的南京，成为华东日伪政权的权力中心，侵华日军及日当局在南京建造起日本神庙、"表忠碑"等殖民建筑。同样因为在日伪政权中的重要地位，南京成为中国抗日地下组织频繁活动、积极争取机会的地方。南京城外的郊县，则是中共抗日力量与日伪进行游击战的重要战场。

　　1945 年 9 月，取得全面抗日战争胜利的中国政府在南京正式受降，南京也成为华东地区遣返日俘的主要工作地点之一。

　　可见，南京抗战文化既见证了中国军民反抗侵略的英雄事迹，又包含了日本军队侵略罪行的罪证，是对当今日本右翼否认南京大屠杀、否认"慰安妇"、否认细菌战言论的有力驳斥及历史见证。

与众多名城相比，南京的经历所形成的城市抗战文化具有中国抗战文化多元化的特性。

3）成为世界警示性文化遗产的潜质

1976 年联合国教科文组织下辖世界遗产委员会成立并建立了《世界遗产名录》。名列《世界遗产名录》之内的遗产，必将成为世界级的名胜，可接受"世界遗产基金"提供的援助，还可由有关单位组织游客进行游览。由于被列入《世界遗产名录》的地方能够得到世界的关注与保护、提高知名度并能产生可观的经济效益和社会效应，各国都积极申报"世界遗产"。根据《保护世界文化和自然遗产公约》制定：凡提名列入《世界遗产名录》的文化遗产项目，必须符合下列一项或几项标准方可获得批准：

（1）代表一种独特的艺术成就，一种创造性的天才杰作；

（2）能在一定时期内或世界某一文化区域内，对建筑艺术、纪念物艺术、城镇规划或景观设计方面的发展产生过大影响；

（3）能为一种已消逝的文明或文化传统提供一种独特的至少是特殊的见证；

（4）可作为一种建筑或建筑群或景观的杰出范例，展示出人类历史上一个（或几个）重要阶段；

（5）可作为传统的人类居住地或使用地的杰出范例，代表一种（或几种）文化，尤其在不可逆转之变化的影响下变得易于损坏；

（6）与具特殊普遍意义的事件或现行传统或思想或信仰或文学艺术作品有直接或实质的联系。

1947 年 7 月，波兰奥斯威辛集中营旧址被辟为殉难者纪念馆，成为波兰国家博物馆。1979 年，奥斯威辛集中营被联合国教科文组织列入《世界遗产名录》，以警示世界"要和平，不要战争"。自此开始，世界文化遗产中，出现了"世界警示性文化遗产"的门类。

南京作为国民政府首都、日伪政权首都、侵华日军中国派遣军司令部所在地、日军荣字第一六四四部队生化武器研究所等重要机关所在地，抗日沦陷时期饱受侵华日军侵害，遗留了大量系统性的、遍布全市的、独特而珍贵的遗存与遗迹，不仅仅符合名列《世界遗产名录》的普遍条件，而且具有成为世界警示性文化遗产的潜质。

第三节　定量评估

定量评估建立在定性评估的基础上，是南京抗战建筑遗产价值评估数据化的体现。根据定性分析的结果，南京抗战建筑遗产价值可分为建筑本体、城市影响、历史地位三个层面。在这三个层面的基础上，通过对比世界范围内建筑遗产常用评估体系，可将南京抗战建筑遗产价值细化为历史、文化、艺术三个子项，将其蕴含的城市及社会价值分为环境、社会、使用三个子项，共六个子项指标对南京抗战建筑遗产进行量化评分和加权综合。

依据定量评估的结果，可为南京抗战建筑遗产的保护与再利用提供有参考价值的数据。

1. 定量评估价值指标体系建立

南京抗战建筑遗产的定量评估价值体系应建立在既有的历史建筑、文化遗产建筑定量评估体系之上。虽然对历史建筑的分类及评价标准在不同时代、不同地域是不尽相同的，但由于西方保护理论起步较早，对一些已经由实践证明确实可行的价值评估体系的借鉴，在建立南京抗战建筑遗产定量评估价值体系中是必不可少的。

奥地利艺术家李格尔在 1902 年发表的《文物的现代崇拜：其特点与起源》一文中将文物的价值概念归为两个大类，指出了文物价值的多样性，虽然仍有局限性，但对西方遗产价值认识产生了很大影响。李格尔所阐述的文物价值类型如表 6-1 所示。

表 6-1　李格尔提出的文物价值评价体系

文物价值一级分类	文物价值二级分类	价值内涵
纪念性的价值	年岁价值	文物本身的历史性 年代留下的自然痕迹
	历史价值	文物存在的时间段中与其有关联的人类活动所代表的发展变化，指本身详尽的历史史实
	纪念价值	针对如何将文物保存延续至后代的可持续性价值，追求不朽
当代价值	使用价值	实际功能的实现，使古迹保护功能、符合当代的需求
	艺术价值	传达美感的愉悦，是每个时代相对的、变化的艺术观念，需要保持外观形状与颜色的完整
	稀有价值	传达当代的"艺术精神"，而排斥岁月的痕迹。将古迹修复成崭新面貌

①费尔顿，陈志华.
洲关于文物建筑保
的观念 [J]. 世界建
1986(3):8—10.

在以上价值中，李格尔认为历史价值具有最优先性，而艺术价值次之，是因为相较于历史价值而言，文物的艺术价值具有主观性。而针对文物的保护，最主要的矛盾就是年代价值与使用价值之间的冲突。前者要求文物不被干预而保存自然状态以达到年代价值最大化，后者则更关注当代的利用或改变历史面貌以适应当代需求。这同样适应于现代社会中历史建筑保护与利用领域。

目前西方既有的在古建保护与修复领域中的价值系统，普遍确立于表 6-2 所示的六个分项分类中。

表 6-2　西方古建保护与修复领域中历史建筑价值评价体系

价值类型	价值内涵
历史价值	确定的历史真实性
城市规划价值	历史城市规划布局因素；建筑设计相关的历史城市规划因素
建筑美学价值	建筑美学形态的展示及确定
艺术情绪价值	艺术性；感染力
科学修复价值	对于修复学科有价值的历史累积的修复方法与建议
功能价值	现代功能的引入

表 6-2 内所示所有价值组成了具体、确定的价值体系，成为一种较为普遍被使用的历史建筑价值评估的依据。但同时，各项价值指标仍会随着建筑所存在的时间的推移而发生改变。在这套普遍价值体系的基础上，曾担任英国 ICOMOS 主席、罗马 ICCROM 总主任、联合国教科文组织（UNESCO）文物保护顾问，并参与编写《世界文化遗产地管理指南》的英国学者费尔顿（B. M. Feilden）提出，历史建筑价值体系可概括为三个方面①组成：

（1）情感价值。这其中包括该处历史建筑是否带来新奇感、认同感；是否拥有历史延续感；是否具有象征性；是否为宗教崇拜的场所。

（2）文化价值。这其中包括该处历史建筑是否在文献中被记载；是否承载着某段历史；是否给人带来审美情趣；是否在建筑学领域拥有价值；是否在人类社会发展的特定时期中拥有价值；是否对城市、乡村景观与生态环境存在影响；是否代表着某一特定时期的技术和科学成就。

（3）使用价值。这其中包括该处建筑是否拥有固有功能；是否存在可开发、利用性；是否包含教育价值；是否在政治和民族层面具有作用。

①О.И.普鲁金.建筑与历史环境[M].韩林飞,译.北京:社会科学文献出版社,2011:42—65.

在费尔顿所归纳的体系中，历史建筑的价值由人对建筑的情感价值、建筑的自身价值与历史建筑可带来的社会效益三大部分组成。除了传统的情感与文化价值外，历史建筑的使用价值所含范围更为广泛，不仅包括历史建筑的开发利用所带来的经济价值，还涵盖了社会的、教育的及政治与民族的价值，是对历史建筑未来的展望及在现代社会中存在并发挥价值的探讨。

曾任联合国教科文组织古建保护协会俄罗斯分会副主席、俄罗斯修复科学院院长、苏联古建筑保护协会主席的О.И.普鲁金在他的著作《建筑与历史环境》中，进一步丰富了既有历史建筑价值体系分类中各项的内涵，并提升了历史建筑的城市价值的地位，重视历史建筑对于城市区域及城市环境的价值与影响，拓展了历史建筑保护与修复利用的空间维度①。同时，О.И.普鲁金亦对历史建筑的未来发展与价值开发作出探讨，认为历史建筑的价值应根据对其需求的转换而发生相应的变化。如表6-3所示。

表6-3　О.И.普鲁金提出的历史建筑价值评价体系

价值类型	价值内涵
历史价值	①与重大历史事件的联系；②历史记录的可靠性与正确性；③建筑所在地与重大历史事件的联系；④建筑与附属物所组成的拥有历史价值的小环境；⑤建筑元素、建筑风格的历史意义；⑥建筑群所组成的特定历史环境
城市规划价值	①城市规划体系的历史价值；②在历史城市中建筑与相关空间构成的规模及所占比例；③历史建筑的构图、艺术色彩等在历史环境保护中的意义；④不同时期、不同风格建筑相组合所形成的城市全景轮廓
建筑美学价值	①建筑时期；②所属的确定的建筑时代及建筑风格；③在本国或世界建筑史中的地位及意义；④建造技术上的特色；⑤建筑艺术元素方面的特色
艺术情感价值	①对人情绪的影响；②艺术雕塑装饰手法运用所形成的艺术美学效果；③建筑色彩对人心理感受的影响；④建筑形体的造型艺术
科学修复价值	①历代加建的建筑形态系统；②古迹最初形态的改变；③不同时期对古建筑所进行的修复；④修复所产生的意义、价值及产生的负面反作用
功能价值	①建筑原始功能所含意义；②引入现代新功能的可能性；③选择适合古建筑的新功能；④古建筑作为功能外壳与新引入功能之间的相互影响；⑤建筑自身作为历史物质承载的价值；⑥为保证使用的舒适性所加入的现代化系统

历史建筑的保护理论自诞生于欧洲起至不断在实践中丰富并传播至世界范围，其理论研究与实践探索不断深入，保护对象从一开始的仅限于拥有历史和艺术价值的老建筑向更为多元化、综合化的范围拓展，但自始至终确立历史建筑的价值都作为衡量其质量与等级的主要标准。

1979年8月19日在澳大利亚诞生的《巴拉宪章》，对文化遗产地的保护和管理提供了指导意见，将文化遗产的概念与保护措施进一步拓展到了"具有文化意义的地方"，不再局限于单体建筑、建筑群，而是某一对过去、现在或将来若干代人有美学、历史、科学或社会价值的历史空间。《巴拉宪章》主张采取谨慎的态度改造利用这些"具有文化意义的地方"，即尽最大必要看护好这些地方，使其可加以利用，但这种改变又要尽可能少，以求保留其文化意义①。在现代社会的发展中，原始的静态模式不再适用，《巴拉宪章》提出的保护性改造利用的动态保护措施，对现代社会中的历史建筑及空间的保护具有重要意义，将成为当代保护文化遗产的主要前进方向。

国内相关领域研究的学者主要有王世仁、阮仪三、朱光亚等。国内外学者各自提出既相似又有区别的价值体系，如表 6-4 所示。

① О. И. 普鲁金. 建筑与历史环境 [M]. 韩林飞，译. 北京：社会科学文献出版社，2011:3.

表 6-4　主要文献研究价值类型／体系一览表

文献／人物	价值体系
李格尔	历史价值、年岁价值、使用价值、艺术价值、纪念价值、稀有价值
《威尼斯宪章》	文化价值、历史价值、艺术价值
《世界遗产公约》	历史价值、艺术价值、科学价值、考古价值、审美价值
《欧洲建筑遗产宪章》	精神价值、社会价值、文化价值、经济价值
《世界文化遗产公约实施指南》	情感价值、文化价值、使用价值
费尔顿	建筑价值、美学价值、历史价值、记录价值、考古价值、经济价值、社会价值、政治和精神或象征价值
莱普	科学价值、美学价值、经济价值、象征价值
普鲁金	历史价值、城市规划价值、建筑美学价值、艺术情绪价值、科学修复价值、功能价值
弗雷	货币价值、选择价值、存在价值、遗赠价值、声望价值、教育价值
《巴拉宪章》	美学价值、历史价值、科学价值、社会价值
《西安宣言》	正式提出环境价值
王世仁	街区肌理、历史遗存、风貌基调、文化内涵
阮仪三	美学价值、精神价值、社会价值、历史价值、象征价值、真实价值
朱光亚	历史价值、科学价值、艺术价值、环境价值
朱向东	社会历史、文化艺术、技术工艺、地域环境、变化动态
《中国文物保护法》	历史价值、艺术价值、科学价值

综上可知，从不同角度及偏重领域出发对历史性建筑的价值体系构建内容各有差异，总的来说最基本的价值内含包括历史价值、艺术价值、科学价值与社会文化价值四大类。这其中科学价值是指事物所具有揭示其客观发展规律及探寻客观真理的用途，是根据其事件经验

①朱向东,薛磊,历史建筑遗产保护中的科学价值评定初探[J].山西建筑,2007,33(35):1-2.
②薛林平.建筑遗产保护概论[M].中国建筑工业出版社,2013:12.

和科学原理发展而成的可用于知道人们改造世界的各种技能与方法所具有的积极作用①。

总体来说,遗产价值的评价是一项复杂的工作,同时或多或少具有一些主观性。不同国籍、民族、宗教的人往往对建筑遗产产生不同的评价。不同的建筑遗产,其价值体系组成、各项价值所占比例均有不同。对于南京抗战建筑遗产的价值评价,须参考国际、国内既有的建筑遗产价值评价体系,结合抗战时期南京历史的特殊性进行研究。由于南京抗战建筑遗产所指向的历史时间段仅为数十年,在这段不长的时间中,南京抗战建筑遗产的主要价值指向为历史价值与社会文化价值,其所含的艺术价值主要指向南京民国建筑的艺术价值,并不能作为南京抗战建筑遗产的主导价值。同时,科学价值在南京抗战建筑遗产中虽不能作为主导价值,但此价值对于因战争而产生的新类型建筑,即军事建筑与侵华日军殖民建筑来说,又具有重要价值地位,所以在对南京抗战建筑遗产进行科学价值的定量评估时,应有所侧重。

而随着社会的进步与城市的发展,在商业化思维与市场经济影响下历史建筑的经济价值逐渐凸显出来,对历史建筑经济价值的研究也渐渐成为历史建筑保护与利用的内容之一,能否产生社会经济效益与历史建筑保护与再利用活动挂钩。从近年的研究发展来看,学界越来越倾向于将建筑遗产的价值分为文化价值与经济价值两大类,同时仍以文化价值作为历史建筑价值的核心和基础②,而文化价值在一定条件下可以转化为经济价值,其关系如图6-1所示。

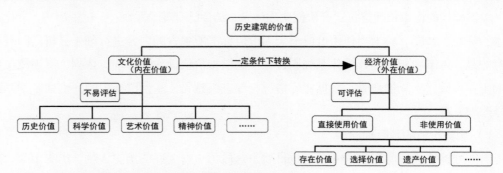

图6-1　近年一般对历史建筑价值构成的解析示意表
图片来源：李浈等《历史建筑价值认识的发展及其保护的经济学因素》,《同济大学学报（社会版）》,2009(5):47

由于历史性建筑是一种稀缺资源,其价值与资源价值类似,可以分为使用价值与非使用价值两个方面。其中使用价值是指历史建筑在再利用过程中为人们提供居住、社会文化教育、休闲娱乐及科学研究等功能时产生的经济效益。其非使用价值指的是历史建筑客观具有的可持续发展价值。对于南京抗战建筑遗产来说，经济价值是考察其综合价值在市场经济中的价值体现的重要指标，而使用价值则是推动南京抗战建筑遗产保护性再利用的重要评判标准。

本书的研究是基于已有历史建筑评价系统的价值构成，结合南京抗战建筑遗产的综合性与多元化的价值取向和保存现状，注重在现代社会中南京抗战建筑遗产与所在社区、与城市空间之间的相互关系，以及在现代化城市中保存并保持历史建筑活力所必需的更新改造的可行性，确定南京抗战建筑遗产的价值构成，即由历史、文化、艺术、环境、社会、使用价值六项构成。根据我国文物保护方法、UNESCO评选世界文化遗产的标准，国际古迹遗址理事会（ICOMOS）发布的《世界文化遗产影响评估指南》中提供的价值指南，可再对这六项价值构成进行细分，从而构成较为完整的南京抗战建筑遗产的价值体系。

通过价值体系的建立，能够实现对南京抗战建筑遗产的定量评估，可进一步明确其对所处社区及南京城市空间环境的可持续发展及社会文化与经济繁荣的重要潜力价值，揭示其作为不可再生资源在南京城市与社会中的重要地位。

2. 价值定量评估的标准

根据构建的南京抗战建筑遗产价值构成体系，结合已有理论系统，尝试就历史、文化、艺术、环境、社会、科学与使用价值七大项价值标准所包含的内容进行细化分析。同时应注意的是，本节中制定的评价体系细则，旨在为模拟价值操作提供理论依据，展现模拟操作的工作步骤。实际操作时须根据实际情况与专家组意见，基于已提出的评价体系细则进行修改与完善。

1）历史价值的判断标准

当一处建筑或场所影响了一个与抗日战争这段历史有关联的历史人物、历史事件、历史阶段或历史活动，抑或是被它们所影响，则认为这处建筑或场所具有历史价值。此外，当一处建筑或场所作为与抗日战争历史有关联的重大事件的发生地，也可认定其具有历史价值。

然而也有一些区域环境已经遭遇重大改变，建筑群已被打散，单体建筑已改建、加建，原始风貌被破坏，因其址所发生的历史事件与民族情感联系非常重要，而仍保持其历史价值，例如：南京大屠杀遇难同胞丛葬地。除此之外，作为民族的情感联系与历史的物质证据，当环境完整、建筑群与单体建筑保持了原始风貌时，其历史价值及社会意义会比改变过大或比历史物质承载不存的情况等级要高。

细分南京抗战建筑遗产历史价值判断的标准，可再分为以下四项：

（1）历史年代：指南京抗战建筑遗产的建造年代。南京抗战建筑遗产绝大多数建造于抗日战争爆发之前的城市建设中，经历了战争的破坏之后于沦陷时期被日伪政府、侵华日军霸占使用；沦陷期间南京城市建设陷于停滞，少有新兴高质量的建筑建成。在抗战胜利之后，南京的城市建设才再次恢复生机。所以，南京抗战建筑遗产具有显著的时间分布特征，一般来说建成时间处于 1937 年至 1945 年间，拥有典型的日伪殖民主义特性，且数量上较为稀少。

（2）历史背景：为南京抗战建筑遗产建造的背景，可以概括为以下几类。第一类包含国家政策、国家军事行为和政权更替等内容；第二类包含城市建设、地方文化及历史背景下的个人行为等内容；第三类包含侵华日军统治下的殖民政策及文化等内容。以上三类建造背景都在抗日战争这段历史时期内，其重要性不分伯仲，与相关历史时期的历史事件有直接的因果关系。

（3）历史事件：以南京抗战建筑遗产为舞台所发生的对历史进程拥有重要意义的历史事件。相关历史建筑便成为这些重要历史事件的见证者。

（4）历史人物：与南京抗战建筑遗产相关的著名政治家、实业家、军人、建筑师、国际友人等。

2）文化价值的判断标准

南京抗战建筑遗产是南京抗战文化的物质载体。作为一座抗战历史名城，抗战文化融在南京市民生活之中，是埋藏在南京市民血肉中的情感与记忆。当这些情感与记忆被历史的物质承载激活时，南京市民的城市认同感将得到提升，城市文化将得到升华。

因此，南京抗战建筑遗产的文化价值，可细分为以下三项指标：

（1）文化代表性：指南京抗战文化遗产在中国抗战文化圈内的代表性。

（2）文化认同感：指人们在造访南京抗战建筑遗产时可能被激起的对抗战历史与文化进行追忆与探寻的过程。对于不同人群，文化认同感的指向均有不同。但不论是激起老一辈人对抗战文化历史的追忆还是引起青少年人对抗战历史的探索，抑或是激发艺术家的创作灵感，均可认为是某一处抗战建筑遗产具备文化认同感的体现。

（3）教育价值：是大众对南京抗战建筑遗产认知价值的体现。南京抗战建筑遗产是中国抗战历史的见证，它由一个多元的历史系统组成，其中包含政治的、民俗的、艺术的、技术的历史，并为将来相关知识的研究、探索提供雄厚的基础。除面向专业人士的研究教育价值之外，南京抗战建筑遗产还具有面向一般性公民进行历史与爱国主义教育的价值。其将抗战历史记忆呈现于公民眼前，而民族荣誉感和自豪感将激活这部分深植于民众脑海中的记忆，使之成为人民共同情感的一部分，变为一种活的记忆。

3）艺术价值的判断标准

在世界遗产建筑保护理论形成初期，由于世界各地社会大众受教育程度极低，因而遗产建筑的艺术价值并未受到重视。随着时间的推移，艺术及美学的概念在人类社会的进步发展中逐渐渗透进了普通市民的文化生活中。

在南京抗战建筑遗产建成时，其建筑立面造型、装饰风格等与某一建筑流派相吻合，抑或是开创了某一建筑流派的先河，能够反映出地域或时代的特征，同时拥有视觉的美感，则可以判断其拥有艺术价值。在当今中国社会文化大发展大繁荣的时代，抗战建筑遗产的艺术价值将在其综合价值中占有重要的席位。同时，在进行抗战建筑遗产保护实践的过程中须具备一种历史参照，赋予特定时间段以特别的价值，将艺术放入历史之中，否则将失去意义。

南京抗战建筑遗产的艺术价值可细分为以下三项指标：

（1）建筑形式：指南京抗战建筑遗产的立面造型、装饰风格与设计水平。除其建筑造型反映某一时期的建筑风格或开创某一建筑风格或为多种建筑流派综合的折中风格外，其在城市规划中所占的地位，建筑群体的布局，单体建筑的平面布局、装修风格、房屋结构及建材选择，如具有时代的典型特征，则认为其拥有相应的价值。地域性的或是某一历史时期的稀有程度、品质或典型性，以及其可能展现出的更深层次的、实质性的技术信息丰富程度将是判断其建筑艺术价值的重要标准。

（2）建筑设计师：指设计某处遗址建筑的建筑师为具有一定影响力且在中国建筑史中富有代表性。

（3）建筑现状：指南京抗战建筑遗产至今是否仍被使用。历史建筑经历使用不可避免地会维修或是改建、加建。美国《内务部历史遗产处理标准》[①]中明确了历史建筑保护的

① Robert A Young 历史建筑保护技术[M]. 任国亮，译. 北京：电子工业出版社，2012：附录 A,407，418.

四种处理方法，即保护（Protection）、翻新（Renovation）、修复（Restoration）及重建（Reconstruction）。这其中，"保护"措施是指采取必要措施来维持某历史建筑物现存形式、完整性和材料的行为，侧重于保存现有建筑物信息，成为未来技术更为成熟后修缮的基础，并通过保护措施能使仍在使用或将被重新使用的历史建筑功能发挥正常。"翻新"措施是指以维修、改造及通过论证的增建来最大程度兼容地使用历史建筑，侧重于实现历史建筑的使用价值。但同时，对历史建筑中具有历史、文化和建筑自身价值的部分、建筑构件及室内陈设风格等应予以保存。"修复"措施是指移除历史建筑中影响其原始风貌以及其他年代增加的没有价值的部分，重建历史建筑原始风貌中缺失的部分，以准确描绘并重现历史建筑在其特定历史时代下所形成的形式、装饰风格等原始信息为目的。而为保证建筑在现代社会中的正常使用所做的升级再造则应控制在最低限上。"重建"措施是通过施工对已经遭到损毁的场所、景观、建筑物、构筑物等进行新建设来恢复某一特定历史时期的风貌与历史位置信息。某一现存历史建筑是否已经经历过保护、翻新、修复或重建，其目前所呈现出的状态与其在特定历史时期时所保有的原始风貌相较，是否仍具有其独特的历史信息，仍呈现着其特定时代下的独特建筑美学等，将直接左右着这处历史建筑的艺术价值。

　　4）环境价值的判断标准

　　当南京抗战建筑遗产在某一地区环境中作为标志性地域特征出现，从而对该区域空间布局造成影响，或与周边建筑、附属设施及环境形成整体，体现特定时期的特定环境氛围，进而对城市空间产生影响时，即拥有环境价值。

　　南京抗战建筑遗产的环境价值可细分为以下两项指标：

　　（1）建筑环境：建筑或建筑群用地范围内的景观环境。其中包括自然景观、人文景观及各类设施等。

　　（2）区域环境：建筑单体或建筑群通过建筑自身或建筑环境作用于周边区域，提升社区文化实力，增加区域风貌及城市布局的价值。

　　5）社会价值的判断标准

　　即南京抗战建筑遗产成为精神、政治、国家与民族文化情感焦点的能力。其可细分为以下四项指标：

　　（1）社会影响：南京抗战建筑遗产对提升区域经济实力、增加城市知名度、激发公众爱国意识、丰富社会文化内涵等方面的作用和有效性。

（2）民众参与性：南京抗战建筑遗产与公众之间所建立直接或间接关系的现状与可能性。

（3）城市价值：指在现代化城市和文化大繁荣的社会中，作为不可再生资源的南京抗战建筑遗产的开发与再利用可带来的积极作用。重新向公众开放的历史建筑、以历史建筑为基础而新建的社区文化空间等，都将丰富现代城市空间类型，提升社区及城市的文化品位。

（4）已有保护级别：指南京抗战建筑遗产是否已经具有国家或地方政府所颁布的保护级别，这将直接影响到其社会价值等级及开发、利用所应采取的手段措施。

6）科学价值的判断标准

澳大利亚《巴拉宪章》中提及的文物古迹的科学价值是指："一个遗产地的科学价值或研究价值端赖于其相关资料的重要性、稀有程度、品质或代表性，以及该地能有助于提供更多翔实信息的程度。"

根据《中华人民共和国文物保护法》，文物价值评定的主要依据是历史、艺术和科学价值。这其中，文物古迹的科学价值是指文物古迹作为人类的创造性和科学技术成果本身或创造过程的实物见证的价值。对于历史建筑来说，如果该建筑遗产在规划、设计、营造等方面展示了特定历史时期的科学技术水平，在自然科学、工程技术科学、工艺技术等方面，从不同侧面、角度和层次反映了某个历史时期的科学发展水平，则可以认定历史建筑具有科学价值。

南京抗战建筑遗产产生于中国抗日战争历史时期中。作为南京抗战建筑遗产最主要组成部分的南京民国建筑，其科学价值主要指向其作为民国时期民族建筑的科学价值范畴。同时应注意到的是，因为战争而产生的南京抗战军事建筑及日伪殖民建筑，其具有的科学价值则指向抗战建筑遗产价值的范畴。

所以，南京抗战建筑遗产科学价值判断的指标应有所侧重，须根据建筑类型的不同与建造的目的和技术手段的差异来评定其所具有的属于南京抗战建筑遗产的科学价值。

7）使用价值的判断标准

对抗战建筑遗产进行价值评估的最终目的便是对这些历史建筑进行保护，并能够顺应时代发展与社会需求，在保护的基础上对其进行开发与再利用。其开发措施均应以保护及修复历史建筑为前提。从保护、修复到再利用，将涉及历史建筑相关区域景观的重现、气氛渲染、历史建筑的现代化、经济价值的开发等措施。在现代社会中，抗战建筑遗产使用价值的开发呈现出多种形式，各形式之间并没有明确的界限，且经常互相关联以实现使用价值的最大化。这其中，历史建筑的现状及其所处区位等现实物质、空间基础将对其使用价值产生重要影响。

因此南京抗战建筑遗产的使用价值判断可细分为以下四项指标：

（1）建筑现状：包括建筑外观、结构、装饰、环境等多方面现状条件。无论是否尚在使用，那些维护得当、结构安全、仍保有原始建筑风貌、建筑内部装饰风格未变、小环境未有重大变更的抗战建筑遗产都应得到较高的评价。

（2）周边配套：指在南京抗战建筑遗产可能的开发与再利用中城市配套设施可给予的支持，其中包括公共交通的通达性、社会停车场的设置等。

（3）可适应性：指在建筑加入新功能，或对建筑进行功能置换时的适应性和灵活性。这一价值取决于建筑所处区位及其自身平面设置、结构造型等。

（4）经济价值：指对抗战建筑遗产进行开发利用后可能产生的社区或城市范围内的附加经济价值。

3. 价值定量评估的操作

（1）操作方法

明确南京抗战文化遗产各价值评估判断标准的指标之后，根据调研目的，对各个评价指标的定性评价结果进行定量评分，且须确定各项指标的轻重关系，即权重关系。最后综合各项指标加权评分，得到某一处抗战文化遗产的定量评估分数。

确定各项评价指标的权重关系，可借鉴系统工程学领域中，20世纪50年代美国兰德公司制定的德尔菲法。即选定一定数量的有关专家（10～50人为宜），请他们拟定各项价值评价的重要程度，以百分比计，各项百分比相加总和为100%。收集专家意见后，进行归纳并向专家进行反馈。每个专家可以根据反馈结果对自己所评定的权重关系进行修改。得到二次结论后，继续总结、反馈与修改。如此反复之后，确定各项评价标准的权重关系。[①]

明确权重关系后，根据评价判断指标对评估对象各项价值进行具体价值评分。每一个子项分值在0～10之间，10分为最高值，0分为最低值，按100%、80%、60%、40%、20%、0的递减方式，将评分标准分为6档。子项得分平均后乘以权重比例，即得到该大项

方道．我国非文物
筑遗产的评估[D]
京：东南大学，
98．

的加权评分。各大项加权评分相加后得出评估对象的量化评分结果，结果分值亦在 0 ~ 10 之间，10 分为最高值，0 分为最低值。

（2）以紫金山民国碉堡群遗址为例，如表 6-5 所示。

表 6-5　抗战建筑遗产价值评估表——紫金山民国碉堡群遗址

一级指标	二级指标	定性评价	定量评分分值选择		权重	加权评分
历史价值	历史年代	1936 年完工，在 1937 年 12 月的南京保卫战中起到一定作用并遭到了破坏	10	√	15%	1.5
			8			
			6			
			4			
			2			
			0			
	历史背景	第一次淞沪战争之后，国民政府德国顾问法肯森于 1934 年 9 月提出在南京构筑野战防御工事，蒋介石下令"在《首都防御草案》范围内拟订一项修建永久工事的计划，用混凝土构筑一批机枪掩体和观测所"。1936 年完工的紫金山碉堡群便是其中一员	10	√		
			8			
			6			
			4			
			2			
			0			
	历史事件	1937 年 12 月南京保卫战中，负责守卫紫金山阵地的中国守军教导总队桂永清部依托紫金山碉堡、工事群，在南京城于 13 日凌晨南京已经沦陷的情况下，坚守奋战至 13 日日暮	10	√		
			8			
			6			
			4			
			2			
			0			
	历史人物	蒋介石，教导总队桂永清部	10	√		
			8			
			6			
			4			
			2			
			0			

（续表）

一级指标	二级指标	定性评价	定量评分分值选择		权重	加权评分
文化价值	文化代表性	中国官兵抵抗日本侵略部队、守卫中国首都城市的战斗前线	10	√	15%	1.5
			8			
			6			
			4			
			2			
			0			
	文化认同感	代表着抗日战争时期的战争前线	10	√		
			8			
			6			
			4			
			2			
			0			
	教育价值	中国官兵抵抗日本侵略的第一线，切身体会战争悲壮的地点	10	√		
			8			
			6			
			4			
			2			
			0			
艺术价值	建筑形式	在德国专家指导下建造的混凝土军事工事，具有德国小型碉堡的普遍建造风格	10		15%	1.05
			8	√		
			6			
			4			
			2			
			0			
	建筑设计师	在德国军事顾问下指导完成	10			
			8			
			6	√		
			4			
			2			
			0			

（续表）

一级指标	二级指标	定性评价	定量评分分值选择		权重	加权评分
环境价值	建筑环境	分散布局于紫金山风景区内，大部分处于孤立的野外环境中	10		15%	0.9
			8			
			6			
			4	√		
			2			
			0			
	区域环境	紫金山风景区位于南京东郊，各个主要景点之间交通联系便捷	10			
			8	√		
			6			
			4			
			2			
			0			
社会价值	社会影响	南京保卫战在国内外具有一定知名度，但社会上对紫金山碉堡群的普遍认知度不高	10		15%	1.05
			8			
			6	√		
			4			
			2			
			0			
	民众参与性	常年登山的市民对紫金山碉堡群各片区位置较为熟悉，但对其余民众来说只会在游玩过程中偶遇	10			
			8			
			6	√		
			4			
			2			
			0			

（续表）

一级指标	二级指标	定性评价	定量评分分值选择		权重	加权评分
社会价值	城市价值	位于紫金山风景区内，拥有近60座碉堡建筑遗址，是国内现存最大规模民国军事建筑群，为一项重要的旅游资源	10	√	15%	1.05
			8			
			6			
			4			
			2			
			0			
	已有保护级别	无	10			
			8			
			6			
			4			
			2	√		
			0			
科学价值	建造目的与建造技术	为应对抗日战争而建造，且具有较高的建造水平	10	√	5%	0.5
			8			
			6			
			4			
			2			
			0			
使用价值	建筑现状	缺少有力保护与监管，常年处于自生自灭的状态	10		20%	1.6
			8			
			6			
			4	√		
			2			
			0			

（续表）

一级指标	二级指标	定性评价	定量评分分值选择		权重	加权评分
使用价值	周边配套	碉堡群中部分碉堡位于景区主要登山步道周边，略加改造后交通可达	10			
			8	√		
			6			
			4			
			2			
			0			
	适应性	具有军事防御型建筑的特性，机构稳固，可进行特性改造	10	√	20%	1.6
			8			
			6			
			4			
			2			
			0			
	经济价值	具有成为带有历史特征的重要旅游景点的价值	10	√		
			8			
			6			
			4			
			2			
			0			
综合得分		8.1				

在对定性评价进行定量赋值评估后，可得出紫金山民国碉堡群遗址在抗战建筑遗产的保护与再利用的价值评估中得分为 8.1 分，是一处具有价值且具有南京抗战建筑遗产价值和有较大开发利用价值的抗战建筑遗产遗址群。

第四节　小结

南京抗战建筑遗产蕴含着重要的历史及现实价值，在南京城市的发展中已经出现了对南京抗战建筑遗产中包含单元的再利用需求。因此，应对南京抗战建筑遗产进行完备的价值评估，从历史、文化、艺术、环境、社会、科学、使用价值等方面出发，建立价值评价系统，初步拟定南京抗战建筑遗产价值评价步骤，对南京抗战建筑遗产的研究、保护、开发与再利用提供方向、依据与支持。

可以肯定的是，南京抗战建筑遗产研究将会在南京城市发展中起重要的文化支撑作用。

第七章

南京抗战建筑遗产保护
与利用探索

时值 2020 年，南京抗战遗产的概念还没有广为人知，人们对南京抗战建筑遗迹的认知也很不全面，在对部分类别，如南京日军"慰安所"旧址、民国碉堡群等的理解上还存在偏见与谬误。国家文化部公布"十三五"时期文化发展改革规划，其中的"文物保护工程"中提出了"革命文物保护利用工程"，"文物合理利用工程"中又提出了"国家记忆工程"的概念。目前，国家迈入"十四五"时期，对文物事业的发展提出了对接区域协调发展、乡村振兴与新兴城镇化建设、文物与科研教育行业融合、释放文物行业发展活力等要求。南京抗战建筑遗产保护与利用应结合既有的革命文物保护工程与国家记忆工程内容进入公共视野，从基本目标出发，遵循相关原则，城市带动乡村，全面推进南京抗战建筑遗产体系形成。

中国抗日战争是世界反法西斯战争的重要组成部分，抗战文化亦为世界反法西斯文化拼图中的重点板块。第二次世界大战给世界人民带来了巨大的灾难，也遗留下了众多遗址遗迹。中国抗战遗址遗迹是世界范围内众多二战遗址遗迹中的成员，可见南京抗战建筑遗产的保护与开发利用不应孤立进行，而应该是世界二战文化遗产保护与开发利用的一部分。

正如参加过莫斯科保卫战的俄罗斯老兵马克·伊万尼欣说的那样："庆贺胜利和祭奠亡者是为了不再出现新的战争。但若有人还要挑起战争制造流血，我们将勇敢面对并坚决制止！"出于警示世人、要求和平的目的，目前世界各国对于保护二战遗址均已作出不少努力，有些国家更是在战争遗址遗迹的保护与开发利用上取得了较好的成果，拥有不少成功的经验。学习与借鉴国际战争遗址保护的成功经验，对于更有效地保护与开发、利用南京抗战建筑遗产具有现实意义。

第一节　世界二战文化遗产建筑保护性利用案例考察

第二次世界大战所产生的战争文化与相应的战争文化遗产是世界各类文化遗产的重要组成部分，是人类历史上关于这次世界大战中各种人物与事件的载体。在第二次世界大战这场人类的浩劫中，参战各国境内都或多或少留下了战争的印记，西方各国对于二战文化遗产的保护与利用也是随着时间推移而循序渐进地发展的。在战后的恢复与重建期间，由于政治、经济等因素的制约，亦遗留下了不少的问题。例如德国统一之前，东德政府虽然在战后也曾积极展开文化遗产的保护项目，但一些战争造成的历史建筑废墟并没得到处理，如萨克森州首府德累斯顿的圣母教堂；而一些存在着政治争议的二战历史建筑，如柏林纳粹时期的建筑，基本被东德政府全部拆除，这显而易见地给德国二战文化遗产保护造成了遗憾。但同时，由于西方国家对二战文化遗产的保护工作起步较早，进行了大量的实践活动，在文化遗产保护的基本理念方面仍具有相当的先进性，保护法律法规与相关体制也比较完善，拥有了不少成功的案例，值得学习与借鉴。

1. 德国二战建筑遗产保护与利用

纳粹德国是第二次世界大战发动国之一。1939年9月，纳粹德国对波兰不宣而战，挑起了第二次世界大战。1940年9月，德国、意大利、日本签订《德意日三国同盟条约》，结成了侵略性法西斯军事同盟。在全世界人民反法西斯的斗争之下，1945年5月8日，纳粹德国向盟军正式宣布无条件投降，从此这一天成为二战欧洲战场的胜利纪念日。在七十多年后的今天，德国境内一些二战遗址遗迹仍被保留下来，并得到了政府及民间的保护与开发利用，向世人展示着二战那段历史，并警示、告诫世人永远反对战争，不要玩火自焚。

德国二战建筑遗产的保护与利用方式主要有以下三种：

1）利用历史重要事件发生原址改建为纪念设施

此种方式为最为普遍的建筑遗产保护性利用方式。以德国首都柏林为例，柏林二战时期亦是纳粹德国的首都，市内遗留着众多二战时期的战争遗址遗迹与揭露纳粹德国种族主义罪行的遗迹。在现代城市发展与建设的过程中，众多因二战而被毁坏进而成为废墟的历史建筑并没有被拆除，而是进行改造后成为相关历史事件的纪念设施，面向市民与游客进行展示。

　　与众多欧洲城市一样，德国的老城区也是以高耸入
天际的教堂及环绕教堂的广场为中心展开的。而教堂
这样明显的城市地标也自然而然地成了现代战争空袭
中的重要城市指示目标。1940 年 5 月 15 日至 1945 年 4
月 16 日，在长达五年的时间内，以英、美为首的盟军
对德国本土及其占领区实施战略轰炸。这也是世界军事
史上迄今规模最大、时间最长的空中进攻作战。

　　1945 年投降时的德国，很难想象它当时的首都
柏林千疮百孔、满目疮痍的状态。位于老城市中心，
建成于 1895 年，毁于 1943 年 11 月 23 日盟军空袭的
新浪漫主义风格的威廉皇帝纪念教堂（Kaiser Wilhelm
Gedächtniskirche），其 71 米高的残缺主塔，在战后的城

图 7-1　威廉皇帝纪念教堂
图片来源：笔者自摄

市恢复、重建中，作为警醒世人的象征被保留了下来。现在这座残缺的建筑也因为其残损的
形象被人称为"空心牙齿"（图 7-1）。

　　1956 年至 1961 年之间，由德国 20 世纪下半叶最著名的建筑师之一——Egon Eiermann
设计，并完成了威廉皇帝纪念教堂现代部分建筑的建造。在旧教堂主塔西边新建成一座八
角形的教堂中殿，东侧建成一座六角形新塔。新建部分建筑以蜂窝形状的水泥元素为主体，
蜂窝结构之间镶嵌着蓝色的玻璃方块。在新建成的教堂中，七面玻璃幕墙折射着强烈而沉
静的蓝色光线，营造出冥想的宁静气氛（图 7-2），与紧邻着的旧教堂狰狞的残骸形象形

图 7-2　威廉皇帝纪念教堂现代部分建筑内景
图片来源：笔者自摄

成强烈的对比，不断提醒着人们战争的恐怖与破坏性。

2）选择合适地点新建纪念设施

为了纪念某一地域、国家范围内的重大历史事件与重要历史人物，或纪念历史发生点已经消失的重要历史事件，在具有特殊政治、经济或文化的地点选址建设相关事件与人物的纪念设施，往往是纪念这类历史事件与人物的主要途径。

同样以德国首都柏林为例。柏林作为德国的首都城市，在市内拥有德国最高政府机关办公机构，与众多国家驻德国大使馆。2005 年，在柏林勃兰登堡门南侧、波茨坦广场北侧，邻近德国议会大厦等国家政治中心的一块空地上，建成了由著名建筑师彼得·艾森曼（Peter Eisenman）设计的欧洲被害犹太人纪念碑，又称"浩劫纪念碑"。该纪念碑地上部分由 2 711 块混凝土板，在一个斜坡上以网格图形排列而成，占地 19 000 平方米。每块混凝土板长 2.38 米，宽 0.95 米，高度从 0.2 米到 4.8 米不等。水泥板碑群以自身高度的不同加以地形的变化，形成了如同暴雨即将来临前起伏的海面般的效果，看似平静却暗藏怒涛（图 7-3）。混凝土板之间留有不足 1 米宽的通道供人穿行，地面同样如波浪般高低起伏。穿行于混凝土碑之间，不论是仰望还是

图 7-3　柏林浩劫纪念碑
图片来源：笔者自摄

环顾四周，人们能感受到某种压抑的被冰冷水泥石块所挤压而形成的窘迫感。

纪念设施除了包含地面上的混凝土板群外，还设有在地下的纳粹屠杀欧洲犹太人受难者的历史纪念馆，分 4 个展区展示欧洲犹太人当年惨遭纳粹德国迫害和屠杀的历史资料，入口在整个地块的最东南侧。纪念馆内，仿佛地面上的混凝土板扎根入馆，历史资料展示在悬空的、与地面混凝土板长宽一致的展板之上。地上抽象的碑林与地下翔实的史实在这里有机地结合在一起。

纪念碑地址的选择也颇具深意。这一地区在第二次世界大战期间，曾是纳粹德国的权力中心，也是当今联邦德国的政治与行政中心，与德国联邦议会和总理府等国家机关仅咫尺之遥，并紧邻使馆区。在这样一个联结历史城区、议会和政府机构的地方，建立公众设施，

揭露德国过去最不堪与晦暗的历史，纪念在纳粹德国时期被屠杀、迫害的人们，不仅需要国家和人民具有非同寻常的道德勇气，同时也体现了全德国不一般的反省与自觉诚意。这是德国人用自己的实际行动反省和承担历史责任的表现，在二战战败国中也是独一无二的自省与赎罪举动。

3）在重大历史事件发生点树立艺术性的标识

对于一些重要历史事件或历史人物，其事件发生的点，人物工作、生活过的历史建筑已经在历史事件发生的时候毁灭或在城市发展的进程中被拆除，而且历史事件的发生与某个具体的地理位置息息相关，历史人物做出的重要举措与某个已经消失的地点紧密相连，为向世人展示这段历史的真实性，可在相关地点设置符合现代城市审美、对社区环境有积极影响的艺术性标识。

例如，在柏林还有一样因战争而生的历史遗物——柏林墙。1945年因纳粹德国战败，柏林被一分为二。一道名为"柏林墙"的墙体于1961年建成，不仅将柏林这座城市，也将德国分割成东、西两个部分。1990年，东、西两德终于统一，分割柏林的这道墙壁也被推倒。现在柏林市内还有一些断断续续不长的"柏林墙"屹立在街头，记录这段历史。同时，沿原建造柏林墙的路线，在地面上还能追踪到这道墙壁的原始足迹：柏林市政府在建设城市的同时，将刻有"柏林墙1961—1989"铭文的铜条埋在柏林墙原址之上，将这段历史深深地刻在城市的皮肤之上（图7-4）。

图7-4 "历史的足迹"，刻有"BERLINER MAUER 1961—1989"
图片来源：笔者自摄

此外，在东、西德被柏林墙分割开的那段时期，有无数企图翻越柏林墙前往墙壁另一侧的人。在柏林墙纪念广场上，墙壁原址两侧以圆形铜牌镶嵌在当年有人成功翻越柏林墙的地点地面上，铜牌上标识有成功翻越柏林墙的时间与人数（图7-5）。

4）在保护历史建筑的基础上开发建筑新功能

除去被改建为博物馆、展览设施的历史建筑外，还有数量众多、分布在城市各处的承载历史的建筑旧址与遗址遗迹，这些建筑由于所处位置、周边环境的原因，不具备被改建

图 7-5　柏林墙纪念广场上在柏林墙原址两侧地面上，标注有时间与翻越墙壁人数的定位地牌
图片来源：笔者自摄

为博物馆与展览设施的条件。对这类历史建筑的旧址与遗址遗迹，除去封闭起来进行"孤岛"式的隔离保存外，应充分开发其为现代社会人民生活服务的功能。在充分利用的基础上进行维护不失为一种可以借鉴的使历史建筑"活化"的保护性利用手段。

以德国二战时期建造的军事掩体建筑为例，当时纳粹德国在全国境内建造了为数众多的巨型掩体建筑。在二战失败后，这些巨型掩体随之被废弃。

例如位于德国汉堡市威廉堡区纽霍夫街（Neuhöfer Strasse in Wilhelmsburg）的地面防空掩体，修建于1942年。在盟军对汉堡实施军事打击时，曾有3万人拥挤在其中进行躲避。战后，英军在其中塞满炸药，试图炸毁这座防空掩体，却只炸掉了其内部设施。之后，这座废弃的、体型巨大的地面防空掩体便一直闲置着（图7-6左图）。

要拆除这座拥有70多年历史的二战建筑遗迹，将花费昂贵的费用，汉堡市政府决定将其保留并维修改建。2012年，围绕着这座巨型地面防空掩体，一项绿色能源项目正式展开。二战防空掩体被改建成了一座"能源掩体"，覆盖有3 000平方米的太阳能电池板，掩体内部安装了先进的蓄热设备。这座二战地面防空掩体，有了新的身份——热电联供电厂，服务于周边的居民区（图7-6右图）。

5）对于南京抗战建筑遗产开发与利用工作的主要启示

在考察了德国二战文化遗产建筑保护与开发利用较为成功的案例之后，总结出南京抗战建筑遗产保护与开发利用工作中可以借鉴的手法：

图 7-6　（左）被改造前的汉堡二战防空掩体；（右）改造成为热电联供电厂的掩体
图片来源：https://www.world-architects.com

（1）弱化新兴建筑的形象，以烘托原始战争痕迹的震撼效果

在和平年代出生与生活的人、没有经历过战争的人，对简单地从历史资料或是影视作品之中所了解到的关于战争的残酷，始终如隔着一层朦胧的纱般不能感同身受。对因战争而残损，并且保持着较为震撼的视觉效果的历史建筑进行加固并以残存的原始状态进行展示，能最为直接地展现战争所带来的破坏。同时，关于这处历史建筑的史料展示空间，应以最为简单或是弱化的状态存在于其周边，避免喧宾夺主。

在德国的几座主要的大城市中，同时也是二战期间遭受盟军空中打击最为严重的几座大城市中，战争造成的建筑残损都被不约而同地完整保存了下来。残缺的建筑、充满忏悔反思与希求和平意味的现代雕塑加以配套的看似朴素的史料馆，成为德国众多二战历史遗迹保护与开发中较为常见的模式，取得了显著的效果。

战争的残酷，在转过的街角上、偶然的一瞥中，在仰望天际视线中的残缺高塔上、低头可见路基上的铭文里。环顾左右，片段式出现的纪念设施与战争中残损的建筑，遍布在现代化的城市中，仿佛格格不入，却无所不在，与所有人息息相关，更为真实与尖锐地提醒着生活在城市中的人们战争的可怕残酷与和平的可贵。

（2）合理利用，为市民利益而服务

二战文化遗产是一笔内容庞大、种类丰富的人类财富。而对其所包含的内容，根据其历史价值与现存状态等因素可以有形式多样的利用途径，这其中建立纪念馆并不是唯一的出路，铭记历史的同时为市民的利益服务才是最终目标。

利用战争所形成的较为开敞、平坦的场地加以修整，形成社区聚集、文化交流的场所；

或者对历史建筑物进行不影响其原始面貌的改建以适应居民使用需求；抑或是因对已经毁于战争的建筑同样功能的需求而进行的重建等工作，都是对二战文化遗址遗迹的合理、有效利用。当市民对其每日会接触到及使用到的建筑熟悉，产生归属感，并置身其中，对其与众不同的建筑造型与历史感产生好奇，自发自愿地去对这些建筑所承载的历史进行了解的时候，便是二战文化自然而然地深入人民生活，成为被市民所认可的城市文化标签之一的时候。

（3）具有震撼力的现代建筑与景观设计

在原始建筑已然不存，但其地理位置具有重要历史意义的地点，进行大胆的建筑设计与艺术创造，以极具想象力与视觉震撼力的方式重现某个历史场景、营造某种当年战争所制造的特殊氛围等，引起市民及游客对此处地点的关注。尔后在人们对这处场所进行探索的过程中，将历史资料逐步或集中地呈现。这类纪念地或博物馆，虽然是全新的现代建筑，但同样具有强烈的视觉冲击力与发人深省的力量。

2. 华沙二战建筑遗产保护与利用

在第二次世界大战中，波兰首都华沙的遭遇与南京有众多的相似之处。20 世纪早期，华沙作为独立国家波兰的首都，是波兰文化复兴的中心地区，城市繁荣、文化昌盛，波兰人常将它称为"东方的巴黎"。同时，环绕着新、老城镇，发展起了现代化的工业城市。城市中遍布着传统艺术和古典艺术风格的建筑，雕塑、喷泉、公园等一应俱全。华沙还于 1927 年主办了肖邦国际钢琴比赛。在纳粹德国发动闪电战之前，华沙是欧洲最美丽的城市之一，当时拥有 130 万人口。

在纳粹德国发动战争之前，波兰人口约为 3 000 万。在之后的 5 年内，波兰总人口的 1/5 被杀害，共约 600 万人，其中有 300 多万犹太人。众多殉难者中只有 1/10 是在战场上牺牲的士兵，其他均是饿死、被纳粹德军处死及遭到种族灭绝的普通民众。1939 年至 1944 年间，将近 60% 的华沙人惨遭屠杀，城市被大面积摧毁。而这一切都是纳粹有计划地进行的，他们决定减少波兰的人口，重新改造华沙，使其成为 13 万德国人的居住地。

第三帝国的规划师在华沙城内规划了一个具有"德国建筑特色"的历史地区。在这片城区中，选择保存他们认为具有价值的历史建筑，摧毁其余建筑，建造起现代化的城市。

同时，在华沙的新老市镇周围还规划有一座新的德国农业中心。这样，德国人在华沙建立起了城中城，分为：德国部分、波兰部分以及华沙隔都，即犹太人的部分。

在占领之初，纳粹军官就得到了来自柏林的命令，要求在华沙的德国军队尽一切可能去摧毁作为波兰共和国首都的华沙所具有的独特民族特征。德国规划师与建筑师除了划定波兰的"德国区"，并在这个区域内挑选可保留的、他们认为有价值的历史建筑外，还走上街头特意寻找那些具有波兰民族特性及具有较高波兰文化、艺术特征的建筑以供拆毁。纳粹德国企图通过捣毁华沙城市景观中最能引起民族自豪和最具历史意义的建筑来灭绝华沙的文化。

战前波兰已经登记在案的拥有重要价值的建筑有 957 处，二战中，有 782 处完全被毁，141 处部分被毁。96.5% 的历史建筑遗产被纳粹摧毁了。整个华沙，80% 的建筑被完全地夷为平地。幸而，在这座城市被完全摧毁之前，一群有志的波兰建筑师展开了对全城历史建筑的测绘、拍照等，收集了大量、丰富的原始建筑资料。

与南京不同的是，在第二次世界大战中华沙城市几乎被纳粹全部摧毁。为铭记这段历史，对于二战历史的城市与建筑改造利用主要有以下三种方式：

1）"复刻"城市

1945 年纳粹德国投降后，被迫逃出战区的华沙居民纷纷回到了满目疮痍的首都，为了重现中世纪古都的风貌，出于各种考虑，华沙人民最终决定了重建华沙（图 7-7），并决定

图 7-7　华沙重建的老城区
图片来源：http://vacation.eztravel.com.tw

新的城市将是一个国家骄傲的符号、一个凝聚记忆的城市，同时也是一座充满梦想的城市。

由于当时波兰共产主义的政体决定了全部土地的国有化，因此在所有建筑的原址按照战前未被破坏的老建筑原样重建成为可能。在重建的过程中，藏在华沙建筑现存立面之下的历史层级被重新发现，华沙的建筑师们决定将这些历史演变的痕迹暴露出来，使这种建筑风格的变化与历史积累可以被直接地观察到，作为一种面向普通民众的建筑教育模式。

为了更贴近历史建筑的原貌，恢复现在建筑工业所不能达到的手工业时期的建筑质感，波兰政府更是组织了一支8 000人的传统建筑工艺手工工作组，为重建的建筑提供建筑材料、配件等。

1980年，华沙重建的老城区被列入世界文化遗产，成为世界上唯一的重建世界文化遗产。联合国教科文组织认为复刻的华沙旧城，是个"几近彻底的重建的出色典范，它覆盖了从十三到二十世纪的历史"。

在重新建成的华沙老城区内，有220处纪念牌钉在墙上用以标识战争时期的刑场，纪念在刑场上被杀害的人民。在街道中，市民与游客与这些标识不期而遇，在老旧的墙面上、花园的围墙上、突出于人行道的石块上，提醒着人们在这个城市中曾经发生的那些罪恶暴行。

2）在历史重要事件发生地兴建纪念设施

利用二战遗留的旧址建筑改建成纪念馆，也是华沙对二战历史建筑保护性利用的手段之一。

例如坐落在"犹太区"的Pawiak监狱，以其所在地命名。它始建于1829年，1836年开始暂时关押即将被送到西伯利亚去的犯人。在1939年纳粹军队攻入华沙后，这里变成了德国盖世太保监狱，专门关押波兰本土军事及政治犯人。在纳粹德国控制波兰期间，有超过10万男性和20万女性被关押在Pawiak监狱，其中有4万人被处死，6万人被送往其他集中营。

1944年战败前，德军对监狱进行了破坏。华沙政府于1990年以残存的Pawiak监狱大门、干枯的橡树以及残留下来的三间拘留室为基础，建造了一间展示监狱历史的博物馆。其中监狱门口的橡树早在二十年前枯死，但波兰人民认为它是Pawiak监狱历史的重要见证人，于是用铜重新灌注了树身，在树上挂满了在Pawiak监狱受难者的讣告（图7-8），成为监狱历史展览馆的标志性景观。

3）选择合适地点建造纪念设施

为了纪念发生地建筑已经消失的重要历史事件，或者为纪念大区域内的群体历史事件与对区域、国家乃至世界产生重要影响的历史人物，华沙同样选择合适的地点建造新的纪念设施，以铭记历史、警示世人。

（1）Umschlagplatz 集中营登车点纪念设施

侵占了华沙的纳粹于 1942 年 7 月 22 日开始，将城内的犹太人塞进拥挤的火车中，以铁路运往特雷布林卡（Treblinka）灭绝营。每日两趟，通常是在整夜的等待之后的清晨及中午时分。最多的时候，每天有多达 1 万名犹太人被驱逐出华沙。在短短的两个月间，有超过 30 万的人被从华沙隔都驱逐出去，其中超过 25 万人都被直接送往特雷布林卡灭绝营，惨遭屠杀。1942 年 9 月 21 日，驱逐行动结束的时候，华沙隔都内仅剩约 5.5 万名犹太人。

纳粹在紧邻华沙隔都监狱的华沙 Gdańska 货运站西侧，用栅栏隔断出来一部分，成了转运犹太人的华沙 Umschlagplatz 站（图 7-9），之后改用混凝土墙代替了木栅栏。车站的附属建筑、附近一家原流浪汉庇护所以及一家医院，都被纳粹用作犹太人转运前的挑选所。而这条铁路线上的其他站点，这一时期则仍在照常运营。

1988 年 4 月 18 日，在华沙犹太人起义爆发 45 周年之际，由建筑师 Hanna Szmalenberg 和雕塑家 WładysławKlamerus 共同创作的，一处类似开放式货车、由石墙围合起来的纪念空间（图 7-10）在 Umschlagplatz 站旧址建成。

图 7-8　Pawiak 监狱门口干枯的橡树
图片来源：http://www.tripadvisor.com

图 7-9　纳粹德国占领时期的 Umschlagplatz 集中营登车点
图片来源：http://united states holocaust memorial museum（ushmm.org）

图 7-10　Umschlagplatz 集中营登车点纪念设施
图片来源：谷歌实景地图

在纪念空间的墙上，用波兰语、犹太语、英语和希伯来语写着如下铭文：

"沿着这条痛苦和死亡之路，超过 30 万犹太人于 1942 年至 1943 年间在此从华沙隔都被驱逐到纳粹灭绝营的毒气室中。"

此外，按照字母顺序，在墙面上刻下了从 Aba 到 Żanna 的 400 个波兰语最常见的犹太姓氏，每一个姓氏代表 1 000 名华沙犹太区的受害者，纪念碑的颜色与花纹与犹太传统服装颜色与花纹相似。

（2）华沙犹太隔都起义英雄纪念碑

二战爆发之间，华沙拥有仅次于纽约的犹太人口，是世界上犹太人口第二多的城市。纳粹德国占领华沙后，城内近 40 万犹太人被驱赶到一个约 3.3 平方千米的隔离区内。之后，从 1942 年 7 月起，以约每天 5 000 人的速度，共计约 35 万犹太隔都的居民被纳粹送进了毒气室。1943 年 4 月 19 日黎明，隔都仅剩的不到 6 万的犹太人，拿起原始的自制的武器，为自己的命运而奋起抗争，这就是华沙隔都起义。

面对强大得多并毫无胜算的对手，犹太人顽强地战斗了 28 天。为平息起义，纳粹德国武装部排除行动小组，将隔都内的房屋一栋接一栋地摧毁，再以推土机将瓦砾铲平。他们摧毁了约 2.59 平方千米的区域，几乎将整个隔都全部摧毁，房屋、人行道、街道、植物无一幸免，只剩一片片荒芜的瓦砾。

在这次起义中，起义者和平民牺牲 13 000 人，德军伤亡 110 人。起义被镇压后，余下的犹太人被德军悉数送进了特雷布林卡的毒气室。

1946 年，在华沙犹太隔都最后一处犹太聚居点，同时也是华沙隔都起义中犹太游击队与纳粹军队多次交锋的地点，建立起了第一座起义英雄纪念碑。1948 年 4 月 19 日，一座新的、由 Nathan Rapoport 雕刻的体积更为巨大的犹太英雄纪念碑建成。新的纪念碑高 11 米，由一面厚重的石墙与一组雕塑组成。这面石墙不仅寓意着华沙隔都的围墙，也寓意着耶路撒冷的哭墙（图 7-11）。

纪念碑的东侧，展示了犹太人是如何被纳粹加害者所迫害的。纪念碑上以三种语言写着："犹太世界向他的战士与烈士们致敬。"建造纪念碑所用的材料有一部分是取自 1942 年纳粹德国准备为自己修建纪念碑而准备的材料。

1970 年 12 月 7 日，时任西德总理威利·勃兰特（Willy Brandt）来到华沙，在为隔都起义英雄纪念碑敬献花圈后，突然自发地跪在了纪念碑前，为纳粹德国的罪行而深深忏悔，

图 7-11　华沙犹太隔都起义英雄纪念碑
图片来源：http://tripadvisor.com

图 7-12　1970 年 12 月 7 日，时任西德总理威利·勃兰特在华沙犹太隔都起义英雄纪念碑前下跪
图片来源：http://baike.baidu.com

为纳粹德国侵略期间被杀害的死难者默哀（图 7-12）。

　　4）对于南京抗战建筑遗产开发与利用工作的主要启示

　　二战期间华沙几乎遭到彻底的破坏。柏林比华沙面积大四倍，到战争结束时，城里的建筑有 70% 只是轻微受损，9% 是可修复的毁坏，有 8% 受到严重损坏，只有 11% 被完全摧毁。反观华沙，至战争结束，80% 的建筑被夷为平地，城市中所有的美丽风貌均已不复存在了。

　　华沙可以说是一个"极端"的例子：几乎被摧毁，却又几乎全部复原。

　　即便如此，华沙与南京在抗日战争期间的经历有着惊人的相似之处：

　　①德军在华沙进行有组织有计划的文化毁灭；日军在南京进行文化大掠夺，并对遭到其洗劫的建筑逐一进行纵火焚毁。

　　②德军对波兰人，尤其是犹太人进行了集中屠杀；日军制造了南京大屠杀惨案，在城市中十多个地点分别集中屠杀了超过 30 万已放弃武装的中国军人和被困在南京城内的无辜百姓。

　　③德军在华沙成立规划了德国区，建立起城中城，供德国人生活；日军在南京昔日最为繁华的地段划出了"日人街"，驱逐中国居民以供日侨生活。

　　华沙在城市的残骸上重建了一座老城的复刻版，虽然看似是老城市的面貌，实质却是建筑师精心考量、筛选的结果，一些历史原因所偶然造成的城市瑕疵被全部舍弃了。

　　战后的南京，由于政治、文化、经济等种种原因，城区内因战争而损坏的建筑遗址已所剩无几。华沙在复刻老城之后所进行的二战历史文化的纪念工作对南京抗战建筑遗产保

221

护与利用工作的启示，可以总结为以下几个方面：

（1）历史事件的再标记

二战时期的华沙，市内充斥着纳粹德国统治的暴行。在重建之后，波兰人寻找到了这些多达220处的暴行发生地，并在这些地点附近的老建筑或者是新建建筑边的小型石块上钉上了纪念死难者的标识铜钉。

这是在城市全面更新之后，使人们依然能够铭记历史的一种不错的方式。当了解到这种铜钉所代表的含义后，漫步于城市之间，难免不被它惊人的数量所震撼，进而使人感受到在法西斯的侵略统治之下，那种无处不在的恐怖氛围。

（2）在具有重大意义的历史地点建立纪念设施，开展大型纪念活动

华沙隔都虽只残存下了几道墙面及一座犹太教堂，但发生在隔都的历史不会被波兰人忘记，也不会被世界人民所忘记。波兰政府为纪念1944年的华沙起义建立了华沙起义纪念碑，为纪念1943年隔都犹太人起义建立起了隔都起义英雄纪念碑。这些纪念设施成了国际交流的重要场所。1970年在隔都起义英雄纪念碑前，西德总理的发自内心的一跪，至今仍为世界人民所津津乐道——"勃兰特跪下了，德国站起来了"。全世界人民从这一举动看出了德国在战后真诚的忏悔与永不再犯的决心，赢得了世界人民的尊重。反观东方战争战场上的既是侵略国又为战败国的日本的当权最高领导们至今的表现，可说是天壤之别。

3. 丹麦二战建筑遗产保护与利用

近年丹麦一处二战建筑遗产的保护性开发利用对南京抗战建筑遗产的开发利用提供了新思路。丹麦政府请世界知名建筑事务所对一处地处偏僻的二战建筑遗产旧址进行改造利用设计，建成展示相关历史的博物馆，并且引入现代技术增加参观者与历史的互动，从而提升城市知名度、带动区域旅游经济发展。

（1）被改建的战争"机器"

一座由BIG建筑事务所设计、依托二战时期德军炮兵堡垒提尔皮茨遗址的新城市历史与二战历史博物馆于2017年在丹麦西部的布拉旺德（Blåvand）海岸保护区，建成开业。

丹麦最西端的城镇布拉旺德面向北海，与英国隔海相望。二战时期这里属于纳粹德国所谓的"大西洋长城"的欧洲大陆反登陆防线。德军当时在丹麦海岸线布设了上百万枚地

雷和一系列军事掩体。

　　布拉旺德附近遗留的德军炮兵地堡遗址是纳粹德国建在丹麦的 200 多座德军碉堡中最大的一处，被命名为提尔皮茨（TIRPITZ），取名自当时德国最大的战舰提尔皮茨号。1944 年盟军部队自法国诺曼底地区成功登陆欧洲大陆，战争并未在布拉旺德打响，提尔皮茨地堡从未被使用便迎来了 1945 年的纳粹德国投降，随之被遗忘在丹麦的海岸线上。几十年后，随着城市的发展，对这座二战时期遗留的庞大军事堡垒的开发与利用被提上了议程。

　　提尔皮茨博物馆是由二战德军炮兵地堡改造而成的开创性的文化综合体。新建成的博物馆，定位为丹麦西海岸门户展示空间。与场地中德军炮兵堡垒庞大而具有侵入性的体量

不同，新建成的提尔皮茨博物馆是潜入岸边沙丘的简洁、纯粹的十字交汇型混凝土体块。抵达博物馆后，首先映入眼帘的是沙丘上的炮兵堡垒（图 7-13）。走近后，刻入大地的空间才逐渐展开，将游人带入通向博物馆综合体深处的下沉游廊。参观提尔皮茨博物馆，将是一段独一无二、难以置信的旅程，它具有强烈的冲击力

图 7-13　丹麦提尔皮茨博物馆
图片来源：http://www.archdaily.com

和惊人的表现力，却又几乎消隐在视线中。

　　建筑物使用的四种主要的材料，都可以在场地现有的结构和景观中找到：混凝土、钢、玻璃、木材。4 座展厅内容包括永久主题和特展主题。每个展厅以自己的节奏与故事情节同步：高低、昼夜、善恶，跟随时间流逝。

　　博物馆面积有 2 800 平方米，拥有四间展厅，预计每年能够吸引约 10 万名游客。该项目于 2014 年成立，由两家基金会及布拉旺德海岸所属瓦德（Varde）市政府共同出资，2017 年竣工。

　　2）对于南京抗战建筑遗产开发与利用工作的主要启示

　　在当今全球趋同的社会大环境中，邀请现代著名建筑设计师或建筑设计事务所参与主

导设计二战历史相关现代展览建筑，也是借其世界影响力提升地区历史的社会知名度的有效手段。

同时，博物馆亦成为通往历史的钥匙，通过这把钥匙开启的可以不仅仅是二战时期相关的历史之门，还可以是在同一博物馆的不同展区内的地方历史之门，使游客在了解战争历史的同时也能够了解到战争发生前后城市发展的历史。多元化的历史与文化介绍相辅相成，共同宣传展示，使战争文化不再是一段孤立的历史文化，而是与整座城市的发展与兴衰有机结合在一起的历史文化。

4. 南京抗战建筑遗产保护性利用方式的启示

考察国际二战建筑遗产保护与利用中较为成功的案例后，总结出南京抗战建筑遗产未来保护性利用方式方法的启示：

（1）在已经建起现代化建筑的历史地段，仍可树立、安放历史事件发生地标识

在以往的城市快速建设中，一些历史事件发生地的建筑遗址遗迹都已经消失在了城市建设的浪潮之中，取而代之的是一些现代化的新型建筑。而发生在城市中的历史，却不应该随着历史建筑遗址遗迹的消失而被人淡忘。所以，对已经经过全新规划建设之后的历史事件发生地，进行必要的标识至关重要。

德国柏林镶嵌在柏林墙遗迹地面上的金属条、波兰华沙散布在城中的历史遗迹标识铜钉，都很好地引发了市民及游客对相关历史的关注与兴趣。南京城内外散布了大量拥有明确记载的，抗战时期保卫战战斗地点与日军破城后的施暴地点等，这都是具有重要历史意义的历史事件发生地。为完整展现南京抗战时期的历史，将南京抗战历史更好地融入市民生活中去，激发市民及游客了解南京抗战历史的兴趣，可以学习西方既有经验，在重要的历史事件发生处设立形制统一、带有简单史实介绍的标识。同时，对中国人民进行抗争的历史事件发生地与日伪暴行的历史事件发生地的标识也应有明显的区分，例如虽然是同样尺寸与外形的标识牌，但使用不同的颜色、不同的材质、雕以不同的浮雕等，都将是有效区别两者的手段。与此同时，加入必要的美术与现代艺术设计元素，将更有益于被国内年轻一代及国际友人所喜爱与接受。

（2）注重文化遗产本体与环境的综合保护，同时满足历史还原与现代化城市景观要求

的双重标准

南京抗战文化遗产数量众多，但其中大量分布在南京城市中心范围之内，多数经历历史变迁后四周环境复杂。在城市快速发展的同时，城市环境也剧烈变化，一些遗址已经被现代化建筑和设施包围，周边的历史环境已荡然无存，使其所承载的文化内涵变得残缺与单薄。这是南京抗战文化遗产中的普遍现象，也是现代南京人所应该进行反思的。

在对文化遗产进行保护的同时，注重其周边环境、氛围的保存，国际上的案例可以给出一些启示。建于 794 年的日本京都，其城市街道平面布局深受中国传统都市的影响。作为日本的旧都，京都拥有皇帝和将军的宫殿及大量的神社、庙宇，以及大批官员的豪华住宅，成了日本艺术与历史建筑的巨型宝库。1868 年明治维新开始，日本进入了工业化急速发展的时期，短时期内便成了现代世界的强权之一。在这样一个高速发展的时期，京都市内虽然增加了有轨电车与西方的建筑，但有轨电车的轨迹仍顺应旧有的城市网格形主要街道布置，新兴建筑的高度被限制，与周围传统建筑形态保持了一致。如此在城市现代化的同时，京都城内基本的等级关系——居住区较低、纪念性建筑较高、城市四周更高的是自然山峦，依旧被保留了下来。在战后西方文化入侵的激流中，京都也经历了文化的冲击与新一轮的西式建筑大规模建造。面对历史街区的逐步减退，从 1974 年起至 1995 年，京都市内有四片区域被认定为传统建筑保护街区，每一个街区都包含着一个仍然存在的微型社会，具有不同的建筑类型和特色。20 世纪 90 年代末，另外三个传统建筑保护街区被再次划定。京都市政府邀请京都大学建筑系为老街建筑保护街区的建筑立面绘制现状图纸，由政府进行保存。这之后，在这些受保护的历史街区中，房地产主在翻修房屋时必须按照之前测绘图上所显示的建筑形制进行维修，同时亦允许在不影响其历史价值的范围内有少许的偏差。这样，街区的形象在未来仍会不断变化，却不会背离历史的本貌。这种能够持续发展的历史街区，成了京都历史特质的一个重要部分。

由此可见，在城市中，文化遗产的保护不应仅限于具有文物价值的本体的保护，还应注重营造其周边环境所包含的历史氛围，理解与挖掘其所代表的文化。综合整治与片区开发，能够形成特色鲜明的城市文化空间，成为城市个性的一部分。在南京，抗战时期历史建筑中已经有了一些民国建筑风貌区的划定，如颐和路民国建筑风貌区、西白菜园民国建筑风貌区，但由于其所属机构不同等原因，处于这些风貌区中的历史建筑现状质量也参差不齐。同时，对于数量众多的南京抗战文化遗产的保护，现有成就还远远未够。在未来的保护与开发利用中，寻求历史风貌的恢复与现代都市景观需求之间的平衡点、寻求文化遗产可持续发展的道路，将是南京抗战文化遗产保护的一个重要思路。

（3）在承载极为重要的历史的地点，增建一些规模较大的、具有现代艺术性、视觉冲击性与城市景观相结合的纪念性设施，以增强南京抗战文化遗产的国际影响

在城市经济发达、市民文化需求日益提高的当代，为抗战文化遗产建造现代纪念设施亦可成为现代城市建设及城市景观营造的一部分。以柏林为例，犹太人纪念馆具有一种撕裂、破碎的现代建筑的冲击力；欧洲被害犹太人纪念碑以庞大的体量留给人深刻的印象。这样的建筑以其特殊的形象及震撼的视觉效果，给世人留下了深刻的印象，不仅能够得到德国国内人民的注意，也引起了国际上的关注，并且传达了其相关的历史信息。

同理，拥有重要历史价值的南京抗战文化遗产，也可以通过这种手段来增加历史及历史事件发生地的可辨识度。侵华日军南京大屠杀遇难同胞纪念馆新馆的建成，以其震撼的建筑形象、丰富的馆藏资料，成了南京极具代表性的城市地标之一。然而内容庞大的南京抗战文化遗产中，具有代表性历史事件的地点很多，例如在南京保卫战期间，日军攻入南京城内时，中国守军还在坚守的紫金山阵地，中国军队撤退时遭到日军围追堵截的下关江边，侵华日军荣字第一六四四部队的细菌工厂，等等，都是可以开发、建设新型纪念设施的基础。

同时，足够精彩的现代建筑的设计建设，或者是面向世界的招投标措施，都能在国际上产生一定的影响，扩大南京抗战文化的宣传力度。

第二节　南京抗战建筑遗产保护的目标、原则与方法

南京抗战文化是彰显南京城市文化特质、凝聚城市精神、展现城市底蕴与活力的宝贵财富，它具有丰富的历史层次并占有重要的历史地位，是南京文化史上一段极有标志性的篇章。保护南京抗战文化遗址即是对南京抗战文化的物质载体、南京城市历史的标志性章节进行系统的规划、修复、保存、展示。开展南京抗战建筑遗产保护的工作，首先要对抗战文化遗址遗迹进行保存，其次对具有重点意义的遗址遗迹采取有效措施，进行修复与还原的同时开发其文化与社会价值，通过相关宣传与文创研发，将南京抗战文化融入现代城市生活，促进城市科学发展，弘扬中华民族的伟大抗战精神。

1. 南京抗战建筑遗产的保护目标

（1）整合南京抗战建筑遗产空间，保存文化遗产本体的真实历史信息，呈现真实历史线索，完整延续城市的历史发展脉络

南京抗战建筑遗产空间是指维持抗战文化遗址遗迹单独存在或群组成片存在所必需的物理空间，以及为展示遗址遗迹所需要构建的人文空间。正因为抗战文化遗产所展示的历史与现代人的现实生活具有历史距离，要使现代人特别是青少年一辈对抗战文化遗产所展现的历史有所认知，构建起具有一定意象表达的展示空间是极为必要的。而空间意象的真实，则来源于对文化遗址本来的面貌、历史环境的深入认识，立足于对确凿的历史事实、文化个性的真实汲取。其目的在于恰如其分地烘托展示气氛，使之成为历史遗迹与现代人之间的媒介。散落在乡野林间的遗迹，或单独存在的无人使用的老旧房屋，往往无法引起旁观者情感的共鸣，但通过对特定历史的空间烘托、历史记忆点的再强调，串联起历史的记忆，便能达到逐步理解整段历史、领悟其中丰富人文价值的目标。

南京抗战建筑遗产由于种种原因，在空间上存在分裂与缺失的现象。修复与重构空间，真实地表达南京抗战建筑遗产的空间意象，引起群众对抗战文化的兴趣与关注，是保护南京抗战建筑遗产的一个重要目标。

（2）加深市民的城市认同感，彰显城市文化精神，构建南京抗战名城形象

南京是一座拥有悠久历史和光荣传统的城市。以"六朝古都"而闻名于世的南京城，

在城市发展和变迁的过程中形成了代表南京地域特色和市民性格的独特城市文化，在这当中抗战文化是不可或缺的重要一环。南京抗战建筑遗产所展现的不仅是民国首都建设的辉煌、正面战场南京保卫战的悲壮、侵华日军大屠杀的人性泯灭，更重要的是展现了面对外来侵略与血腥压迫，中华民族天下兴亡、匹夫有责的爱国情怀，视死如归、宁死不屈的民族气节，不畏强敌、血战到底的英雄气概，百折不挠、坚韧不拔的抗争精神，以及追求正义、热爱和平的坚定信念。与中国其他城市相比，南京在抗日战争和世界反法西斯战争中的地位和作用举足轻重，在弘扬抗战文化上优势明显。抗战文化具有国际、政治、社会、文化、教育、经济等多种价值，是南京拥有的一张内涵丰富、等待发出的城市名片，同样也是一座城市文化的宝库。

（3）在坚持保护为首的前提下，努力探索有效保护与合理利用有机结合的途径，实现文物从"历史遗存"到现实价值的转变，实现保护与利用的互动与双赢

任何一种历史文化遗产一旦脱离了社会、不能引起人们的共鸣，那么它的遗迹终将无法留存，文化便无法延续，历史也会被淡忘。在现代社会中，要想做好抗战遗产的保护，将这份珍贵的历史遗产世代传承下去，就必须在坚持保护的前提下，寻求广泛宣传、引起市民与游客共情的有效方法。不仅要挖掘抗战文化遗产的历史与文化价值，还要挖掘其经济价值。在经营中生存，在使用中保护，才能将抗战文化遗产融入人们的真实生活中去，使之成为人们日常生活的一部分，自然而然地传承与发扬下去。

（4）弘扬中华民族伟大抗战精神，为实现中华民族伟大复兴的中国梦凝神聚力

中国是世界上最早抗击法西斯侵略的国家，从"九一八事变"到太平洋战争爆发前，中国以落后的武器装备独立抗击日本法西斯侵略达 10 年之久，这其中以南京为代表之一的中国广大沦陷区人民，在侵华日军的残暴统治下，进行了长期艰苦卓绝的反抗斗争。抗战文化精神，不仅仅是南京人民的精神财富，也是全国人民的精神财富。保护好南京抗战建筑遗产，充分利用其人文价值，举办全国乃至世界性的抗战纪念活动，不仅突显了现代中国人不忘日本侵华之耻，更是在为整个世界恢复、保存历史的真相和尊严。2015 年，在中国人民抗日战争胜利暨世界反法西斯战争胜利 70 周年之际，中国立法设立了南京大屠杀受害者国家公祭日，这成为南京抗战遗产中第一个拥有国家级纪念日的重大历史事件，这不仅体现了政府和人民对抗日战争中南京 30 多万死难同胞的沉痛哀思，更表达了中国人民还原抗战历史真相的勇气和决心，不忘国耻，更向往和平，彰显了中华民族前所未有的豁达

与自信。

　　抗战历史的硝烟已经散去，但沉痛的历史不能遗忘，伟大的抗战精神必须代代相传。南京的抗战历史，是直面强敌、血战到底，不屈迫害、顽强斗争，维护正义、争取和平的历史，是中华民族在爱国主义的旗帜下，热爱和平、团结与奋斗精神的生动体现。在构建社会主义和谐社会的今天，应弘扬伟大抗战精神，全民培养和树立爱国、团结意识，为实现中华民族伟大复兴的中国梦凝神聚力。

2. 南京抗战建筑遗产保护的原则

　　放眼世界范围，历史建筑保护工作最先在英国被纳入法律层面，1883 年英国就已通过古建筑保护的议案。法国、美国、日本等国家继而于 20 世纪 20 年代相继提出了关于历史建筑保护的法律法规，发展至 20 世纪 60 年代，古建筑保护已经由对单一建筑的保护扩展至对历史街区的保护并逐渐成为古建筑保护的工作重点。第二次世界大战后，随着经济实力的恢复与提高，各国开始对古建筑的保护与利用方法的创新投入更多的精力，近代建筑及人类大事件包括战争事件的遗址遗迹的保护、展示与利用工作亦提上经历过第二次世界大战的各个国家历史建筑保护工作的议程。在中国，历史建筑保护工作自 20 世纪 80 年代才刚刚起步， 1985 年之前，中国的历史建筑保护应更为确切地被称为文物建筑保护，而近代建筑中，是否具有革命价值成为评判其是否属于历史建筑的重要标准。在当代，随着人类社会文明的进步及中国经济的快速发展，对历史建筑、历史街区的单体保护已经不能满足中国社会文化生活的需求，保护历史建筑单体及其环境，维护历史街区自身风貌及周边辐射范围内城市环境，以创新的方式有效开发利用历史建筑及历史街区，成为当今中国以及世界范围内历史建筑保护与利用的重点课题。2020 年，中共中央宣传部、财政部、文化和旅游部、国家文物局公布了第二批革命文物保护利用片区分县名单，结合第一批公布的名单，两批革命文物保护利用片区涉及 31 个省 268 个市 1 433 个县，全覆盖 31 个省、自治区、直辖市和新疆生产兵团[1]。以此为支撑，整合资源、创新机制，实现革命文物的整体规划、连片保护、统筹展示、示范引领。坚持保护优先、保用结合，创新拓展让革命文物活起来，促进文旅融合，提质特色产业，助力革命老区整体发展是国家对于革命文物保护与利用工作的指导方向。

应妮.四部门公布
二批革命文物保护
用片区分县名单公
　　[EB/OL].[2020-
-01].http://barijia
.baidu.com/s?id=
70982009362711
4&wfr=sp.

作为国家革命文物组成部分的南京抗战建筑遗产，拥有丰富的建筑类型，在全市范围内分布广泛，根据建筑遗址遗迹所在区位及现状的不同，结合国家对于革命文物保护利用的指导思想，对南京抗战建筑遗产的保护可分为三个层面进行：

（1）针对单体历史建筑进行修缮及保护；

（2）针对单体历史建筑及其所处环境的同步修缮保护与开发利用；

（3）串联多个单体建筑及其所处环境，形成系统类型，针对该类型进行全面修缮保护与开发利用。

同时，在对南京抗战文化建筑遗产的修复、整理与开发中，须遵循一定的根本原则及基本要求，为抗战建筑遗产未来存在的形态及发展走向起到指导性的作用。对抗战文化遗产的保护，因涉及历史建筑及各类文物等多方面的内容，所以在具体实施的时候，既要遵循《中华人民共和国文物保护法》中所规定的对文物"保护为主、抢救第一、合理利用、加强管理"的方针，也要遵循对历史建筑"整体性保护""整旧如旧""体现特色"等原则，还要遵循对非物质文化遗产的"有形化""以人为本""原真性保护"等原则。与此同时，南京抗战建筑遗产又具有其自身特殊的历史形态和现实状况，各类型之间在目标定位上差别较大，所以在坚守以上原则的同时，南京抗战建筑遗产的保护还应遵循以下原则：

（1）坚持以政府为主导，鼓励多方参与原则

以政府为主导，即对南京抗战建筑遗产的保护与利用，以政府来作为行为主体，这样有利于集中资源，有效地进行规划、融资、技术施工、旅游开发、对外宣传等。由政府牵头，主导抗战文化遗产的保护与利用，是最为有效的进行工作的保障。但同时，对南京抗战建筑遗产的保护与开发利用，并不能仅由政府"孤军奋战"，而应该坚持鼓励多方共同参与的原则。社会各界的参与，将是对政府工作的一种补充，体现的是国家、政府、社会之间的良性互动。

在南京抗战建筑遗产的保护与利用工作中，政府起到的将是规范和引导的重要职能，而社会各界的资源及市场配置将在依据政府所制定的可行方针及政策的前提下，充分发挥和完善抗战文化遗产的功能。

（2）各项内容分级保护，重点开发原则

南京抗战建筑遗产种类繁多，分布在南京 11 个行政区内。由于区位、保存现状、所属种类等不同，不可避免地造成了保护及开发利用上所存在的差异。一些重要机构、反映重要历史事件的遗址遗迹已经被评为省市级与国家级的文物保护单位，并得到了不同程度的

保护、开发与利用，而有些地处偏僻、规模较小、历史价值不高的遗址遗迹，则因保护难度高、现实意义低，在保护上不能引起足够的重视，更没有进行开发与利用。

在对南京抗战建筑遗产进行普遍与系统性的保护的同时，要对具有重要意义的遗址遗迹进行抢救修缮及保护，并采取整治其周边环境等措施，恢复其本体及周边环境的原有风貌特征。根据抗战文化遗产中不同类型的遗址遗迹其自身的价值与意义，按照国家级、省级、市级、区县级与文物点的不同要求来进行分级保护。对分布相对较为集中与级别较高的抗战文化遗址遗迹，应加大力度重点保护与开发。

（3）保护与开发并重，惠及人民原则

为求得文化遗产保护的可持续发展，必须在保护的同时并重开发与利用，将社会效益及经济效益有机统一，充分发挥抗战遗址的文化价值。社会效益是指最大限度地利用有限的资源满足社会上人们日益增长的物质文化需求。任何一项文化事业的发展，都离不开对社会效益的追求，抗战文化遗产的保护也应该以社会效益为导向，充分发挥其社会、文化、经济价值，做到保护与开发并重、社会效益与经济效益双赢，使抗战文化遗产的保护深入人心、惠及人民大众。

3. 南京抗战建筑遗产的保护方法

现代人类具有空前的力量，足以在一夜之间改变整个城市的形态，所以每一个历史城市由于政治、经济、文化等因素，都有可能面临着失去历史风貌建筑与城市历史区域的痛苦。特别是近代历史所遗留下的遗址遗迹，往往得不到政府与群众的足够重视。要做到在抗战文化遗址遗迹受到严重危害前便开始进行思考并给出预案，同时在抗战文化遗址遗迹受到新建项目侵害时，采取直接的干预措施，尽可能地维持遗址遗迹的原始结构与材质、保留其最初的美学形象，在要求政府主导、干预，制定抗战文化遗产保护措施时，还应该坚持以下几点核心理念：

（1）原真性

保护遗址遗迹应以直接呈现其历史原貌为目标，树立不改变历史原貌、原址保护及维持历史真实性的指导思想。南京抗战建筑遗产包含了各类遗址遗迹及非物质文化所承载的抗战历史的准确性与遗址遗迹、非物质文化所体现出的历史完整性。

而遗址遗迹的完整性、观赏性与可利用性，都与其周边环境的存在状态息息相关。离开了环境，遗址遗迹只能成为文化孤岛与历史的标本，丧失其本真性。所以，在南京抗战文化遗址遗迹的保护中，应重视原址保护与周围环境的保存，不能以经济利益为优先而让位于房地产开发，更不能随意进行迁建。在修复历史遗址的时候，应对相应历史进行研究，仔细考察其原始风貌、原始材质、原始色彩等与修复相关的关键因素，在修缮之后仍能保持其原真性。

南京抗战文化遗址遗迹的保护，应以遗址遗迹的本体及其相关环境为着眼点，在保证本体的原真性及周边环境完善的基础上充分挖掘其人文价值。

（2）协调性

在对南京抗战建筑遗产的保护与开发中，必须顺应城市的发展，在城市建设发展、市民生活环境改善与主题展示之间取得良好的平衡。遗址遗迹周边环境的整治也应与历史文化事实相协调。

南京抗战建筑遗产中不仅仅包含有历史建筑遗址遗迹、相关文物、非物质文化，还包括山川、地形、植被等自然载体，以及能被人感知到的遗址氛围：空间视觉效果、心灵感观等。使受保护的遗址遗迹能够表现出其所承载历史的应有神韵，是遗址遗迹保护的最终目的。

所以，"协调性"是指，在保护与开发抗战文化遗址遗迹的时候，除注意保存其本体之外，对本体周边环境进行保存及整治，使经修复的遗址遗迹与环境能协调统一；与此同时，在对遗址遗迹内部陈设更新时的选择与使用，应与历史相吻合，这样才能使其展示的文化与遗址遗迹的本体相符合。

（3）开放性

在保护南京抗战建筑遗产的过程中，必须保持思想的开放性，正视历史史实，实事求是。与一般意义的文化遗产保护不同，南京抗战建筑遗产因涉及的历史、政治问题，一直存在许多思想误区。在抗日正面战场上，国民党指挥下的中国军队为争取抗日胜利也曾做出过重大的努力，这些贡献不应因其党派最高当局的错误指导思想与当时其内部部分官员的腐败而被忽视。当今国内各界对淞沪会战开始至南京保卫战结束期间中国军队起到的作用定位还不够准确，也正因如此，南京保卫战时所留下的遗址遗迹仍无法得到应有的关注度。

同时，作为当时沦陷区伪中央政权所在地，南京抗战建筑遗产中包含了大批日伪残暴统治所遗留下的实物证据，目前受中国传统观念影响，其中一些遗址遗迹仍处于被社会漠视的状态。

　　要做好南京抗战建筑遗产的保护工作，就必须进一步解放思想，正视民族伤痛，正视抗日战争期间所有中国军人为取得胜利而作出的贡献，以开拓创新的精神，客观、准确地开展工作，为后人留下真实的南京抗战建筑遗产这份独特、珍贵的文化资源。

　　在南京抗战建筑遗产的保护与开发利用工作中，坚持保护的原真性、协调性与开放性的理念，其最终目的是为了更加有效地保护南京抗战建筑遗产，唤醒城市记忆，传承历史文脉，弘扬抗战精神。

第三节 南京抗战建筑遗产保护面临的问题与解决措施

目前，抗战文物保护存在工作上的不平衡等问题，至 2015 年国家文物局统计下的全国各级抗战文物保存基本完好的仅占 42%，而作为国家级文物保护单位中保存基本完好的占 83%。从开放程度上看，全国范围内的抗战文物一半以上实现对公众开放，但同时由于受到产权、管理和使用权的限制，另外近一半的抗战文物尚未发挥出应有的社会功能。南京抗战建筑遗产除拥有以上共性外，还具有自身的一些特点，所以在正确提出南京抗战建筑遗产保护的可行方法之前，我们应充分认识到现今南京抗战建筑遗产保护所面临的问题。

国民政府期间，由于其政治与经济能力的不足，造成南京在解放前，城市内现代建筑与古代建筑并存、民主与帝制共享的城市特点。改革开放之后，南京进入大发展时期，在接受了城市广泛现代化的命运之后，不可避免地缩减了城市的历史特性，只剩下了象征性的城市历史标本。

1. 南京抗战建筑遗产目前所面临的主要问题

基于笔者对南京抗战建筑遗产逐点调研得到的信息基础上，总结现今南京抗战建筑遗产保护所面临的问题：

（1）整体残缺。根据笔者调查结果所示，在南京抗战建筑遗产之中，有史可依、有址可查的 442 处历史地点之中，如今已有 112 处在城市现代化发展中被拆除，另立新楼，占总数的 25.33%。例如民国四大监狱，现仅存中央军人监狱旧址，且目前处于空置、无人维护的状态，处境堪忧。承载着抗战历史的地点消亡迅速，存世的抗战亲历者也越来越少，随着时间的洪流，如再不对相关历史遗存及资料加以保护、保存，将越来越难以收集。遗址、旧址建筑的消失，会对历史的完整性产生不良影响，造成抗战遗址遗迹在城市文化与空间上的整体残损。

为避免系统的丧失，必须抢救现存的、关系全局的重要遗址，还原历史体系，补充已经损失的重要历史元素，恢复城市历史格局的完整性。作为城市历史的记录者和城市发展的参与者，南京抗战建筑遗产应进行系统的定性，其中所包含的建筑单元不是被当作某一单独的点来进行保护，而是作为南京抗战建筑遗产链上的一环，系统性地、从宏观的角度来思考其保护与再利用的应对措施。

（2）"文化孤岛"现象。南京抗战建筑遗址遗存的完整性存在缺失，主要是指在城市发展和建设的过程中，有大量历史建筑点的环境完整性与连续性遭到不可逆的破坏。有些历史建筑点甚至被现代建筑环抱，仅存建筑主体，其历史环境荡然无存，而有些历史建筑片区仅留下最具代表性的原有建筑，而其他建筑则被逐一拆除。在南京老城市中心，历史建筑遭受现代化城市建设的挤压，历史风貌破坏严重。群体历史建筑面临着整体形象的丧失，逐渐成为现代化城市中的一座座"文化孤岛"。

如何改善、保留独栋历史建筑及历史建筑群周边风貌，是否可以还原已经遭受破坏的周边地区风貌，呈现历史环境的真实面貌，成为抗战文化遗址保护的重要课题。

（3）保护与利用相背。在抗战文化遗产中，已经被定为省、市级的文物单位的数量众多的民国建筑遗存中，一大部分历史建筑处于被孤立封存的状态。既无人使用，也无人修缮，更不对外开放，久置而愈加破败，成为城市中的"黑空间"。这部分历史建筑，急需政府制定相关总领性的保护与利用条例，进行抢救性的修缮与维护工作，寻找合适的利用途径，邀请社会资本注资经营，并能够对社会开放展示，这样才能充分挖掘其历史与文化价值，长久地保存并流传给后代。

（4）记忆弱化的窘境。我们所熟悉并留给后世子孙的关于南京抗战的历史，不应仅限于侵华日军对南京的摧残，还应该包含这段历史中中国军民在南京所进行的顽强抗争与显示出的民族气节。当一段历史无法以物质传承的时候，便面临着历史模糊、群体记忆弱化的危机。以南京抗战民国碉堡为例，从笔者实地调研时随机采访市民与游客的情况来看，对于未挂牌的碉堡遗址，绝大部分人都认为其是抗日战争时期侵华日军修筑的军事工事遗迹。

与此同时，对于已经挂牌的文保单位，挂牌上所提供的历史资料的正确性应随着研究发现而随时更新，避免误导普通民众。如现南京市政府机关大院东南角和平公园内的钟楼，其真实身份为1937年建成的国民政府考试院钟楼，名为"励士塔"，因为其后来被汪伪政权利用，作为"还都纪念塔"宣传过，于是它"还都纪念塔"的身份一度更为著名。但它并不是汪伪政府所建，也不是为纪念汪伪"还都"的目的所建，所以在标注其历史背景时，应还其真实历史身份。而现在，塔身所镶嵌的石碑上给出的仍然是错误的历史信息，应予以及时纠正。

保护南京抗战建筑遗产，确保其历史正确性、整体完整性和系统性，使抗战文化成为南京城市主流文化之一，成为南京抗战建筑遗产保护的重要任务。

（5）城市经济发展与历史文物保护之间的矛盾。从历史经验来看，如果一座城市的经济不发达，则必然造成历史文物的衰败；但当城市渴求复兴，单一促进经济发展之时，又导致已经受损的历史文物被彻底清除，为新兴城市设施让道；当城市经济发展到了一定程度，城市生活质量提高后，出于对自我文化身份的认同及对旅游产业的刺激，政府及广大市民要完整保护历史文化遗产的渴望油然而生，但此时，城市历史文化遗产已经遭到了不可逆的大规模破坏。所以可以认为，总是在城市文化遗产已经遭到毁坏之后，才有了对其保护的意愿与方法。

在南京城市经济高速发展、老城区建设已经饱和的今天，于城市发展与南京抗战建筑遗产的保护之间寻找平衡点，以保护促发展，以发展来支撑保护，是目前急需进行深入探讨的课题。

（6）保护与延续面临的困难。结合笔者的实地调研与资料研究，总结对南京抗战建筑遗产进行认定与保护及开发利用的工作中，目前仍需面对的困难有：

① 田野调查工作量巨大，且部分地点调研季节性要求较高，加之后续必要的测绘等工作，均需要大量的人力、物力和财力予以支撑。

②缺乏现有的完善理论系统支撑，在对南京抗战建筑遗产的研究与认定过程之中，必须综合文物学与历史学、建筑学、城市规划学、环境保护学等多学科理论，加以探索和创新，形成南京抗战文化遗产保护的基本理论构架雏形。

③政治性和地方政策性强。虽然南京市各级党委、政府、各部门和社会各界对文化遗产保护的理念已经趋向共识，但"南京抗战文化遗产"的概念还未被广泛理解与熟知，在实际操作过程中，抗战建筑遗产的保护与城市建设之间的利益冲突依然存在。

④资金投入需要大幅度增加。在南京抗战建筑遗址遗存已经定级的区县级以上遗产中，有数量众多的历史建筑仅作封闭保存，既无修缮也无利用，实属遗憾。

⑤依法保护有待进一步落实。地方法规多偏向说教，可操作性不强；制约性过多，引导功能较弱；地方法规较多，但具体管理标准欠缺。

开展南京抗战建筑遗产的调研、梳理、登录、保护与利用工作面临不小的实际困难，是一项既任重而道远也具有深厚现实意义的工作。在当今社会，保护与开发利用南京抗战建筑遗产具有重要的现实意义。保护与继承优秀的文化遗产，将能有效促进社会文明进步。

2. 南京抗战建筑遗产的保护措施

在对南京抗战建筑遗产进行保护之前，必须先明确保护工作进行的步骤。

（1）制定名录，对遗址遗迹进行登录

对抗战文化遗产中历史遗址遗迹的登录保护是基于调查统计后的一项存档记载工作。为这些遗址遗迹制定名录、建立档案是遗址遗迹保护与保管中一项关键性的基础工作。对于数量庞大的南京抗战文化遗址遗迹的保护，首先要做的便是做好比较系统的登记说明，建立名录，进行存档。这需要在对南京抗战文化遗址遗迹本体及其所处环境进行科学调查、勘定、鉴定的基础上，摸清分布区域、位置特点、所述类别、保存现状、数量状况、权属关系、现存问题等，提供科学的参考，形成有效的保护依据。

此外，还应充分利用现代科技手段，形成抗战文化遗址遗迹的数字化记录，以便不断补充与更新资料和信息，完善南京抗战建筑遗产数据库，促进保护工作进一步开展。

（2）分级保护、分类开发

在对南京抗战建筑遗产进行登记备案之后，要依据现有法律法规确定文物等级的原则，对抗战文化遗址遗迹进行评定、分级，根据不同的等级采取相应的保护措施。而这种分级也不应是终身制的，在对已经定级的抗战文化遗址遗迹进行抢救与保护取得阶段性成果的同时，通过保护工作的努力而符合条件的遗址遗迹，可进行保护级别升级的申报，并采取新的措施和模式来进行管理。随着抗战文化遗产定义的拓展和城市历史研究的推进，将有越来越多的抗战文化遗址遗迹被列入各级文保单位名单，保护体系中的对象群也将随之增补，南京抗战建筑遗产的保护体系将日益完善。

当代城市社区的提升与改造，已经脱离了单一的社区硬件建设、改造、升级模式，而是在改善硬件的同时注重挖掘、重塑社区文化，提升社区文化内涵。所以，对可进行高强度开发类的抗战遗址遗迹进行保护与开发上，应以居民区的规划、拆建与环境整治为前提，结合遗址历史、时代背景修复，进行环境复原与相关历史陈列，使之成为社区的重要文化空间。同时，依据社区定位及社区居民要求，亦可将其开发为大众化的旅游区域，提升社区经济价值。

（3）本体修复与环境整治

南京抗战文化遗址的本体修复是保护遗址的基础。遗址的本体修复应遵循文物保护中"原址修复""修旧如旧"及"可逆"的原则，将抗战时代特征与历史事件结合起来对遗址本体进行修缮，以保存遗址原貌。在加固与维护中坚持必要性选择，尽量少地对遗址本体进行干预，不应妨碍未来采取更有效保护手段的实施。在完成对遗址的修复工作后，应由有关部门安排、组织专业力量对遗址所包含的历史进行布展及宣传。

此外，修复与保存"具有文化意义的场所"在南京抗战建筑遗产保护中也具有重要意义。这之中"文化意义"是指：获取现在和后代具有艺术的、历史的、科学的、社会的或精神上的价值。"场所"是指用地、区域、土地、景观、建筑物或其他，建筑群或其他，也可能包括构件、体块、空间和景色。应结合南京抗战建筑遗产其本体，对周边具有文化意义的场所进行整治与规划，最大限度地还原历史风貌。要做好这项工作，应及时划定抗战遗址遗迹必要保护范围，由市政府相关部门确定城市紫线，这其中包括遗址遗迹的保护范围和建设控制地带两部分内容。可以参考已经在抗战遗址遗迹保护工作中取得初步成效的重庆市所制定的《重庆历史文化名城保护规划》中对历史遗址保护范围的规定：

"市级以上单体抗战遗址建筑的保护范围外缘线的最小范围分别为：抗战历史建筑物等主体构筑物外墙线以外9米至30米；具有代表性历史价值或景观价值的抗战遗址的外围线外9米至80米，或主体部分外围线以外30米；墓葬封土外缘线外9米或墓口以外30米；石刻、碑刻或其他不可移动文物的主体外围线外30米。处于城镇建筑中间的建筑类遗址，按照实际需要，在能够抵御各种破坏因素的前提下，可减少保护范围的标准。""遗址建筑群的保护范围外缘线要根据对象的不同分别制定，保护外缘线距主体文物外围线一般不得小于60米，其中遗址外围线以外不得小于80米。"[①]

对抗战遗址遗迹环境的整治与规划，最终目标是使周边环境、周边建筑与遗址遗迹相协调，达到提示历史信息、反映历史环境、展示抗战历史风貌的目标。

（4）构建城市文化空间

城市文化空间，包括文化生存空间、文化氛围及网络虚拟空间三重含义。南京是一座

① 重庆市规划局，重庆市文化委．重庆历史文化名城保护规[Z]．2015．

历史悠久并多元化的城市。在数千年的发展过程中，南京是"十朝古都"，更是一座融合着中华民族历史骄傲与悲伤的城市：曾有诸多王朝在南京建都，却几乎都短暂而惨淡，使得这座城市既承载过魏晋风度，也历经过大明辉煌，既经历过华夏最鼎盛的时代，也遭受过中华民族最惨烈的痛楚。遍布在南京城市中的遗址遗迹，承载着历史矛盾与复杂的印记。抗日战争时期，南京作为当时战前与战后首都、国民政府华中沦陷区伪政权中央政权与侵华日军中国派遣军最高领导层所在地、受降地，占据着重要的历史地位。所以，南京抗战建筑遗产既是中华民族抗战文化的重要组成部分，也是世界反法西斯战斗的重要一页，同时更是南京城市历史、文化的重要篇章。

对于南京抗战建筑遗产的保护与开发，不应仅仅停留在对文物本体所进行的工作上，还应充分利用各种条件，结合抗战文化遗产的特点，打造城市文化空间。而利用现有历史遗存，修复历史风貌，形成风格鲜明的历史街区以成为城市文化空间，进而作为旅游开发的项目，也是当今市民及中外游客所接受并喜爱的形式。

3. 南京抗战建筑遗产的保护与利用分类

第二次世界大战之后二战建筑遗产成为历史建筑保护之中的一项新的门类。德国、法国、波兰、日本等国均对其国境内因二战而产生的遗址遗迹进行了不同程度的修缮保护与开发利用。但对于二战建筑遗产的评价标准及名录设置的登录标准，目前在国际上并不存在一个统一的参考性准则，通常是由地方相关部门负责保护的工作人员根据地方实际情况并参考既有的其他门类历史建筑名录登录标准进行评估、选择、登录，并向社会公布。所以，二战建筑遗产的名录登录在各个国家及各个区域内具有相当的地域性特征。与之相仿，中国的抗战建筑遗产与传统意义上的文物建筑遗产相比，尚没有专门的国家法律法规来进行保护，其修缮保护工作是通过一些地方性政策来加以实施的。笔者根据前文论述所确定的南京抗战建筑遗产的定义、内涵及特征，尝试初步建立南京抗战建筑遗产名录。

笔者曾拟定一份南京抗战建筑遗产名录，包含内容数量众多同时拥有大量分布在城市中心区域的旧址建筑，所以在其保护深度上不应局限于单纯对建筑实体的保护，而应推展至面向城市和人居环境的整体保护，而在开发与利用方面则应从一贯的博物馆式开发利用转向适应城市规划发展，连接城市的历史与未来，适应并促进城市环境改善的利用方式。

对于南京抗战建筑遗产的保护应区别于传统意义上文物建筑的保护，而保留适当的灵活性，在进行保护的前提下持续利用并能够起到铭刻城市历史、延续城市风貌、活化社区氛围的作用。在尽可能延续历史功能、保持历史风貌的前提下，提升其公共性是当今抗战建筑遗产的保护与开发利用中不可避免的趋势。

根据前文所制定的南京抗战文化遗产保护步骤，在初步建立起南京抗战建筑遗产名录之后，依据历史建筑保护原则对其进行分类，根据不同类型进行分类保护，明确修缮方法及修缮程序。

（1）南京抗战建筑遗产保护分类

根据南京抗战建筑遗产的实际情况，就其历史、文化、艺术、环境价值及完好程度与使用价值的高低，依据本书第六章拟定并建立的价值评估体系，采用加权量化的方式确定等级（表7-1）。

表 7-1　南京抗战建筑遗产保护分类表

类别	评判标准
一类	具有较好的历史、科学、艺术、环境和社会价值的建筑单体及建筑群
二类	具有一定的历史、科学、艺术、环境和社会价值； 建筑群格局完整，主体建筑保存良好； 单体建筑结构完整，保存程度良好
三类	具有一定的历史、科学、艺术、环境和社会价值； 建筑群格局具有辨识性，群组中部分建筑保存一般或较差； 单体建筑保存一般或较差

对应不同的保护类别，其修缮工程则可分为保养维护、修复改善、整治改造三种深度进行。同时，由于南京抗战建筑遗产遍布城市内外，且其所处区位、单位权属不同造成其使用价值的不尽相同，不同的使用价值拥有不同的被开发潜质，南京抗战建筑遗产的建议修缮工程模式与要求，以及建议开发类型，如表7-2所示：

表 7-2　南京抗战建筑遗产修缮工程模式、要求及建议开发类型表

类别	平面布局	结构体系	装饰装修	立面风貌	建议工程类型	是否具有使用价值	建议开发类型
一类	不宜改变历史原貌	不宜改变历史原貌	特色内部装饰不得改变	不得改变历史原貌	保养维护，修复改善	是	以呈现历史原貌为主的展示型空间
						否	在建筑权属发生变更或建筑所处社区环境改变前不建议进行开发
二类	允许部分改变	允许部分改变	允许部分改变	不得改变历史原貌	保养维护，整治改造	是	结合城市规划及社区发展，展示历史的同时开发社会服务功能
						否	在建筑权属发生变更或建筑所处社区环境改变前不建议进行开发
三类	允许部分改变	允许改变	允许部分改变	主要立面特征及风貌不得改变	整治改造	是	结合城市规划及社区发展，形成娱乐与社会服务功能为主的历史空间
						否	不建议开发

（2）南京抗战建筑遗产开发利用分类

在南京抗战建筑遗产的保护工作中，既要保证其历史的原真性，又应重视其作为城市历史、文化与空间联系者的重要作用与可持续发展性。现今历史建筑的开发与利用总的来说是以面向市民的社区文化活动与面向受众更为广阔的旅游业为主的开发利用手段。作为南京历史建筑的一部分，南京抗战建筑遗产在根据其保护分类不同与使用价值不同归为不同方向性开发利用等级的同时，亦须根据其现状及所在区位的地理、人文环境及建筑权属不同而进行开发等级的分类，进而更加有效地进行保护和充分利用。

根据中国既有历史建筑旅游开发模式，可将南京抗战建筑遗产开发类别分为以下 4 类：

① 不宜开发类

这一类遗址遗迹中，包括：需要特殊保护的遗址遗迹；存在安全隐患未经修复的遗址

遗迹；政府、军队部门正在使用的旧址建筑；地理位置过于偏远的遗址遗迹；不宜转化为旅游资源的其他类资源。属于这一类的抗战文化遗产，应由政府对相应权属单位提出修缮的总控纲要，以抢救性修缮与保护为主，限制游客出入。

② 限制开发类

这类抗战文化遗址遗迹将被主要开发成为观光型旅游产品，需要控制游客流量和游客停留时间，并控制其本体周边的商业业态。这类遗址遗迹开发，应以"博物馆模式"为主。由遗址本体为基本构成主体，通过修复遗址、陈列相关历史信息、整治周边环境、营造并还原历史氛围等手段，向市民及游客进行抗战文化的展示。

属于这一类的抗战文化遗产主要有：具有重要保护意义的抗战历史遗址遗迹，以及公共建筑、名人旧居故居、历史街道、城墙等。

③ 低强度开发类

以具有一般保护价值的抗战历史遗址遗迹为开发基础，主要进行高品位的文化游赏设施和旅游服务设施的开发。这类遗址遗迹的开发利用，以"公园模式"为主，以城市园林规划为基础，把城市休闲空间及文化空间相结合，建造遗址公园。如南京市政府依托 2006年月牙湖整治工程发现的南京保卫战时期利用明城墙砖所修筑的军事堡垒遗址所建造的光华门堡垒遗址公园，既向市民及游客展示了南京保卫战光华门战役的历史，又是南京城墙外环绿带的一部分，也为市民和游客提供了娱乐和休闲的场所。

④ 高强度开发类

主要开发大众化的旅游设施以及市民社区文化空间。这一类遗址遗迹具有一定的历史意义，但现存状态不佳，位于城市闹市之中，前景堪忧。应以城市建设与旧城区改造为基础，以整体保护与环境修复为目标，对这类遗址遗迹进行保护与利用。例如位于常府街 30 号的陈果夫、陈立夫公馆，其处于现代商业建筑及 20 世纪 80 年代所建老小区的夹缝之中，建筑处于危房状态，缺少应有的修缮与维护，同时该片区亦缺少社区文化服务功能，在此前提下可考虑开发利用此处公馆旧址建筑，保持其特有建筑结构及立面特色，结合社区文化服务功能将其改造成为面向片区居民的文化、服务中心。

随着城市现代化的发展，人们的物质生活水平得到了前所未有的提高。人们在生活富足的同时，精神文化方面的需求日益增加。从 20 世纪末至今，一种怀旧之风逐渐盛行。南京老门东历史街区的重建、夫子庙民国风情街区的建成，都成了南京极具特点的城市历史文化代表，并成为城市新的旅游景点，不仅为城市带来经济效益，也丰富了市民的文化生活。通过抗战文化遗址遗迹的保护与开发利用来构建尊重历史、传承文化、适应时代需求的城市文化空间，是彰显南京城市文化和精神风貌的具体表现，是南京抗战建筑遗产保护与开发利用成功的最终体现。

第四节 南京抗战建筑遗产保护性利用案例考察

①国家文物局：http ncha.gov.cn

南京是国务院首批公布的 24 座历史文化名城之一，拥有丰富的历史建筑遗存资源，这其中包含有为数众多的南京抗战建筑遗产，有些南京抗战建筑遗产目前已经得到有效的保护与再利用①。在由中国文物学会 20 世纪建筑遗产委员会推荐，经评选产生的中国 20 世纪建筑遗产的名录中，2014 年第一批入选的与南京抗战建筑遗产相关的历史建筑就有中山陵、南京中央大学旧址、孙中山临时大总统府及南京国民政府建筑遗存、国立紫金山天文台旧址、雨花台烈士陵园、金陵大学旧址、侵华日军南京大屠杀遇难同胞纪念馆（一期）、国民政府行政院旧址，共 8 处。2017 年第二批入选的有国立中央博物馆旧址、金陵女子大学旧址、国立中央研究院旧址、国民大会堂旧址、南京中山陵音乐台、中国银行南京分行旧址、中央体育场旧址、中国共产党代表团办事处旧址（梅园新村）、金陵兵工厂旧址、中华民国临时参议院旧址、民国中央陆军军官学校（南京），共 11 处。2018 年第三批入选的有首都饭店旧址（南京）、北极阁气象台旧址（南京）、中央医院旧址（南京）、国立美术陈列馆旧址（南京）、国民政府中央广播电台旧址、国民政府外交部旧址、南京大华大戏院旧址，共 7 处。2019 年，又有扬子饭店旧址、拉贝旧居、国际联欢社旧址（现南京饭店）、交通银行南京分行旧址 4 处历史建筑上榜第四批中国 20 世纪建筑遗产名录。

南京市评定的市级文物保护单位至 2012 年 3 月已公布四批，共 556 处与 3 处扩展项目，其中近现代历史遗迹及革命纪念物有 180 处，而这 180 处中南京抗战建筑遗产相关的历史建筑有 97 处。南京市政府至 2019 年所公布的三批南京市历史建筑名录共 297 处中，就包括紫金山碉堡、永利铔厂侵华日军炮楼等大量南京抗战建筑遗产。

而对于南京抗战建筑遗产相关的历史建筑片区的保护，南京市相关职能部门亦在逐步推进。例如南京市规划局于 2002 年委托南京市规划设计院制定了《颐和路民国公馆区历史风貌保护规划》。其中颐和路公馆区第十二片区 26 幢历史建筑经过修缮后作为文化体验酒店对外开放，2014 年获联合国教科文组织亚太地区文化遗产保护荣誉奖。又如南京市秦淮区西白菜园民国建筑片区于 2019 年开始保护性开发，拆除违章建筑，对片区内的文物建筑进行加固和修缮等，预计将打造成以文化展览、老字号商业、文创休闲为一体的民国历史文化休闲街区。

目前，国家文物局审核备案的抗战类纪念馆、博物馆有 137 座。与南京抗战历史相关的南京抗日航空烈士纪念馆、南京民间抗日战争博物馆、侵华日军南京大屠杀遇难同胞纪念馆便位列其中。

此外，为纪念抗日战争时期为争取民族解放而发生的战斗与牺牲的英雄，南京政府自 1949 年以来修建起 41 处战斗纪念碑、英雄纪念碑与陵园等纪念设施。为了铭记历史，南京市政府及民间组织自 1985 年以来建立了 21 处南京大屠杀遇难同胞殉难地与丛葬地纪念设施。

综上，南京抗战建筑遗产中有一部分的历史建筑已经得到较好的保护与开发利用，然而遗憾的是，南京抗战建筑遗产体系还未建立，这些被保护与开发的历史建筑均是作为独立于南京抗战建筑遗产体系之外的主体被保护与利用的。目前，与南京抗战建筑遗产相关的南京历史建筑保护与开发利用主要有以下几种模式。

1. 原样修缮

原样修缮的南京抗战建筑遗产的建筑主要分为两类，一类是未对外开放的历史建筑，抗战结束至今均作为军、政、教育等机构建筑使用，在使用的过程中，不断进行修缮与维护，同时为了满足现代办公、生活的需求，建筑内部的功能有局部的调整，装饰装潢有部分的变化。另一类是对外开放的历史建筑。这一类建筑在抗战胜利后功能与权属单位不定，使用的过程中不一定得到过有效的维护，近年来由于其重要的抗战历史价值被挖掘而被修缮，作为展览设施或者公共服务设施等对公众开放。

（1）未对外开放的历史建筑

未对外开放原样修缮的南京抗战建筑遗产建筑以原国民政府交通部旧址与行政院旧址建筑为例。原国民政府交通部旧址与行政院旧址被中山北路隔开，两处旧址东西对望，目前并为一处，为南京政治学院作校舍使用（图 7-14）。

原国民政府交通部占地面积 47 050 平方米，共有房屋 21 幢。主楼由俄国建筑师耶郎设计，辛峰记营造厂承建，为钢筋混凝土结构，建筑面积 18 933 平方米，为中国传统宫殿式，中部三层两翼二层地下一层。该建筑最初拥有一组中式歇山顶屋顶，在侵华日军进攻南京时屋顶全部被焚毁。抗日战争胜利后原国民政府交通部对其进行修缮时将大楼改为平屋顶。

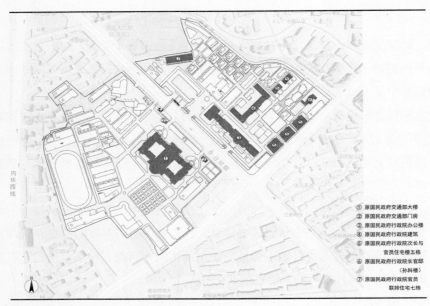

图 7-14　原国民政府交通部旧址与原国民政府行政院旧址现状图
图片来源：笔者自制

① 原国民政府交通部大楼
② 原国民政府交通部门房
③ 原国民政府行政院办公楼
④ 原国民政府行政院建筑
⑤ 原国民政府行政院次长与
　官员住宅楼五栋
⑥ 原国民政府行政院院长官邸
　（孙科楼）
⑦ 原国民政府行政院官员
　联排住宅七栋

1947 年因设立民用航空局，又于主楼东侧建造三层西式楼房一座供其办公使用。目前原国民政府交通部旧址仅存主办公大楼及围墙、小桥、大门及门卫室等配套设施，为南京重要近现代建筑、全国重点文物保护单位。主办公大楼作为南京政治学院西苑教学楼使用（图 7-15）。在使用、维护过程中，该大楼至今保持较好的原始立面风貌，建筑内部装饰风格未变。仅由于年代原因建筑局部出现裂缝、立面装饰剥落等问题，权属单位在逐年对其进行更近维护修缮。除主体大楼外，围墙、小桥、大门及门卫室等配套设施亦保持了较好的原始建筑风貌。

与原国民政府交通部旧址一街之隔的原

图 7-15　原国民政府交通部旧址主办公大楼今昔对比
图片来源：（上）1940 年发行明信片；（下）笔者自摄

国民政府行政院旧址，建筑设计者为建筑师范文照，占地面积约 70 000 平方米，共有建筑面积 2.25 万平方米。建造之初作为原国民政府铁道部办公地址。南京沦陷前夕，此处曾作为首都卫戍司令部，唐生智等人便是在此指挥南京保卫战。抗日战争胜利后，作为原国民政府行政院和粮食部使用。现"一"字形重檐歇山顶主办公楼是南京重要近现代建筑、全国重点文物保护单位，作为南京政治学院东苑办公大楼使用。在历年的维护与修缮中，该楼保持了较为完整的建筑原始风貌。原国民政府行政院旧址范围内除主办公楼外还留存有原国民政府行政院次长及官员住宅楼数栋、办公楼一栋，现均作为南京政治学院生活用房使用。

另有"孙科楼"，为孙科担任国民政府铁道部部长时兴建，由建筑师陈植、童寯、赵深设计，上海华盖建筑事务所承建。建筑为砖混结构，地上三层，左右不对称，大门左侧二层，右侧三层，大门呈拱形，门上方有阳台，建筑面积 529 平方米。1932 年 1 月汪精卫出任国民政府行政院院长时，孙科将此处腾出作为"行政院院长官邸"给汪精卫居住。南京沦陷期间，"孙科楼"被侵华日军驻中国派遣军总司令西尾寿造占据，后又成为汪伪政权招降纳叛的"迎宾馆"。1943 年周佛海夫妻曾因原住宅西流湾 8 号失火，被汪精卫批准在此处居住 1 年有余。目前，该建筑为江苏省级文保单位，位于政治学院内部作为政治学院干休所使用，不对外开放。目前，该建筑结构完整，立面与内部装修均维持了建筑原始风貌。

原国民政府交通部旧址与行政院旧址建筑在历年的使用过程中，并没有因为现代的工作与生活需要而进行过多的改造与翻建，其范围内的历史建筑最大程度地维持了原始风貌。但由于使用强度的不同、建筑保护等级的不一等因素，即便是在同一权属单位中、同一地区范围内的历史建筑，在现存建筑状态上亦存在差异。以历史建筑留存较多的原国民政府行政院旧址来说，该旧址范围里的历史建筑中，由于主办公楼使用强度大、历史价值高、保护等级高等原因，建筑修缮与维护的强度也相应较高，建筑风貌保存完好，局部立面裂缝、装饰脱落的情况也由其权属单位进行了修缮、加固。而作为生活用房的原国民政府行政院次长与官员宿舍楼建筑群，其历史价值相当、保护等级相同，但由于各栋楼使用功能与强度不同，造成建筑现状不一。例如被用作宿舍楼的原 U 字形办公楼，就于 2004 年整体翻新修缮过，目前建筑整体立面风貌保持良好。而位于政治学院东苑最北端的联排宿舍楼，则私人搭建较多，建筑整体属于缺少维护的状态（图 7-16）。

而这种同时期历史建筑保护措施的不均衡性也是目前南京抗战建筑遗产中由于产权、

图 7-16　（左）原 U 字形办公楼现状；（右）原次长与官员联排宿舍楼现状
图片来源：笔者自摄

管理和使用权的问题而不对外开放，由权属单位使用与保护的历史建筑所面临的最大的问题。拥有相同的历史价值，由于权属单位使用方式的不同而造成历史建筑的不同现状，在没有外在政策干预或权属单位使用方式改变的情况下，很容易造成一部分历史建筑由于年久失修而毁坏。

（2）对外开放的历史建筑

南京抗战建筑遗产中经过原址、原样修缮后对外开放的历史建筑，其开发利用方向主要有两类，一类是以历史陈列、参观游览为主的历史展览馆类开发措施，另一类是以亲自居住、使用，亲身体验历史建筑为主的创意类开发措施。

展览馆类开发以利济巷 2 号历史建筑为例。

原国民党中将杨普庆于 1935 年至 1937 年间在中央饭店对面、利济巷口建造了一片新式建筑组成的高级住宅区"普庆新邨"，地块北面的独栋二层洋楼作为住宅使用，南面体量较大的二层洋楼作为旅馆使用。1937 年侵华日军占领南京后于当年年末霸占这片住宅区内的旅馆建筑，将其改造成一家"慰安所"，交由日侨娼业者千田进行经营。这家"慰安所"就是"东云慰安所"，又名"东方旅馆"。这处长方形二层洋楼为内廊式建筑，走廊为东西向，对门而立的小房间均为长方形平面。一楼有 14 间小房间，并设有吧台，二楼有 16 间小房间。另外还有一间狭小的阁楼，被用来关押、吊打不听管教的"慰安妇"。这里的"慰安妇"多为朝鲜籍妇女。利济巷 2 号楼上第 19 号房间是朝鲜籍"慰安妇"朴永心当年被拘禁的地方。2003 年 11 月 21 日，她曾经来现场进行指认。"东云慰安所"成为唯一经在世的"慰安妇"指认的"慰安所"。

　　与利济巷 2 号建筑相通作为住宅使用的利济巷 16 号建筑群，拥有形制一样的 8 栋二层洋楼。日军霸占这里后，将其改造成另一处"慰安所"，门口挂着"安乃家"的牌子，是名为故乡楼的"慰安所"。8 栋二层洋楼是普庆新邨主体部分建筑。这里的"慰安妇"是日籍妇女，主要接待侵华日军军官。

　　抗战胜利后，普庆新邨建筑群作为民居使用，至 2008 年春节期间因为利济巷 2 号没有被列入烟花禁放范围连续遭遇两次大火，整个沿街二层建筑被烧得面目全非。后因该处建筑年久失修，所处区位又在城市中心位置，被划归为拆迁片区。在拆迁过程中，其作为侵华日军"慰安所"的历史被发掘，从而拥有 10 栋建筑的建筑群被保留下来。2007 年江东门南京大屠杀遇难同胞纪念馆扩建时，利济巷 2 号建筑群所处街道曾希望对此处建筑能异地迁址来进行保护，但未被采纳。2010 年，南京市政协委员张利明曾上交提案呼吁相关部门保护利济巷 2 号，将其列为文物保护单位。至 2014 年利济巷 2 号历史建筑群被评为市级文保单位，市政府启动对利济巷"慰安所"旧址的修缮保护、陈列布展工作前，普庆新邨中作为旅馆使用的两栋建筑均存，但沿街建筑损毁严重。原作为住宅使用的 8 栋独栋小洋楼中有 2 栋已被拆除，剩余 6 栋建筑主体结构完整（图7-17），但大部分房屋门窗已毁，楼梯散架，部分房顶及天花板坍塌，楼道内垃圾遍地杂草丛生（图 7-18）。

图 7-17　普庆新邨建筑群现存建筑
图片来源：笔者自摄

图 7-18　修缮前利济巷 2 号历史建筑风貌
图片来源：笔者自摄

　　在进行整体原址修缮、改建后，2015 年 12 月 1 日利济巷"慰安所"旧址陈列馆作为侵华日军南京大屠杀遇难同胞纪念馆分馆正式开馆。利济巷"慰安所"旧址陈列馆包括"东云慰安所"旧址和"故乡楼慰安所"旧址两处侵华日军"慰安所"旧址（图 7-19），是亚洲最大、保存最完整的"慰安所"旧址群，也是为数不多的被在世"慰安妇"幸存者指认过的"慰安所"建筑。建成的历史陈列馆总建筑面积 3 000 多平方米。其中六幢为展陈馆，

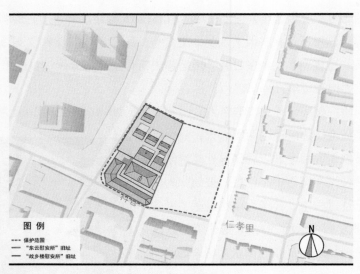

图 7-19　利济巷"慰安所"旧址陈列馆平面图
图片来源：笔者自制

两幢为办公楼。展示中的 B 栋旧址陈列馆外墙约有 1 平方米的墙体对外裸露着，由内向外展示了对旧址墙体的保护：最内侧为旧址原有青砖墙体，采用石灰砂浆砌筑。在原有的青砖墙体外侧，分别是钢丝网片加固层和钢板带加固层。外饰面层按照传统工艺、材料和做法，恢复了原先的淡黄色小拉毛粉饰面层。场馆历史建筑群本着修旧如旧的原则，进行了保护性修缮，呈现出现在所看到的利济巷"慰安所"旧址陈列馆建筑群面貌（图 7-20）。

图 7-20　利济巷"慰安所"旧址陈列馆
图片来源：笔者自摄

历史事件发生的历史建筑以原址、原貌修缮之后，作为历史陈列馆对外开放，能够最大限度地还原历史事件的真实性，使前去参观的民众能够身临其境地了解相关历史事件。

创意类保护性开发利用以颐和路公馆区第十二片区为例。

颐和路近现代文化体验酒店即南京颐和公馆坐落于南京历史街区——颐和路第十二片区，于 2013 年建设完成对公众开放。该片区原有 26 栋民国时期建造的独栋住宅建筑，现存 25 栋历史建筑，另有一栋进行了原址重建（图 7-21）。利用该片区历史建筑所建成的民国主题文化体验酒店，设计基本原则就是最大限度地保存民国历史建筑的风貌，设计单位认为过多地改变建筑的外貌将会改变建筑本身独有的气质，与此同时也将会改变这座城市的记忆和历史。

图 7-21　颐和路公馆区第十二片区平面图
图片来源：笔者自制

该片区的历史建筑中包括可列为南京抗战建筑遗产中抗战时期的名人旧居的南京市级保护单位历史建筑两栋，即黄仁霖旧居、薛岳旧居两栋建筑（图7-22）。其中薛岳为原国民党陆军一级上将、国民党十大抗日将领之一、抗日战争中长沙会战指挥官。黄仁霖则是原国民党高级将领、国民政府新生活运动促进总会总干事、联勤司令、国民政府军事委员会伤兵慰问组组长和战地服务团主任，但另有一说法是该处房屋极有可能并不是黄仁霖的旧居，而是原中央防空学校校长黄镇球的旧居。其具体权属仍待进一步考证。

经过重新设计与整合的颐和路第十二片区南京颐和公馆内部环境优雅，同时对外展现着极具特色的南京民国时期私家独栋建筑的区域风采。虽然作为酒店使用，建筑内部进行了现代化功能

图7-22　颐和公馆中的薛岳旧居（上）与黄仁霖旧居（下）
图片来源：笔者自摄

的更新与重建，但在建筑师尊重历史建筑原始风貌的基础上，历史建筑内外相互承接与呼应，整个建筑群落形成较为协调的建筑形态，在保护与修缮的基础上开发了该片区的新功能。

无论是作为展览馆使用还是作为其他的创意功能使用，对历史建筑原址原样修缮后加以保护性地更新功能与空间并对公众开放，是最大限度地将建筑历史风貌对外展示宣传，最具说服力与可信度地陈列历史建筑所承载的历史的保护与利用手段。

2. 在原址或另寻合适地点新建纪念馆、纪念碑

城市不断更新发展的过程中，一些抗战时期发生的重大历史事件的地点与重要历史人

物的生活空间等不可避免地在其价值被发掘之前已经消失，同时，在考古发现中也不断找到埋于地下的相关遗址遗迹遗留物等。对于这类抗战重大事件、重要人物等的纪念方式，普遍采用在原址或另寻合适的地点新建纪念馆、纪念碑等纪念性建筑与设施。

南京最为重要的在原址新建的抗日战争大事件纪念馆是侵华日军南京大屠杀遇难同胞纪念馆。

1937 年 12 月，侵略中国攻入南京城的日本军队对困在南京城内的平民和已缴械的中国军人实施了长达两个多月的屠杀暴行，受难同胞逾 30 万众。1945 年战争结束后的一段时期内，日本政府承认其侵略行径，但其国内右翼势力逐渐抬头。直至 1982 年，日本文部省审订通过历史教科书将"侵略中国"的记述改为"进入"，公然通过国家教科书美化其侵略历史，这一倒行逆施激起了中国人民特别是南京市民的强烈愤慨。为展现真实的日本帝国主义侵略行径，铭记历史，南京市迅速成立了南京大屠杀调查组，对侵华日军南京大屠杀遗址进行普查。这期间调查小组找到了一位当年参与江东门地区遇难同胞遗体掩埋的红十字会工作人员。在这位工作人员的帮助下，南京大屠杀遇难同胞江东门"万人坑"丛葬地具体地点很快被发现。1983 年底，南京市人民政府经中国共产党江苏省委员会和江苏省人民政府批准于江东门遇难同胞丛葬地筹建侵华日军南京大屠杀遇难同胞纪念馆。侵华日军南京大屠杀江东门"万人坑"遗址共经历了 1984 年至 1985 年、1998 年至 1999 年和 2006 年 3 次考古发掘。发掘面积从原先的 40 平方米扩大到 170 平方米，且连成一片。从遗址剖面上看，至少可以看清 7 层遗骨。

1985 年 2 月 3 日，邓小平到南京视察，题写"侵华日军南京大屠杀遇难同胞纪念馆"馆名。同年 2 月 20 日纪念馆正式动工，于 8 月 15 日即中国抗日战争胜利 40 周年纪念日当天建成开放。南京市内外已发现的 17 处大屠杀遗址也于同年由南京市政府主持设立纪念碑、纪念牌。1985 年建成的侵华日军南京大屠杀遇难同胞纪念馆由东南大学建筑学院教授、中国科学院院士齐康设计，以"生与死""痛与恨"为主题，占地 13 000 多平方米，建筑面积 1 900 多平方米，其中主体建筑面积 1 300 多平方米，建成史料陈列厅、电影放映厅、遗骨陈列室及藏品库等，被评为"中国 80 年代十大优秀建筑设计"之一，纪念馆广场浮雕由南京艺术学院钱大泾设计。

1995 年至 1997 年 12 月 12 日期间，侵华日军南京大屠杀遇难同胞纪念馆二期工程建成。二期工程依旧由齐康主持设计，新建了悼念广场、大型雕塑"古城的灾难"、刻有南京大屠杀发生时间的十字形标志碑、遇难同胞名单墙、纪念馆大门"残破的城门"和贵宾接待室，同时对展览设施和陈列内容进行了改进和充实。2005 年 12 月 13 日，纪念馆二期扩建工程正式奠基并于 2007 年 12 月 13 日竣工。扩建工程由华南理工大学教授、中国工程院院士何镜堂主持设计，建筑构思展现"战争、杀戮、和平"三个概念。扩建工程自老馆向东新建了新馆，向西增设祭场、冥思厅及和平公园等，还拆除了原馆围墙、调整了警世钟的位置，扩大了悼念广场，改造了老馆。扩建后的纪念馆占地面积由 2.2 公顷扩大到 7.4 公顷，总建筑面积扩大到 22 500 平方米。

2015 年，为纪念侵华日军 1945 年 9 月 9 日在南京投降事件，凸显抗战胜利的主题，纪念馆在其馆址西北首扩建三期工程。扩建场馆由华南理工大学建筑设计研究院支持设计，面积 28 307 平方米，形成现在的侵华日军南京大屠杀遇难同胞纪念馆的规模。（图 7-23）

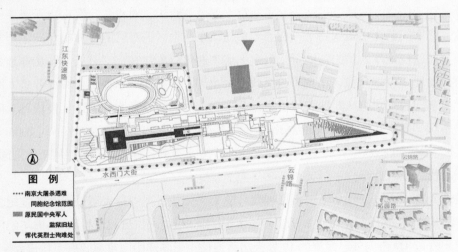

图 7-23　侵华日军南京大屠杀遇难同胞纪念馆平面图
图片来源：笔者自制

侵华日军南京大屠杀遇难同胞纪念馆是中国首批国家一级博物馆、首批全国爱国主义教育示范基地、全国重点文物保护单位，位列首批国家级抗战纪念设施、遗址名录，是国际公认的二战期间三大惨案纪念馆之一。2014 年第十二届全国人大常委会第七次会议表决通过将 9 月 3 日确定为中国人民抗日战争胜利纪念日，将 12 月 13 日设立为南京大屠杀死难者国家公祭日，同年 12 月 13 日起侵华日军南京大屠杀遇难同胞纪念馆成为中国唯一一座有关侵华日军南京大屠杀的专史陈列馆及国家公祭日主办地。

如今的侵华日军南京大屠杀遇难同胞纪念馆不仅仅作为死难同胞的纪念场所，还是关于南京大屠杀历史、日军"慰安妇"制度、世界反法西斯战争胜利的综合型博物馆，以大量的文物、照片、历史证言、影像资料、档案以及遗址对历史真相做了完整的阐述。

与纪念馆一街之隔的北侧，是原民国中央军人监狱旧址所在地，目前仍存原狱长办公楼的二层坡屋顶砖木结构小楼，以及东大监房及西大监房两排旧址建筑（图7-24），为南京市级保护单位。而江东门"万人坑"遇难同胞丛葬地的位置也与这座原民国监狱有着密不可分的联系。1937年侵华日军进入南京后，在原民国中央军

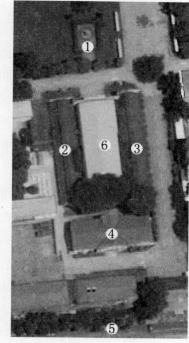

1. 悍代英烈士半身像
2. 西大监房
3. 东大监房
4. 原狱长办公楼
5. 悍代英烈士纪念碑
6. 原监狱放风场地

图7-24　原民国中央军人监狱旧址
图片来源：笔者自制

人监狱中集中关押部分已缴械的中国军人及无辜市民，尔后将他们集中押往江东门进行集体屠杀，之后原监狱建筑被日军烧毁，抗战胜利后国民政府在原址对中央军人监狱进行了重建。但目前由于该单位的权属问题，旧址并不对外开放。建议可以对外挂牌，提供历史描述，以便参观者更完整地了解江东门"万人坑"遇难同胞丛葬地的历史。

在历史重大事件、历史人物生活轨迹上某一点的原址新建相关事件的纪念馆、纪念碑，无疑是生活在现代的人们对历史进行缅怀、纪念、宣传与对未来警示的一种成熟且成功的手段。

3. 整体开发、局部保留

随着城市经济的发展，一些原本位于城市内部或近郊的大型工矿企业及大型对外交通枢纽，随着城市的不断扩张而迁往城市远郊，从而减小其对周边居民生活环境产生的不良影响。这些迁址的工矿企业或对外交通枢纽，其中有一些原址具有重要的建筑遗产价值。但基于其原始功能，旧址建筑群往往占地面积较大，在城市更新发展中被整体保护与保留并不具有现实意义。对于这类型的历史建筑区，往往采用整体开发、局部保留的利用与保护手段来实现地块的更新。

以南京大校场军用机场为例。南京大校场军用机场是抗战时期中国最大的航空基地，也是当时设施最好的飞机场之一，被定为中国最高级别的航空总站。民国中央航空署于1929年征收南京大校场土地700余亩，作为空军训练场所，并设立了当时全国最大的靶场。1934年，国民政府将大校场正式辟为军用飞机场，明故宫机场成为民用机场，后经历了1935年和1936年的两次扩建。抗日战争全面爆发后，大校场机场成为日本空军袭击的重点目标之一。"八一三"淞沪会战打响后，中国空军和援华苏联志愿航空队一起，奋勇应战、重创日机。

1937年南京沦陷，大校场机场被侵华日军霸占使用，日军于1939年对大校场机场跑道进行了改建[①]。1945年8月日本投降，首批进入南京的部队乘飞机在大校场机场降落。此时的机场，经过炮火的摧残，破损极为严重。

民国政府于1947年按国际民航组织B级标准在旧跑道南侧新建一条2 200米长、45米宽、0.3米厚的水泥混凝土跑道，1948年4月29日完工。1948年，在跑道北侧东端300米处建造一座候机楼，面积474平方米[②]。1949年1月21日，蒋介石在大校场机场登上"美龄号"专机飞离南京。同年4月23日，南京解放，中国人民解放军华东军区空军接管大校场机场。

1956年7月，南京民航搬迁到大校场，开始了军民合用阶段。1972年8月9日，机场开工新建候机楼，面积3 826平方米，由杨廷宝设计[③]，1973年9月29日竣工。此后为适应使用需求，机场经历几轮翻修与加建，直至1997年6月南京禄口国际机场通航，大校场机场于同年7月1日结束民航机场功能，此后仅作为军用机场使用。

由于另选地址的新现代化军用机场的通航，自1935年建成后总共经历超过十次扩建的南京大校场机场于2015年7月30日正式关闭。

南京大校场机场见证了中国军事航空的发展，经历了抗战时期侵华日军的霸占与改建，

①南京市地方志编纂委员会. 南京交通志[M]. 深圳: 海天出版社, 1994: 438—446.
②南京市地方志编纂委员会. 南京交通志[M]. 深圳: 海天出版社, 1994: 741.
③江苏省地方志编纂委员会. 江苏省志·交通志·民航篇[M]. 南京: 江苏人民出版社, 1996: 20.

承载着重要的历史记忆。

对于军用机场功能撤离后的南京大校场机场，南京市规划局于 2012 年便编制了《南京红花—机场跑道两侧地区概念规划》，明确保证原机场飞行区的完整，不建设与东西向跑道平交的南北向道路。2013 年《南京市秦淮区总体规划（2013–2030）》将大校场机场片区定位为建设生态、科技型项目和高端服务业的"智慧新城"，规划人口 10 万人。其中，机场跑道被列入历史文化遗产保护规划，规划建成"跑道记忆轴"，机场跑道南面大部分规划为二类居住用地，机场跑道北面规划为商贸中心。

2021 年机场跑道北侧地块，按照原产权方的要求，作为安置住房统筹地块确定了其开发使用的功能，其范围如图 7–25 所示。作为军用机场，跑道北侧地块除拥有四处重要历史建筑外，还建有 16 座战斗机机窝。战斗机机窝是配合机场跑道、飞机飞行、飞机隐蔽的典

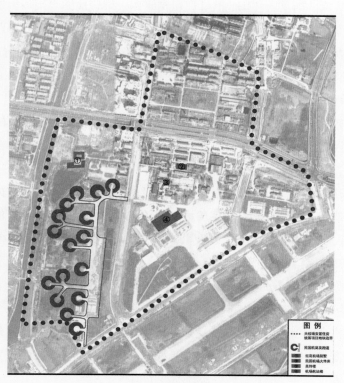

图 7–25 大校场安置住房统筹地块重要历史建筑示意图
图片来源：笔者自制

图 7-26 对照历史照片大校场机窝现状图
图片来源：笔者自制

型军事防御构筑物。南京大校场的战斗机机窝是由土堆筑成的半圆形构筑物，每个机窝土堆高度在 5-6 米左右。土堆上以小型灌木覆盖固土，形成绿色屏障。可以确定战斗机机窝的主要构成元素为：土堆、植被、地坪。在 2015 年正式关闭前的原单位搬迁过程中，16 处民国战斗机机窝受到不同程度损毁。对比 1940 年代航空照片与 2021 年卫星地图结合实地调研得出机窝现状，如图 7-26 所示，原 16 处机窝中，编号为 5、10、13 号机窝，其三个构成要素保存较为完整。编号 2、6、7、8、9、11、12 的机窝土堆与植被保存较好，但是地坪局部受到损坏。编号 4 的机窝土堆与植被已经损坏。编号 1、3、14、15、16 的机窝已经整体被损毁了。

在规划建设中，产权方希望尽量多地建造居住建筑以满足其安置房的建设要求。而作为文物保护的需求，则希望能够在保护性利用该地块中的 4 处历史建筑的同时，战斗机机窝旧址作为现代南京空军设施的重要遗存，同时也是南京抗战建筑遗产中重要的组成部分，能够被尽量完整地保留与保护性利用。

南京市城市规划编制研究中心于 2018 年公布的南京市其他类历史建筑保护名录中，明确规定了大校场机窝历史建筑保护图则，要求保持机窝周边的地形地貌、绿化等空间环境，同时不得改变机窝的位置、空间格局、数量和体量。但由于大校场机窝数量较多、占地面积较大，产权方对于整体保留全部机窝旧址而放弃对机窝旧址所处的位置进行开发的旧址保护方式无法认同。

2019 年南京大学文化与自然遗产研究所提出的《南京南部城市历史文化资源保护利用

总体方案》中，提出在大校场机场机窝的保护与地块开发利用相互矛盾中较为折中的保护与利用建议。建议提出，在规划部门与文物部门指导下对残存机窝进行整体性保护，恢复保存完好的一到两处机窝，配合原生态自然景观，作历史展示和陈列之用。

最后确定的大校场安置住房统筹地块规划内容，保存现状较好的 10 处机窝，根据房屋建筑布局需求调整其中两处的位置，进行整体迁建，将机窝旧址融入小区景观规划中，改造为机窝公园及小区特色景观，同时对地块内其余 4 处历史建筑进行保护性利用，替换为小区需求的现代新功能，具体如图 7-27 所示。

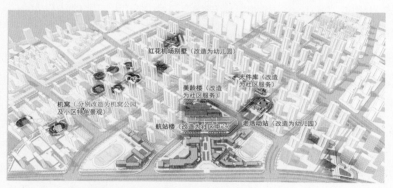

图 7-27 大校场安置住房统筹地块规划图
图片来源：《南京大校场安置住房统建项目地块历史建筑保护方案调整规划》

对建筑遗产进行整体开发、局部保留的开发利用与保护措施，是现代社会中对占地面积较大的历史建筑群的保护需求与产权方既得利益之间相互妥协的结果。这种方式往往需要经过时间的考验才能体现其利弊。但在产权方往往以经济效益为第一目标的当今社会中，不失为一种保护遗产建筑的可以采用的方式。

4. 异地保护

随着城市发展建设的需要，有些历史建筑周围原始环境已经不存，而其所在位置阻碍了城市的现代化建设，那么迁址进行异地重建成为一种保护历史建筑的不得已的手段。这种迁址异地重建的历史建筑大部分某种程度上成为一种"建筑标本"而失去了活力。

同时也有应纪念、展示所需，将某一类型历史建筑遗址中的一例迁移至展览设置中进行异地保护的。南京抗战建筑遗产中此类异地保护比较典型的是一座原址位于汤山镇寺庄附近的民国抗战碉堡建筑，于 2006 年底侵华日军南京大屠杀遇难同胞纪念馆二期扩建工程中从原址迁入场馆内进行保护与展示。

位于汤山镇的这座民国碉堡是国民政府在抗战爆发前以南京为守卫中心而建设的国家防线上永久工事中的一座。整座碉堡为钢混结构，高约 3.6 米，宽 2.6 米左右，墙厚约 0.5 米，设有 3 个枪眼，重达 32 吨。在 2005 年至 2007 年的侵华日军南京大屠杀遇难同胞纪念馆扩建过程中，南京保卫战成为新馆陈列的一项重要内容。作为南京保卫战亲历者的地堡就是这段历史的重要物证，汤山镇一线的民国碉堡又是中国军队抵抗侵华日军第十六师团的战场，而东史郎正是跟随日军第十六师团进入南京城的。

进行异地搬迁保护的历史建筑往往脱离了其原有历史环境，有的历史建筑在新地点与周围环境格格不入，只是从一处城市孤岛换到了另一处城市孤岛。而有的历史建筑搬迁之后可以更连贯、更完整地呈现其所承载的历史。可见对历史建筑的异地保护，不能只是简单地搬迁至一处新的地点，而应选择与该历史建筑有某种关联的新地点、新环境进行重建保护。

5. 部分恢复

此类对于历史建筑信息的保留方式，不能称为"保护措施"，只能作为一种现有的"利用手段"。此类方式往往与社会经济利益相挂钩。

以原新都大戏院为例。

新都大戏院建成于 1936 年，与大华大戏院（后改称大华电影院）、世界大戏院（后改称延安剧场）和首都大戏院（后改称解放电影院）并称为民国首都四大影院。新都大戏院由著名建筑师李锦沛设计，其放映机、发音机、吸音纸板均由美国进口，为当时最有名的娱乐场所之一。

1937 年日军占领南京后，由于新都大戏院位于日军划定的"日人街"里，被日军于1939 年强行霸占并改名为"东和剧场"，专门放映日本电影。

抗战胜利后，新都大戏院改名胜利电影院。1986 年，胜利电影院成为南京第一批实现"五化"（放映座机化、光源氙灯化、观众座椅软席化、调温冷气化、还音立体化）的专业影院之一。

　　2004 年 10 月，在城市的现代化建设中，该电影院由于所处区位为南京最为繁华的城市中心地段而被拆除，原址新建起大型商业综合体。2014 年 7 月，该商业综合体在电影院原址位置的综合体立面上复原了电影院入口造型（图 7-28）。

图 7-28　胜利电影院入口复原照
图片来源：笔者自摄

第五节　南京抗战建筑遗产保护利用办法建议

南京抗战建筑遗产既拥有中国遗产建筑的普遍性，也拥有自身的独特性。在研究世界建筑遗产保护案例、南京建筑遗产与中国其他城市现行抗战建筑遗产保护性利用办法的基础上，尝试对南京抗战建筑遗产的保护性利用办法提出建议。

1. 基于国际二战建筑遗产保护利用案例的思考

在当今现代都市中仍然存在的历史遗址遗迹，应该将它们看作城市发展中无可替代的资源宝库，而不是像从前那样将其视作城市发展的绊脚石。历史遗址遗迹是城市文脉的标志、城市文化空间塑造的要素，为城市的可持续发展提供源源不断的动力。无论是哪个时期的文化遗产，都是当代都市文化精髓的载体。现代都市文化也无可避免地是历代文化沉淀所产生的。东西方发达国家对文化遗产的保护起步较早，同时也较早地为文化遗产保护制定了严密的法律法规，并将文化遗产概念广泛地融入了人民的生活之中。其在文化遗产保护上所取得的成就是城市现代化发展的同时，思想、理念与技术不断进步所取得的成果。

反观国内正处于经济大飞跃的时代，大型、超大型都市不断涌现。在不断建设新型建筑的同时，各个城市自身独有的个性却在慢慢丢失，大型都市之间的趋同越来越严重。城市千篇一律，城市生活势必越来越缺乏乐趣，城市文化也面临着丧失与断裂。

当代的技术与力量完全有实力将城市中所遗留的文化遗产保护起来并充分利用，借鉴发达国家已趋成熟的理念与成果显著的经验，将成为探索南京抗战文化遗产保护道路上的助力。

目前还未有南京抗战文化遗产的相关概念提出，它如同一块大型拼图。如今，南京对抗日战争这段时期所遗留下来的文物建筑、遗址遗迹的既有保护与开发，相当于抗战文化遗产这块大拼图上的几块重点拼图块已经找对了位置，并完成度较高地将它们进行了安放，但还有大量的拼图块仍处于散乱的原始状态。近年来，南京抗战时期的各种研究开始浮出水面，特别是在国家公祭日的设立之后，社会各界对南京抗战期间历史的关注度也随之升高。为了更好地促进南京抗战文化遗产的保护与利用，提出如下几点补充建议：

（1）在做出充分调研考察的基础上，对南京抗战建筑遗产建筑进行适用于"文物保护"

或"文物修护"的初期分类，在后续的保护与利用工作中按类别区别工作重心。

以在古建筑保护与再利用上取得一定成果的德国为例。在德国，文物与历史建筑等统一被称为"Dankmal"。德国历史文化遗产建筑保护工作主要包括两个方面，即历史建筑保护（Dankmalschutz）和历史建筑维护（Dankmalpflege）。

历史建筑保护的重点在于对历史建筑本体的保护，有专业主管机构及古建筑保护机构予以保护，应对自然界及人为的损害建筑的行为，主要目标是保护历史建筑具有历史意义的建筑构件、建筑立面、建筑内饰等不被损坏。

而历史建筑维护的重点是保持历史建筑正常功能的运行，对于破损或失去功能的建筑构件进行修缮。在有的情况下甚至可以为了取得新的使用功能而仅保存历史建筑的主要结构，对其立面、内部装修与功能进行大规模置换。德国文物保护法中鼓励对于历史建筑的有意义的利用，认为放弃利用是对历史建筑的另一种人为破坏。

参考德国既有历史建筑保护方法分类，可尝试在充分调研南京抗战建筑遗产建筑实际情况的基础上进行保护工作范畴的初步划分，以确定进行进一步的保护与利用的工作重心。

（2）复兴地方记忆，普及南京抗战文化遗产知识，宣传文物保护常识。与多方合作，力争做到全社会共同参与、共同努力来进行抗战文化遗产的保护

迄今为止，南京抗战文化遗产的概念还未提出，抗战文化遗址遗迹的保护也暂未得到全社会的认同。抗战时期遗址遗迹的保护理念仅被部分文保工作者、专家和较少数人群所了解。这与长期以来，对文物保护常识的普及力度不够、对南京抗战时期历史文化的宣传力度不强、普通市民之间尚未形成广泛的对抗战文化遗产的认同意识及保护意识有关。在对德国二战文化遗产保护与利用的了解和分析中，可以看到全民基本意识的增强、参与性的调动对于历史文化遗产的保护起到举足轻重的作用。

在南京抗战文化遗产的保护与开发过程中，首先要展开各种形式的，被普通市民所喜闻乐见的宣传、教育活动，使经历过抗战历史的亲历者、老兵、日军大屠杀幸存者得到全社会的重视与尊重，使抗战文化遗产及其所承载的历史得到公众的关注。其次，重视地方记忆的复兴，在地方历史、家乡记忆相关的历史重要事件发生日，举办富有城市地方文化气息的全市性纪念活动，以期最后发展演变为全民生活中不可或缺的文化组成部分，进而将影响扩大至全国乃至全世界。

抗战文化遗产的开发与展示过程中，要明确其面向对象为不具有专业知识的普通观众，

需采取多样的手段，强化视觉效果，以简单而能吸引人关注的方式，普及抗战文化遗产的知识。

同时，南京各界有着大量关注抗战文化、抗战历史遗址遗迹的民间力量，如市民自发组织的"南京城市记忆民间记录团"，南京本地论坛西祠胡同的"南京城市记忆"板块的主持者与参与者们，位于雨花台区安德门大街48号的南京民间抗日战争博物馆，等等。市民以自主自愿的热情对南京抗战时期的历史遗留物进行调查与收集。但与西方国家相比，南京的民间团体在抗战文化遗产的保护中所起到的作用明显不够。合理地组织南京对抗战文化抱有热情的民间团体参与南京抗战文化遗产的保护工作，将有助于推动抗战文化遗产保护事业的积极开展。

（3）对受到产权、管理和使用权的限制而暂时无法对外开放的南京抗战建筑遗产引入"预防性保护"概念

"预防性保护"一词来自英文"preventive conservation"，首先出现在欧洲博物馆领域，至20世纪末21世纪初开始被建筑遗产领域广泛讨论[①]。目前在欧洲对历史建筑进行预防性保护进行实践的主要有意大利、比利时与英国的部分历史建筑保护专业领域专家与团队。其体系于21世纪在实践中逐步形成，并成为建筑遗产保护领域中重要的一支。总的来说，预防性保护主要包含以下步骤与内容：

① 对会对历史建筑因自然或人为因素而造成不良影响的评估；

② 采取措施以避免自然或人为因素对历史建筑造成不良影响的扩散或产生新的负面影响；

③ 对历史建筑及其所处环境的持续检测、维护与管理；

④ 制定有效的管理措施和政策，建立互通互操作的信息管理系统。

虽然建筑遗产预防性保护是在建筑保护和建筑修复两者长期争论中逐渐发展形成的一个概念，但其对于非公开性的历史建筑的保护同样适用。对于不对外开放的南京抗战建筑遗产，即使其产权、管理和使用权各不相同，但仍须将其纳入南京抗战建筑遗产目录，在相关政府职能部门的指导下把保护工作落实到每一处历史建筑的产权及管理单位，对历史建筑及其相关环境确实做到"信息收集—分析原因—判断现状—建筑修复—控制维持"的预防性保护，以期在未来这些历史建筑的产权、管理和使用权变更，可以对外开放时，依旧能够展示其应有的历史风貌与环境特色。

①吴美萍．欧洲视野下建筑遗产预防性保护的理论发展和实践概述[J]．中国文化遗产，2020, 96(2):6-80.

2020 年 6 月 12 日，南京市规划和自然资源局名城处处长王昭昭将南京市首份《南京历史建筑保护告知书》交到国家领军人才创业园（第二机床厂旧址）产权单位代表手中。南京市当天发布《南京历史建筑保护告知书》制度管理办法，这一"告知书"制度在全国是首创。告知书在样式设计上，颜色、尺寸与不动产权证书一致。保护图则中对历史建筑的概述、价值提示、保护要求、合理利用建议和禁止使用功能等均有详细表述，明确了历史建筑保护价值、保护部位、使用功能正负面清单等内容，便于历史建筑所有人、使用人、管理人依法依规对历史建筑进行保护修缮、改建改造、合理利用。这项举措可以看作是南京市历史建筑保护单位对不公开或半公开历史建筑的预防性保护措施引入的尝试。

（4）完善相关法律法规，探索合理的保护体系，尽可能地清除南京抗战文化遗产保护过程中的体制性障碍

纵观国际上已经在文化遗产保护的相关工作上取得一定进展与成就的国家，无不依托于较早制定的文物保护相关法律法规，并且在保护工作的开展中进行过进一步的完善与变更，是一段公众运动与法制建设交替的文物保护历程。

中国目前的文物保护制度是自上而下的、以单向行政管理制度为核心，相应的法律法规尚不完善，相应的资金保障系统还不完整。这种体制性的障碍是现在南京抗战文化遗产保护中最大的困难，主要表现在：

① 行政主管部门重视程度和执行力对南京抗战文化遗产包含内容的保护力度与成效产生最为关键与重要的影响；

② 文物保护系统的行政权威不高，文保政策的彻底执行具有困难。如原下关区宝善街24 号的民国明星大戏院旧址，于 2009 年成为第三次全国文物普查南京重要新发现之一，被评为南京重要近现代建筑，但仍在城市区域发展与规划进程中，被彻底拆除了。

③ 文物保护相关法律法规与奖惩机制的不完善，造成破坏文物建筑所获得的利益大大高于付出的代价，成为有些人铤而走险的动机。例如位于南京市中心新街口附近沈举人巷的张治中公馆，2006 年被评为南京市文保单位，但 2007 仍被其业主擅自拆除。业主被罚款25 万元后，在原址违规重建一栋三层及一栋二层仿民国风小楼，报价 6 400 万元进行销售。

综上，可以以南京抗战建筑遗产的保护为契机，在将来探索出上下互通的双向管理体制，更好地推动南京文化遗产的保护工作。

2. 国内抗战建筑遗产保护性利用办法借鉴

放眼中国城市的抗日战争遗址保护工作，抗战期间作为中国陪都的重庆市无论是在抗战建筑遗址遗迹的普查与名录制定方面，还是在地方政府制定面向抗战建筑遗址遗迹保护工作的相关法律法规的制定上，均走在城市抗战建筑遗产保护与利用的最前列。2015 年，重庆市人民政府颁布第 293 号令，即《重庆市抗日战争遗址保护利用办法》，并自 2015 年 12 月 1 日起施行，为重庆市的抗战遗址保护与利用工作确立了法律层面上的保障与依据。为有效地对南京抗战建筑遗产进行保护与开发利用，制定一部《南京抗战建筑遗产保护利用办法》是切实必要的。笔者参照已经具一定规模且走上正轨的重庆市抗战建筑遗产保护利用办法，结合南京市现行《南京市历史文化名城保护条例》（2010 年制定执行）、《南京市重要近现代建筑和近现代建筑风貌区保护条例》（2006 年制定执行）、《南京市城墙保护条例》（2015 年制定执行）、《南京市中山陵园风景区保护和管理条例》（1998 年制定执行，2010 年二次修正）、《南京市汤山旅游资源保护条例》（2012 年制定，2013 年执行）及《南京市旅游条例》（2017 年制定，2018 年执行）等相关法律法规与南京抗战文化遗产现状，为《南京抗战建筑遗产保护利用办法》的制定提出可参考的建议。

3. 为南京抗战建筑遗产保护利用立法

以《中华人民共和国文物保护法》和现行相关法律为基础依据，结合南京实际，为加强对南京抗战建筑遗产的保护与利用，继承中华民族优秀历史遗产，开展爱国主义教育，须制定相关保护与利用条例，使南京抗战建筑遗产的保护与开发利用工作有据可查、有法可依。

南京抗战建筑遗产是指反映抗日战争历史，具有一定纪念意义、教育意义或史料价值的不可移动文物及现代建筑。在南京市行政区域内，抗战建筑遗产按照中国文物保护法律、法规的规定，分为全国重点文物保护单位、省级重点文物保护单位、市级重点文物保护单位、区县级文物保护单位及尚未核定评级的不可移动文物点五个等级，除在此基础上实施分级管理外，还应在南京抗战建筑遗产的专项法规约束下进行认定、统一规划与保护及合理开发利用。

此外，市及区县人民政府应有直接对本行政区域内的抗战建筑遗产保护工作负责的领导，建立起相应的工作协调机制，为本行政区内的抗战建筑遗产保护提供必要的政策及经费支持。可建立南京抗战建筑遗产保护专项基金，用于规划编制、修缮维护、档案管理等工作。基金来源除政府财政安排的专项预算外，还可以接受社会各界的捐助，或依法进行筹集，或部分遗产建筑开发转型后所获得经济效益的按比分成。

市、区县（自治县）相应职能部门在负责本行政区域内抗战遗址的保护利用工作的同时，应组织编制并实施抗战建筑遗产保护利用规划，更需加强抗战建筑遗产的宣传，对抗战建筑遗产保护利用工作进行指导、监督，在保护抗战文化遗产、历史风貌特色的前提下，鼓励、引导合理利用历史建筑、历史文化街区、历史风貌区等进行文化与旅游活动。

除行政职能部门做好工作之外，还应倡导为任何自愿为南京抗战建筑遗产工作贡献力量的单位及个人提供政策支持及可能的资金支持，发动社会的力量对南京抗战建筑遗产进行发掘与保护，并支持任何单位及个人对破坏、损毁抗战建筑遗产的行为进行检举与制止。

4. 南京抗战建筑遗产的认定、保护规划的制定

在南京市政府相应职能部门的领导下，编制《南京抗战建筑遗产名录》及保护规划是有效保护南京抗战建筑遗产的首要前提。

（1）建立《南京抗战建筑遗产名录》

南京抗战建筑遗产应符合以下条件：

① 依法认定的不可移动文物；

② 与抗日战争时期重要历史事件及历史人物有关；

③ 具有重要纪念意义、教育意义或史料价值。

同时，应当认识到"南京抗战建筑遗产""南京民国建筑"及"南京近现代建筑"三者之间存在区别。南京近现代建筑的概念是对南京民国建筑的拓展，从19世纪中叶的晚清至中华人民共和国成立后的20世纪50至70年代期间所建筑的建筑物及构筑物被称为近现代建筑，其主体为民国建筑，但不局限于民国建筑。在南京，近现代建筑的主要价值体现与历史承载即为南京民国建筑，所以基于南京的特殊情况，普遍认为南京近现代建筑与南

京民国建筑概念趋同。而南京抗战建筑遗产中同样具有大比重的民国建筑，但同时仅只民国建筑一项却不能够完全代表南京抗战遗产的概念，需同时结合抗日战争时期日伪在南京进行建设后所遗留的历史建筑遗址遗迹、中共中央在南京郊县进行抗日活动的旧址与遗址遗迹以及新中国成立后为纪念抗战期间重要历史事件与历史人物所建设的纪念设施，才能够完整全面地反映出南京抗日战争历史全貌。相较于南京近现代建筑，南京抗战建筑遗产所包含历史建筑的建造时间更为拓展。所以，南京抗战建筑遗产不能简单地被称为南京民国建筑或南京近现代建筑，应为一个独立的专属概念。

在明确南京抗战建筑遗产概念的前提下，由市规划部门牵头，组织各级相关职能部门对本市行政区内的抗战建筑遗产进行普查，做好资料收集、记录及统计等工作，并积极勘察、收录普查过程中新发现的具有保留价值而尚未被确定为重要抗战建筑遗产的建筑点。而对南京抗战建筑遗产的最终认定，则应当同时征求有关专家及社会公众的意见。

对已经被列入《南京抗战建筑遗产名录》的历史建筑及历史风貌区，应及时由市或各区县人民政府负责对其设立保护标志。南京抗战建筑遗产保护标志应具有统一的设计风格，至少包括抗战建筑遗产名称、认定机关、认定日期等内容，并规定任何单位及个人不得破坏抗战建筑遗产保护标志。

同时，经认定新近发现的抗战建筑遗产或是因为不可抗力等原因导致消失的抗战建筑遗产，各级文物行政部门应及时申报并对《南京抗战建筑遗产名录》进行调整，向社会重新公布。

（2）南京抗战建筑遗产保护范围与控制地带的划定

南京抗战建筑遗产主要分布在主城内三条轴线、五个区域中。三条轴线为：中山码头至鼓楼的中山北路一线，鼓楼至中华门的中山路—中山南路一线，以及汉中门至中山门的汉中路—中山东路一线。城区外，南京六合竹镇、高淳老街等地区则为中共新四军抗日活动旧址及遗址遗迹较为集中的地区。

明确南京抗战建筑遗产分布规律后，市文物行政部门在编制抗战遗址保护利用规划时，应当对分布集中的抗战建筑遗产划定片区，实行片区整体保护，抗战建筑遗产片区所在地区县（自治县）人民政府负责对每一处抗战建筑遗产片区分别编制片区保护利用专项规划，制定保护措施。同时，在抗战建筑遗产之中，已经分级并被列为文物保护单位的，应按照《中华人民共和国文物保护法》划定保护范围、建设控制地带，并进行管理，而属于尚未核定公布为文物保护单位的，由抗战建筑遗产所在地区县（自治县）文物行政部门会同同级规划部门划定保护范围，并根据需要划出一定的建设控制地带。

（3）制定南京抗战建筑遗产保护规划

南京抗战建筑遗产保护规划应至少包含以下内容：

① 遗产建筑基础资料；

② 抗战文化价值及文化、科学、艺术、使用价值评估；

③ 历史格局及风貌保护要求；

④ 核心建筑保护范围及历史风貌片区建设控制地带；

⑤ 保护的原则、内容、范围、要求和措施；

⑥ 开发强度、利用方式、实施方案。

对认定的抗战遗产建筑及其保护范围应禁止擅自进行调整，如因不可抗力或情况发生重大变化需要调整的，必须征求市、区县各级相关部门意见，并向社会公示，经专家委员会评审后，报市人民政府批准、公示。

5. 尝试建立南京抗战建筑遗产数据库

在基于历史资料与历史事件归纳总结出南京抗战建筑遗产各位置点信息的基础上，本节结合民国时期南京古地图地名信息，以 2019 年南京现代地图为工作底层，以现存南京抗战建筑遗产区位信息与 1941 年南京日本商工会议所登记行业类别会员名单，1946 年侵华日军南京附近日本军建造、使用建筑物调查报告为研究对象，参考南京市地名委员会于 1984 年出版的《江苏省南京市地名录》及《南京地名大全》编委会编于 2012 年出版的《南京地名大全》，同时查阅并收集南京老地图及地方志中的地名数据，数字化现存南京抗战建筑遗产点与历史资料中 1941 年南京日本商工会议所登记行业类别会员名单、1946 年侵华日军南京附近日本军建造与使用建筑物调查报告中建筑数据，将其以点状质量数据及区位密度热力图形式展现，并尝试初步建立南京抗战建筑遗产数据库，数据库信息如表 7-3 所示。

表 7-3　数据库（集）基本信息

数据库（集）名称	南京抗战建筑遗产数据库
数据时间范围	1937 年至今
地理区域	2020 年南京行政区内
数据量	包括南京抗战文化遗产现状、南京附近日本军建造使用建筑物区位等多个专题数据，共 155 KB
数据格式	Shapefile
数据库（集）组成	数据由笔者根据史料整理出的南京抗战建筑遗产数据，（日）向岛熊吉所编写的《南京》中"南京日本商工会议所登记行业类别会员名单"（1941 年 4 月 1 日）数据，以及日本军方统计，南京附近日本军建造与使用建筑物调查报告（1946 年 1 月 5 日）数据组成

（1）数据采集和处理方法

① 数据来源

本节选取笔者调研所得现存南京抗战建筑遗产区位、1941 年南京日本商工会议所登记行业类别会员名单、1946 年侵华日军南京附近日本军建造与使用建筑物调查报告中建筑物区位数据作为底图数据。其中，现存南京抗战建筑遗产区位是笔者经过历史资料梳理、定义并提取出南京抗战建筑遗产点后结合实地调研所获得的第一手现存建筑遗产区位数据。

而选取 1941 年南京日本商工会议所登记行业类别会员名单数据作为抗日战争时期侵华日军引进日侨商人在南京经营生活区位数据进行分析的主要原因是，在南京沦陷之后侵华日军便将南京城市最为繁华的区域划分给日侨，并纵容日侨直接侵占中国业主的不动产进行生活与经营，至 1939 年南京已经有超过 5 000 名从事商业活动的日本人。1939 年初春，在南京经商的日侨倡议成立了"南京日本商工会议所"，并直接接受日本"国策公司"即日本财阀的支持。1940 年侵华日军及日当局扶植起他们认为可以进行长期殖民统治的汪伪"国民政府"，南京城市经济进入与前两届伪政权相比较为平稳的阶段，日侨在南京的经营活动可以认为到达了一个较为繁荣的水平，1941 年南京日本商工会议所登记在册拥有具体地址信息的日本商户有 204 家，其空间分布具有一定的代表性，能够在一定程度上反映出抗战时期南京沦陷期间侵华日军在南京推广殖民商业活动的广度与密度。

作为侵华日军自行统计计数的 1946 年侵华日军南京附近日本军建造、使用建筑物调查报告中建筑物数据，则能够呈现另一视角下侵华日军在南京侵占建筑物及自建建筑物驻军，对南京全城实施高压控制，及至 1945 年抗战胜利之前侵华日军龟缩于南京城内的历史原貌。

　　基于抗日战争时期南京部分地名与当今地名存在差异，笔者参考了 1937 年、1938 年、1940 年、1943 年出版的南京老地图，并查阅《江苏省南京市地名录》、《南京地名大全》、陈乃勋辑述的《新京备乘》及叶楚伧和柳诒徵主编、王焕镳编纂的《首都志》进行比对、定位。其中南京老地图数据信息如表 7-4 所示.

表 7-4　南京老地图信息表

名称	《新南京地图》	《最新南京地图》	《最新南京市街详图》	《南京市市街图》
年份	1937 年	1938 年	1940 年	1943 年
比例尺	1:50000	1:20000	1:20000	1:20000
出版单位	日新舆地学社	日本名所图绘社	华中洋行支店	南京特别市地政局

② 数据处理

在地理信息系统软件 ArcGIS 平台上，将所有建筑区位点进行配准及手动数字化（图 7-29）。

图 7-29　ArcGIS 平台工作截图
图片来源：笔者工作软件平台

　　将 1∶20 000 的江苏省南京市地形图作为文本的标准地图，基于现存建筑地址对同一建筑老地址进行配准。选取 GCS_Beijing_1954 坐标系，采集到的点状数据直接定位，线状数据及片状数据选取其重心作为定位点，保存为点数据。

通过老地图和历史文献资料的地名校准，收集所有地点现代名称信息，完成资料汇录。在对部分历史地名进行空间位置考证过程中，利用2019谷歌地图作为现今地理位置参考，根据区位描述及城市路网框架的空间位置关系，完成空间配准。

（2）建立数据库

本数据库主要由四个数据集组成，它们分别是：

① 现存南京抗战建筑遗产区位数据集

是以笔者实地调研后所采集的现存南京抗战建筑遗产区位数据为基础，在 ArcGIS 10.0 的支持下，基于 Geodatabase 数据模型建立的现存南京抗战建筑遗产区位数据库。本数据库主要为现存南京抗战建筑遗产区位数据，是现存南京抗战建筑遗产区位数字化得到的建筑区位数据。

② 抗战时期侵华日军南京"慰安所"区位数据集

是以笔者根据史料记载所梳理出的抗日战争时期侵华日军南京"慰安所"区位数据为基础，其中包括侵华日军在军营内开办的临时"慰安所"，汉奸、流氓开办的"慰安所"及在侵华日军指使下开办的"慰安所"区位信息，在 ArcGIS 10.0 的支持下，基于 Geodatabase 数据模型建立抗战时期侵华日军南京"慰安所"区位数据库。本数据库主要为抗战时期侵华日军南京"慰安所"区位数据，是抗战时期侵华日军南京"慰安所"区位数字化得到的建筑区位数据。

③ 1941 年南京日本商工会议所登记行业类别会员区位数据集

是以南京沦陷期间在南京经商、生活的日本商人发起的南京日本商工会议所赞助，日本人向岛熊吉编写的《南京》一书中所刊录的"南京日本商工会议所登记行业类别会员名单"中记录的在南京日本商户地址数据为基础，在 ArcGIS 10.0 的支持下，基于 Geodatabase 数据模型建立的 1941 年南京日本商工会议所登记行业类别会员区位数据库。本数据库主要为1941 年南京日本商工会议所登记行业类别会员区位数据，是 1941 年南京日本商工会议所登记行业类别会员区位数字化得到的建筑区位数据。

④ 1946 年侵华日军南京附近日本军建造与使用建筑物区位数据集

是以日本亚洲历史资料中心收录的侵华日军《日本陆军战史》的《大东亚战史》中文件编号为 C13071112000 至 C13071113000 的《南京付近日本军使用建造物调书 昭和 21 年 1 月 5 日》中侵华日军在南京侵占及自建的不动产区位数据为基础，在 ArcGIS 10.0 的支持下，基于 Geodatabase 数据模型建立的 1946 年侵华日军南京附近日本军建造、使用建筑物区位数据库。本数据库主要为 1946 年侵华日军南京附近日本军建造、使用建筑物区位数据，是 1946 年侵华日军南京附近日本军建造、使用建筑物区位数字化得到的建筑区位数据。

（3）基于数据库运算出图

根据数据库中所含数据资料，可以绘出历史建筑区位图及相关类别的建筑密度热力图，本节以数据库中现存南京抗战建筑遗产区位数据为例出图。

作为抗日战争时期华中沦陷区的政治与经济中心，南京现行城市行政区域内拥有数量众多的抗战建筑遗产，其不仅仅集中于原城市中心区域，也遍布在南京四周郊县内，为南京城市经济、文化、旅游发展的重要历史积淀与潜质。选取 2020 谷歌南京市地图作为地理数据源，将现存南京抗战建筑遗产区位数据进行空间定位并录入，绘制出 2020 年南京城市现存抗战建筑遗产区位图，并根据建筑区位点密集程度绘制出 2020 年南京城市现存抗战建筑遗产区位热力图，结果如图 7-30 所示。

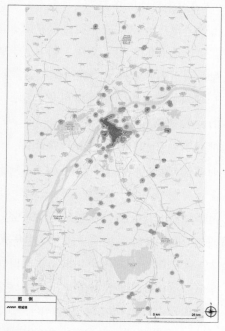

图 7-30　2020 年南京城市现存抗战建筑遗产区位图（左），2020 年南京城市现存抗战建筑遗产区位热力图（右）。
图片来源：笔者自绘

（4）数据使用方法及成果数据分析

尝试建立的南京抗战建筑遗产数据库数据信息，主流的 GIS 软件均可以读写，可实现数据批量处理。同时，根据数据库数据定位所绘制的现存南京抗战建筑遗产区位图及密度热力图中可直观地看出抗战建筑遗产在南京的空间分布方式，为以抗战文化为基础系统地进行城市及乡镇旅游文化产业开发、带动区域经济发展与居民文化生活建设提供了可用以规划的区位蓝图。

本数据库为建立南京抗战建筑遗产名录，研究抗日战争时期南京城市空间形态、城市功能分布等提供了数据基础。在后续的研究工作中如果出现需要更正的区位信息，可定点进行更新，同时当新发现的建筑遗产点出现时可及时便捷添加相应地址信息进入数据库。

6. 制定南京抗战建筑遗产保护工作条例和细则

（1）实施原址保护原则

在对南京抗战建筑遗产实施保护时，原则上应实行原址保护的政策。在保护规划中，应根据建筑遗产的历史、文化、科学、艺术、使用价值及建筑现状，对每处遗产建筑及历史风貌区的下列要素提出明确的保护要求：

① 建筑立面，包含饰面材料及色彩；

② 结构体系和平面布局；

③ 具有特色的内部装饰和建筑构件；

④ 具有特色的院落、门头、树木、喷泉、雕塑和室外地面铺装；

⑤ 空间格局和整体风貌。

因特殊情况确实无法实施原址保护的，应当依法实施迁移保护。抗战建筑遗产属于文物保护单位的，迁移保护应当按照《中华人民共和国文物保护法》和有关规定批准后实施。抗战建筑遗产属于尚未核定公布为文物保护单位的，迁移保护应由市人民政府批准后实施。禁止擅自迁移抗战遗址，并禁止拆除抗战遗址。

新建项目牵涉到抗战建筑遗产的，规划、国土房管、城乡建设等相关行政部门在履行相应行政审批职能时，应当征求文物行政部门的意见。文物行政部门对建设项目涉及的抗战遗址应当提出保护建议。

为有效地对抗战建筑遗产进行保护，应确定每处抗战建筑遗产的保护负责人。参考《重庆市抗日战争遗址保护利用办法》，可根据南京抗战建筑遗产的不同情况，确立不同的保护负责人：

① 国有抗战遗址，有保护管理机构的，保护管理机构是保护责任人；没有保护管理机构属于直管公房的，公房管理机构是保护责任人；属于其他公房的，使用人是保护责任人。

② 非国有抗战遗址，所有权人是保护责任人。

③ 土地储备期间，所有权人搬离的，土地储备机构为保护责任人。

根据前款规定无法确定抗战遗址保护责任人的，由所在地区县（自治县）人民政府指定保护责任人。

（2）修缮、保养原则

根据南京抗战建筑遗产的保护分类采取不同保护级别，在保护责任人的监督下各类抗战建筑遗产的修缮及保养均应遵循以下规定：

① 不得改变抗战遗址原建筑特色立面、色彩色调、基本平面布局和有特色的内部装饰等；

② 不得损毁，擅自改建、添建或者拆除与抗战遗址相关的建筑物以及其他设施，确需进行改建、添建或者拆除的，应当依法报相关行政管理部门批准；

③ 不得擅自对抗战遗址进行装饰、装修，确需进行装饰、装修的，应当依法报文物行政部门批准；

④ 发现危害抗战遗址安全的险情时，应当立即采取救护措施并向文物行政部门报告；

⑤ 杜绝利用抗战建筑遗产堆放易燃易爆，有放射性、毒害性、腐蚀性的物品，或利用抗战建筑遗产进行影响其安全的生产等活动；

⑥ 加强宣传，禁止在抗战建筑遗产上刻划、张贴、涂染。

应注意，抗战建筑遗产的修缮与保养不得改变抗战建筑遗产的真实性及完整性。市文物行政部门应当建立抗战遗址评估机制，对抗战遗址保护情况定期进行综合评估，并将综合评估情况向社会公布。

7. 鼓励合理利用、建立奖惩机制

在保护南京抗战建筑遗产的前提下，鼓励利用抗战遗址开办展览馆、博物馆，开展地方文化研究，发展文化、旅游产业，以及以其他形式对抗战遗址进行合理、适度、可持续的利用。市级及各区县可结合本区域内抗战文化资源开发抗战建筑遗产旅游资源，结合不同抗战建筑遗产的特点，开发、推广具有抗战文化特色的旅游路线、旅游服务、旅游产品。

基于互联网时代信息化生活的现代文化特色，开发抗战建筑遗产电子地图、公共信息平台，在抗战建筑遗产上挂牌或挂上遗址、遗迹信息二维码等，加强抗战建筑遗产与城市市民和外来游客之间的信息互动。

同时，鼓励各级各类教育机构利用抗战建筑遗产开展爱国主义教育和社会实践活动。鼓励抗战遗址类博物馆结合本单位特点，发挥抗战遗址作用，积极参与城市文化氛围营造和社区文化建设。鼓励高等院校、科研院所、文博单位开展抗战遗址、抗战文化科学研究，促进抗战遗址保护成果的推广和应用，促进抗战文化的宣传和传播。

在对南京抗战建筑遗产进行利用，开展各类活动时，应当遵守下列规定：

（1）遵循有关文物保护的法律法规，以及南京抗战建筑遗产专项法规；

（2）符合抗战遗址保护利用规划；

（3）符合抗战遗址保护的有关利用要求；

（4）对外开放的，其安全和消防状况符合相关规定；

（5）法律法规的其他规定。

为更加有效地对南京抗战建筑遗产进行保护与开发利用，必须建立有法可依的奖惩机制。对以下行为必须明文规定进行责罚：

（1）破坏、损毁抗战遗址保护标志的；

（2）在尚未核定公布为文物保护单位的抗战建筑遗产保护范围和建设控制地带内有下列行为之一的：建设污染抗战遗址及其环境设施活动的；进行可能影响抗战遗址安全及其环境活动的；

（3）作为南京抗战建筑遗产保护负责人未依法履行修缮、保养及其安全管理义务的；

（4）未经报批擅自改变抗战遗址原建筑立面、色彩色调、基本平面布局和有特色的内部装饰的；

（5）未经报批擅自改变损毁与抗战遗址相关的建筑物以及其他设施的；

（6）未经报批擅自改变改建、添建或者拆除与抗战遗址相关的建筑物以及其他设施的；

（7）未经报批擅自改变对抗战遗址进行装饰、装修的；

（8）在抗战遗址建筑物、构筑物及其附属建筑设施内生产、储存或经营爆炸性、易燃性、放射性、毒害性、腐蚀性物品的；

（9）在抗战遗址建筑物、构筑物及其附属建筑设施内安装影响抗战遗址安全的设施设备的；

（10）在抗战遗址上刻划、张贴、涂污的；

（11）其他危害、损毁抗战遗址或者影响抗战遗址安全的行为。

同时，对主动发掘、保护南京抗战建筑遗产的单位及个人应予以相应的奖励。

制定《南京抗战建筑遗产保护利用办法》是落实南京抗战建筑遗产保护工作的重要步骤，将使南京抗战建筑遗产的保护与利用工作有法可依、有据可查。在对南京抗战建筑遗产进行整体规划保护的同时，根据不同类型抗战建筑遗产的特殊性，应有针对性地进行开发与利用。在向中国境内优秀抗战建筑遗产保护与开发案例学习经验外，放眼世界范围内，不少经历二战的西方国家在对二战建筑遗产的保护与开发利用活动中拥有成功且富有新意的成功案例，考察与研究这些成功案例，可以为相似类型的南京抗战建筑遗产的开发与利用提供新的思路。

第六节　小　结

保护与利用南京抗战建筑遗产的最终目标是为了保存真实历史信息，呈现真实的历史线索，完整延续南京的城市历史发展脉络，彰显城市文化精神，加深市民的城市认同感，弘扬中华民族伟大抗战精神，为实现中华民族伟大复兴的中国梦凝神聚力，并构建南京抗战名城形象。同时，想要保证南京抗战建筑遗产的可持续发展性，将这份珍贵的遗产传承下去，就必须努力探索有效保护与合理利用有机结合的途径，实现文物从单一历史遗存到现实价值的转变，达到文化遗产保护与社会效益双赢的效果。

为更加有效地进行保护与开发利用南京抗战建筑遗产的工作，应遵守一定的原则，并分析其现状、总结工作所面临的实际困难，寻找对应的解决方式，分步骤循序渐进地推进。

国际上发达国家的二战文化遗产保护与开发利用已经取得了一定的成果。究其成功原因，除保护与开发工作起步较早外，还与相关法律法规系统的完善、全民二战文化知识的普及，以及政府成功发动全社会的参与有很大关联。对二战文化遗产的保护成为社会认同的每个人的责任，遗址遗迹的开发利用模式被普遍接受与喜爱，并引起了国际上的影响，成为城市的地标，达到了遗址遗迹保护与社会效益双赢的理想效果。

结合南京已有的历史建筑保护性利用方法，借鉴国际上的成功经验，南京抗战建筑遗产的保护与开发，离不开法律法规体系的完善、政府机构相关部门的重视、全民的参与及城市地方记忆复兴的意识。研究与保护抗战建筑遗产，构建南京抗战名城形象，将不仅仅有益于人民文化生活质量的提高，有益于南京城市形象的提升、国际影响力的增加，同时也是对历史史实的尊重，将为城市与国家未来的发展提供启示。

第八章
结论与展望

第一节 主要结论

1. 南京保卫战对南京城市建设具有重要意义

在抗日战争初期正面战场上最为重要的战争之一——南京保卫战，对于南京城市建设具有重要影响。民国政府自 1932 年起进行规划并实施的以南京为保护中心与重心的华东军事大防线建设，不仅将南京原有的明城墙进行了现代化军事改造，还在城市内外建造起规模庞大的军事设施，使得时至今日南京拥有全国数量最多、种类最为丰富、体系最为完整的近代军事防御体系遗址遗迹。

同时，南京保卫战的爆发造成南京明代城墙严重破坏，继而由于日伪政权的无权与无能而缺乏修缮，进一步造成大面积垮塌，缺失城墙段的部分也成了后来南京城市现代化发展向原明城墙外扩展的路径。

2. 较为完整地呈现沦陷八年城市历史

一座城市与建筑的变化和发展同其所处的时间与空间环境密不可分。中国抗日战争南京沦陷的八年时间中，南京城市空间格局基本未发生重大改变，这与沦陷后的政治环境密不可分。而同时，南京城市内外为数众多的建筑的权属与功能在沦陷期间的转变又充分呈现了沦陷时期侵华日军在南京进行高压殖民统治及中共中央积极组织抗日活动逐渐包围南京城的历史。

对于抗日战争的城市建筑历史研究，国内学界在很长一段时间内侧重于对先进的革命文化的研究，即对以民族大义为前提的反抗日本帝国主义侵略的文化的研究。而随着时代的发展及学术界研究的深入，全国抗战文化的内涵得到扩展与丰富。考虑到南京在中国抗日战争时期的特殊历史地位，南京抗战建筑遗产中除作为抗战时期的先进文化物质承载的建筑旧址与遗址遗迹外，记录和见证了抗战中落后文化的建筑旧址与遗址遗迹亦须得到相应的重视。只有这样，才可以完整地展现中国抗日战争时期文化的多面性，进一步佐证先进文化的真实性。

笔者以南京城市区域功能的变化及城市历史的物质承载即建筑旧址与遗址遗存为着眼点，尝试较为完整地对南京沦陷八年间城市的建筑历史进行完整的归纳与阐述。

3. 南京城市和建筑文化遗产的重要组成部分

抗日战争时期的历史是南京近代城市历史中不可缺失的一环，南京抗战建筑遗产同样也是南京城市和建筑文化遗产的重要组成部分。它由南京民国建筑、南京红色遗迹、南京保卫战战场遗迹、侵华日军南京暴行历史罪证等组成，拥有多元化的种类与庞大的数量，是完整呈现南京城市历史必不可缺的一环。同时，由于南京抗战建筑遗产拥有良好的再利用价值，其在南京城市文化遗产保护和利用中必能发挥其应有作用。

4. 在实地调研的基础上对南京抗战建筑遗产进行分类

笔者在经过文献阅读和资料考证后梳理南京抗战时期历史，总结出具有南京抗战建筑遗产价值的建筑点共 442 处，并在 2017 年 2 月至 2020 年 7 月历时三年余的实地调研后，根据建筑功能及权属的不同将其分为三个大类共十个小类，类型的划分参考中西方学界现行的对历史性建筑的分类方法，结合南京抗战建筑遗产特点，基于南京抗战建筑遗址遗存历史上不同权属的视角，充分展现了南京抗战建筑遗产类型的丰富。

5. 首次建立南京抗战建筑遗产评价的标准体系

联合国教育、科学及文化组织大会于 1972 年制定的《保护世界文化和自然遗产公约》中明确了作为文化遗产必须带有价值取向，有无价值成为确立文化遗产的标准。作为文化遗产，抗战建筑遗产的确立依托于其具有的各类价值。作为中国特色文化遗产中的抗战建筑遗产，国内目前还未有一套专属的成熟的价值评价标准体系。抗战建筑遗产虽属于文化遗产，国内及国际上对文化遗产价值的评价体系虽可作为借鉴，却不应生搬硬套地完全套用，而创建专属于抗战遗产建筑的价值评价标准体系势在必行。

作为一种研究与探讨，笔者在文中尝试提出了南京抗战建筑遗产的价值评价标准体系，该体系由定性判断和定量判断两部分组成，从历史、文化、艺术、环境、科学、社会、使用七个方面综合评定与挖掘南京抗战建筑遗产的价值。但在实际操作层面，南京抗战建筑遗产价值评价标准体系仍需更多研究、多方论证与实践。

6.首次创建南京抗战建筑遗产数据库

南京抗战建筑遗产的范畴之内，虽然包括大量已经被评级和已经被评为南京重要近现代建筑的民国建筑及部分工业遗产建筑，但仍有数量众多的未被评级未挂牌的历史建筑，在缺少明确保护级别的状态下，这部分建筑极易消失在南京城市发展的历程中，从南京抗战建筑遗产的体系中脱失。由此可见，建立南京抗战建筑遗产名录，并利用现代化技术建立数据库，将成为未来南京抗战建筑遗产保护工作的坚实基础。

笔者基于自身研究总结出的南京抗战建筑遗产区位信息，翻译日文资料所得南京沦陷时期侵华日军及日侨在南京建设经营等区位信息，初步建立起南京抗战建筑遗产数据库，为将来进一步的发现与研究建立数字化基础。

7.为南京抗战建筑遗产的保护与开发利用提出建议

笔者在对南京抗战建筑遗产的保护与开发利用的目标、原则及方法进行系统理论研究的基础上，对比国际上与南京抗战建筑遗产类型相似、规模相仿的第二次世界大战建筑遗产的保护与开发利用案例，结合南京抗战建筑遗产保护工作，总结、提炼出未来南京抗战建筑遗产保护与开发利用工作的建议。

第二节　研究展望

本书基于本人的博士学位论文的框架和主要内容，因人力、物力和时间的局限，目前只是一个阶段性的研究成果，尚不能完整展现南京抗战时期建筑遗址遗迹的全貌。书中虽从历史层面、文化层面、建筑层面与城市层面分别对南京抗战建筑遗产进行了研究，并借鉴国际上已经成熟的战争文化遗产建筑保护利用实践，对南京抗战建筑遗产的保护与利用提出了意见与建议，但南京抗战建筑遗产涵盖甚广，仍有笔者未能查找定义出来的抗战建筑遗产点，在已经定义出的抗战建筑遗产点中一定也存在着可以再深入挖掘其各类价值的历史建筑。所以在今后的研究工作中，至少有以下几个方面可以深入钻研与实践。

1. 现存南京抗战建筑遗产保护修缮面临无据可依的窘境。对南京所有抗战建筑遗产点的测绘、保护与监督不仅将涉及大量人力、物力的统筹安排，还将涉及各个历史建筑点的权属问题，应该是在国家党政军部门的协调和指导下，以学术专业机构作为主要参与力量，以基层部门和广大群众合作为现实基础，组织建筑学院校，成立项目组对现存南京抗战建筑遗产进行测绘记录，并建立数据库。同时邀请相关专业专家，组成专家组制定相应建筑修缮过程中应遵守的最低限度的规范。

2. 南京拥有全国范围内数量最为庞大的民国军事工事碉堡建筑。而其军事工事及碉堡建筑由于特殊的功能需求，所处位置往往位于山野之中，不仅难以维修，且并不能全部开发利用。在找到合理的开发利用方式之前，对南京现存民国碉堡、炮台及其他军事工事进行普查，确定其准确的经纬度，在地图上进行标注记录，将为南京民国军事工事建筑保护提供重要的基础资料。

3. 南京沦陷时期日军及日当局的城市规划等相关历史资料的收集、翻译工作仍处于起步阶段。南京沦陷期间各届伪政府均处于侵华日军及日当局的直接控制之下，这一时期的日方文献与资料大量存储于日本相关学术研究机构中。日本亚洲历史资料中心网站上所提供的日本陆军战史中大东亚战史文件《南京附近日本军使用建造物调查书 昭和21年1月5日》的内容便是日军战败后自行对其军队在南京范围内所使用、霸占、建造的建筑资产的清单，从这份资料中可以清楚地看到南京沦陷期间侵华日军对中国资产的侵占状况。而笔者在查找南京沦陷期间城市规划资料的过程中曾听闻日当局做过一份针对南京西起五台山东至太平路的"日人街"规划，但笔者至今未能在国内的资料库中寻得这份规划书。所以在此后的研究工作中，增加对抗日战争南京沦陷时期日方文件的研究，可以从另一视角挖掘南京抗战建筑遗产的深层价值。

4. 南京抗战建筑遗产并不是孤立存在的，它是华东抗战文化遗产的中心，是中国抗战文化遗产的重要组成部分。正如联合国教科文组织确立的世界文化遗产名录所示，文化遗产建筑领域从原始的单个建筑扩展至建筑群及城市肌理，其中包括城市街区、村庄，乃至整个城市，甚至可以扩展至城市群。南京作为抗战时期华东沦陷区的中心城市，其抗战文化遗产的研究与保护一旦步上正轨，将能够以点带面，带动起周边城市的抗战文化遗产研究，组成华东抗战文化遗产的研究与保护体系。

5. 南京抗战建筑遗产具有良好的再利用价值。本书对南京抗战建筑遗产的价值评价体系进行了初探，但对于不同种类的抗战建筑遗产，其价值评价体系还应根据其特性而进行优化。同时，对南京抗战建筑遗产的保护、利用与规划将是南京未来城市发展中近现代历史建筑研究、保护与利用的重要组成部分，其理论与实践研究将激发民众的民族自豪感与城市情感，彰显南京城市魅力。

参考文献

中文专著

[1] 南京市地方志编纂委员会.南京城市规划志：上 [M].南京：江苏人民出版社，2008.

[2] 南京地方志编纂委员会.南京建置志 [M].深圳：海天出版社，1994.

[3] 刘庭华.中国抗日战争与第二次世界大战系年要录（1931—1945）[M].北京：海潮出版社，1995.

[4] 何应钦.八年抗战之经过 [M].香港：香港中和出版社，2015.

[5] 张宪文.南京大屠杀史料集 [M]（全78卷）.南京：江苏人民出版社，2005.

[6] 朱成山.南京大屠杀史研究与文献系列丛书 [M]（全35册）.南京：南京出版社，2014.

[7] 张宪文，吕晶.见证与记录南京大屠杀史料精选：西方史料 [M].南京：江苏人民出版社，2014.

[8] 张宪文，吕晶.见证与记录南京大屠杀史料精选：日方史料 [M].南京：江苏人民出版社，2014.

[9] 张宪文，吕晶.见证与记录南京大屠杀史料精选：中方史料 [M].南京：江苏人民出版社，2014.

[10] 全国政协文史和学习委员会.南京保卫战：原国民党将领抗日战争亲历记 [M].北京：中国文史出版社，2015.

[11] 曹剑浪.国民党军简史 [M].北京：解放军出版社，2004.

[12] 中国第二历史档案馆，侵华日军南京大屠杀纪念馆.南京保卫战殉难将士档案 [M]（1—10册）.南京：南京出版社，2007.

[13] 马振犊.南京保卫战军宪警阵亡名录 [M].南京：江苏人民出版社，2010.

[14] 经盛鸿.南京沦陷八年史：上、下册 [M].北京：社会科学文献出版社，2013.

[15] "南京大屠杀"史料编辑委员会，南京图书馆.侵华日军南京大屠杀史料 [M].南京：江苏古籍出版社，1997.

[16] 南京市公安局.南京公安志 [M].深圳：海天出版社，1994.

[17] 孟国祥.大劫难 [M].北京：中国社会科学出版社，2005.

[18] 严绍璗.汉籍在日本的流布研究 [M].南京：江苏古籍出版社，1992.

[19] 南京市地方志编纂委员会.南京教育志 [M]. 北京：方志出版社，1998.

[20] 朱明，杨国庆.南京城墙史话 [M]. 南京：南京出版社，2008.

[21] 曹必宏，夏军，沈岚.汪伪统治区奴化教育研究 [M]. 北京：中国社会科学院中日历史研究中心文库，社会科学文献出版社，2015.

[22] 张宪文，张玉法.中华民国专题史 [M]. 南京：南京大学出版社，2015.

[23] 曹幸穗.南京经济史 [M]. 北京：中国农业科学技术出版社，1998.

[24] 南京市档案馆.审讯汪伪汉奸笔录 [M]. 南京：江苏古籍出版社，1992.

[25] 孙宅巍.江苏近代民族工业史 [M]. 南京：南京师范大学出版社，1999.

[26] 南京地方志编纂委员会.南京民族宗教志 [M]. 南京：南京出版社，2009.

[27] 葛寅良.金陵玄观志 [M]. 南京：南京出版社，2011.

[28] 南京地方志编纂委员会.南京人民防空志 [M]. 深圳：海天出版社，1994.

[29] 李忠杰.江苏省抗日战争时期人口伤亡和财产损失 [M]. 北京：中共党史出版社，2014.

[30] 章开沅.天理难容：美国传教士眼中的南京大屠杀（1937—1938）[M]. 南京：南京大学出版社，1999.

[31] 何天义.日军侵华战俘营总论 [M]. 北京：社会科学文献出版社，2013.

[32] 高晓星，时平.民国空军的航迹 [M]. 北京：海潮出版社，1992.

[33] 中国人民解放军历史资料丛书编审委员会.人民解放军历史资料丛书　新四军 [M]. 北京：解放军出版社，1992.

[34] 黄朝军，沈杨，田崇杰.1937 东进新四军：新四军抗战影像全记录 [M]. 北京：长城出版社，2015.

[35] 肖一平，翁仲二，王建众，等.中国共产党抗日战争时期大事记 1937—1945[M]. 北京：人民出版社，1988.

[36] 陈庆喜.两个命运之决斗：中国人民解放战争纪实 [M]. 北京：中国文史出版社，2015.

[37] 何应钦.中国与世界前途 [M]. 台北：台湾郑重书局，1974.

[38] 中央档案馆，中国第二历史档案馆，吉林省社会科学院.日本帝国主义侵华档案资料选编 [M]. 北京：中华书局，1995.

[39] 中国第二历史档案馆，南京市档案馆 . 侵华日军南京大屠杀档案 [M]. 南京：江苏古籍出版社，1997.

[40] 侵华日军南京大屠杀遇难同胞纪念馆 . 南京大屠杀图录 [M]. 北京：五洲传播出版社，2005.

[41] 张宪文 . 南京大屠杀全史 [M]. 南京：南京大学出版社，2012.

[42] 中国第二历史档案馆 . 中华民国史档案资料汇编 [M]. 南京：凤凰出版社，1997.

[43] 南京军区政治部编研室 . 征战在江淮河海之间 [M]. 北京：解放军出版社，2005.

[44] 《解放军战史》编委会 . 新四军战史 [M]. 北京：解放军出版社，2000.

[45] 《解放军战史》编委会 . 新四军征战日志 [M]. 北京：解放军出版社，2000.

[46] 周念行，徐芳田 . 新都盛迹考 [M]. 南京：南京出版社，2014.

[47] 金陵关税务司 . 金陵关十年报告 [M]. 南京：南京出版社，2014.

[48] 吴洪成，张华 . 血与火的民族抗争：日本侵华时期沦陷区奴化教育 [M]. 呼和浩特：内蒙古大学出版社，2007.

[49] 叶兆言 . 老南京·秦淮旧影 [M]. 重庆：重庆大学出版社，2014.

[50] 张树军，李忠杰，孟国祥 . 抗战时期的中国文化教育与博物馆事业损失窥略 [M]. 北京：中共党史出版社，2017.

[51] 李忠杰，谢忠厚 . 日本侵华细菌战研究报告 [M]. 北京：中共党史出版社，2016.

[52] 李忠杰，彭玉龙 . 抗日战争中国军队伤亡调查 [M]. 北京：中共党史出版社，2016.

[53] 孙宅巍，蒋顺兴，王卫星 . 江苏近代民族工业史 [M]. 南京：南京师范大学出版社，1999.

[54] 杨新华 . 第三次全国普查南京重要新发现 [M]. 南京：南京出版社，2009.

[55] 张连红，经盛鸿，陈虹，等 . 创伤的历史：南京大屠杀与战时中国社会 [M]. 南京：南京师范大学出版社，2005.

[56] 罗玲 . 近代南京城市建设研究 [M]. 南京：南京大学出版社，1999.

[57] 金成民 . 日本军细菌战图文集 [M]. 呼伦贝尔：内蒙古文化出版社，2010.

[58] 南京市地方志编纂委员会 . 南京交通志 [M]. 深圳：海天出版社，1994.

[59] 南京市地方志编纂委员会 . 南京公用事业志 [M]. 深圳：海天出版社，1994.

[60] 南京市地方志编纂委员会 . 南京文物志 [M]. 深圳：海天出版社，1997.

[61] 张宪文 . 日本侵华图志 [M]. 济南：山东画报出版社，2015.

[62] 蒋公穀 . 陷京三月记 [M]. 南京：南京出版社，2006.

[63] 佛洋 . 伯力审判：12 名前日本细菌战犯自供词 [M]. 长春：吉林人民出版社，1997.

[64] 袁成毅 . 抗日战争时期国民政府对日防空研究 [M]. 北京：中国社会科学出版社，
2016.

[65] 吴凯波 . 南京民国建筑图典（上、下册）[M]. 南京：南京师范大学出版社，2016.

[66] 卢海鸣，杨新华 . 南京民国建筑 [M]，南京：南京大学出版社，2001.

[67] 朱偰 . 南京的名胜古迹 [M]. 南京：江苏人民出版社，1956.

[68] 陈小法 . 日本侵华战争的精神毒瘤："在华神社"真相 [M]. 杭州：浙江工商大学
出版社，2015.

[69] 朱成山 . 海外南京大屠杀史料集 [M]. 南京：南京出版社，2007.

[70] 中共南京市委党史工作办公室 . 南京地区抗日战争史：1931—1945[M]. 北京：中共
党史出版社，2015.

[71] 李霞，朱丹丹 . 谁的街区被旅游照亮 [M]. 北京：化学工业出版社，2013.

译　著

[1] Robert A. Young. 历史建筑保护技术 [M]. 任国亮，译 . 北京：电子工业出版社，
2012.

[2] 弗朗索瓦丝·莱伊 . 建筑遗产的寓意 [M]. 寇庆民，译 . 北京：清华大学出版社，2013.

[3] О.И. 普鲁金 . 建筑与历史环境 [M]. 韩林飞，译 . 北京：社会科学出版社，2011.

[4] Bergamini David. 日本天皇的阴谋：上册 [M]. 张震九，周郑，译 . 北京：商务印书馆，1986.

[5] 田伯烈 . 外人目睹之日军暴行 [M]. 杨明，译 . 上海：上海科学技术文献出版社，
2015.

[6] 小俣行男 . 日本随军记者见闻录 [M]. 周晓萌，译，北京：世界知识出版社，1985.

[7] 松冈环 . 南京战·寻找被封闭的记忆：侵华日军原士兵 102 人的证言 [M]. 新内如，
全美英，李建云，译 . 上海：上海辞书出版社，2002.

[8] 谢尔顿—H. 哈里斯 . 死亡工厂：美国掩盖的日本细菌战犯罪 [M]. 王选，等，译 . 上海：

上海人民出版社，2000 年.

[9] 勃鲁司.上海不宣之战 [M].佚名，译.上海：上海科学技术文献出版社，2015.

[10] 博伊尔.中日战争时期的通敌内幕 [M].陈倩芳，乐刻，等，译.北京：商务印书馆，1978.

[11] 费尔登，朱可托.世界文化遗产地管理指南 [M].刘永孜，刘迪，等，译.上海：同济大学出版社，2008.

[12] 森村诚一.食人魔窟 [M].祖秉和，李丹，译.北京：群众出版社，1985.

[13] 戴维·贝尔加米尼.日本天皇的阴谋 [M].张震久，等，译.北京：商务印书馆，1984.

[14] 田中正明."南京大屠杀"之虚构 [M].军事科学院外国军事研究部，译.北京：世界知识出版社，1985.

[15] 本多胜一.南京大屠杀始末采访录 [M].刘春明，等，译.太原：北岳文艺出版社，2001.

[16] 小林正美.再造历史街区：日本传统街区重生实例 [M].张光玮，译.北京：清华大学出版社，2015.

[17] 约翰·拉贝.拉贝日记 [M].本书翻译组，译.南京：江苏人民出版社，2015.

[18] 明妮·魏特琳.魏特琳日记 [M].本书翻译组，译.南京：江苏人民出版社，2015.

[19] 密勒氏评论报.外国记者眼里的抗日战争：抗战一年大事记 [M].白水，译.上海：上海科学技术文献出版社，2015.

[20] 张纯如.南京大屠杀：第二次世界大战中被遗忘的大浩劫 [M].谭春霞，焦国林，译.北京：中信出版社，2015.

学术论文和学术期刊

[1] 马振犊，邢炫.日军大屠杀期间南京军民反抗问题研究 [J].抗日战争研究，2007(4):31−59.

[2] 张程.淞沪会战后至南京保卫战前中日两军华东战场作战史实考察 [D].上海：华东师范大学，2016.

[3] 石怀瑜 . 血沃钟山　饮恨长江：黄埔军校教导总队参加南京保卫战回忆 [J]. 黄埔，1996(5)：31-33.

[4] 经盛鸿，朱翔 . 侵华日军大屠杀对南京工业的摧残 [J]. 日本侵华史研究，2013，1(1):22-34.

[5] 苏海红 . 论抗战时期的工业西迁 [J]. 三峡大学学报 (人文社会科学版)，2015，37(5):101-103.

[6] 张连红 . 南京大屠杀遇难人口的构成：以南京市常住人口为中心 [J]. 南京师大学报 (社会科学版)，2007(6):57-63.

[7] 朱成山 . 考证南京难民收容所 [J]. 江苏地方志，2005(4):10-13.

[8] 孙宅巍 . 南京大屠杀与南京人口 [J]. 南京社会科学，1990(3):75-80.

[9] 邸皓 . 南京保卫战殉难将士及其档案研究 [D]. 南京：南京师范大学，2012.

[10] 张连红 . 南京大屠杀前夕南京人口的变化 [J]. 民国档案，2004(3):127-134.

[11] 李雨桐，高乐才 . 20 世纪初日本对中国大陆铁矿资源的调查与掠夺 [J]. 北方论丛，2015(1):108-113.

[12] 谢洁菱，周蒋浒 . 抗战期间日伪在沦陷区的奴化和伪化教育：以南京地区作个案分析 [J]. 巢湖学院学报，2005，7(5):96-99.

[13] 孙继强，鲁晶石 . 战后南京日侨集中管理生活之考察 [J]. 兰台世界，2014(28):41-42.

[14] 原文夫，芦鹏 . 日军荣字 1644 部队在南京设立的细菌工厂之考证 [J]. 日本侵华史研究，2011(2):84-93.

[15] 王希亮 . 南京荣字 1644 细菌部队的罪行 [J]. 钟山风雨，2004(4):29-33.

[16] 阿明 . 南京受降：历史节点中的细节故事 [J]. 湖北档案，2015(21):32-37.

[17] 孙继强 . 南京日侨集中营管理所机关报研究 [J]. 日本侵华史研究，2014，4(4):39-47.

[18] 吴雪晴 . 抗战胜利后国民政府还都纪实 [J]. 世纪，1999(6):32-34.

[19] 熊浩 . 南京近代城市规划研究 [D]. 武汉：武汉理工大学，2003.

[20] 费仲兴 . 南京保卫战紫金山战场遗迹初考 [J]. 日本侵华史研究，2012，2(2):44-50.

[21] 刘家国 . 论华中抗日根据地的开辟 [J]. 军事历史研究，2002，16(3):56-62.

[22] 曹晋贤 . 1934 年国民政府修缮南京城门 [J]. 档案与建设，2015(7):62-64.

[23] 沈承宁 . 南京城门变迁 [J]. 江苏地方志，2013(4):21-23.

[24] 郭昭昭 . 南京大屠杀前后南京市民生活秩序变迁研究 (1937.7—1938.4)[D]. 南京：南京大学 , 2011.

[25] 王德安 , 东方晓 . 南京大屠杀铁证 : 陷京三月记："国医"蒋公穀 73 年前写下南京大屠杀亲历 [J]. 东方收藏 , 2010(8):15-18.

[26] 王燕燕 . 南京明城墙遗产廊道保护与构建研究 [D]. 南京：南京林业大学 , 2015.

[27] 笠原十九司 , 苑书义 , 伊敏 . 日本学者论南京保卫战 [J]. 河北师院学报（社会科学版）, 1995(2)：31-42.

[28] 笠原十九司 , 苑书义 , 伊敏 . 日本学者论南京保卫战 (续)[J]. 河北师院学报（社会科学版）, 1995(3)：24-35.

[29] 王宁宁 . 抗战时期的华侨教育研究 [D]. 济南：山东师范大学 , 2010.

[30] 经盛鸿 , 经姗姗 . 侵华日军在南京推行和扶植殖民文化的种种手法 [J]. 日本侵华史研究 , 2015, 2(2):45-55.

[31] 秦利明 . 战后南京中小学教育复员研究 [D]. 南京：南京师范大学 , 2011.

[32] 邱虹 . 1927—1937 年南京影剧行业研究 [D]. 南京：南京师范大学 , 2012.

[33] 邢向前 . 1927—1937 年南京住宅建设问题研究 [D]. 南京：南京师范大学 , 2012.

[34] 刘凤云 . 城墙文化与明清城市的发展 [J]. 中国人民大学学报 , 1999, 13(6):93-97.

[35] 韩晶 . 城市地段空间生长机制研究：南京鼓楼地段的形态分析 [J]. 新建筑 , 1998(1):10-13.

[36] 刘溪 , 沈旸 . 城市高密度地区的文物遗址保护策略：以南京明城墙中央门西段为例 [C]// 2008 中国城市规划年会论文集 . 大连：大连出版社 , 2008.

[37] 潘谷西 , 陈薇 . 城市演进中的南京明故宫遗址保护定位 [C]// 中国紫禁城学会论文集 (第五辑 上). 北京：紫荆城出版社 , 2007.

[38] 吴晓庆 , 张京祥 . 从新天地到老门东：城市更新中历史文化价值的异化与回归 [J]. 现代城市研究 , 2015，30(3):86-92.

[39] 徐智 . 改造与拓展 : 南京城市空间形成过程研究 (1927—1937)[D]. 上海：复旦大学 , 2013.

[40] 刘炜 . 国民政府对南京夫子庙地区的改造 (1927—1937)：空间治理中的国家与社会 [C]// 近代中国（第二十辑）. 上海：上海社会科学出版社 , 2010.

[41] 周学鹰，张伟. 简论南京老城南历史街区之文化价值 [J]. 建筑创作，2010(2):158-164.

[42] 李沛霖. 抗战前南京城市公共交通研究 (1907—1937)[D]. 南京：南京师范大学，2012.

[43] 陈薇. 历史城市保护方法三探：坚挺骨干才能玉树临风：以南京和杭州的道路遗产保护为例 [J]. 建筑师，2013(5):85-95.

[44] 王路. 历史街区保护误区之："镶牙式改造"：南京老城南历史文化街区保护困境 [J]. 中华建设，2011(5):22-23.

[45] 袁亚琦. 历史文化街区保护利用的老年住区模式研究：以南京门西地区为例 [J]. 现代城市研究，2010，25(4):63-68.

[46] 嵇玮. 南京鼓楼片区点状历史资源周边城市空间形态整合研究 [D]. 南京：南京工业大学，2012.

[47] 卢漫，王刚. 南京鼓楼区颐和路历史街区特色与保护价值 [J]. 江苏建筑，2007(4):1-3.

[48] 徐振，韩凌云，杜顺宝. 南京明城墙周边开放空间形态研究 (1930—2008 年)[J]. 城市规划学刊，2011(2):105-113.

[49] 经盛鸿. 日军大屠杀前的南京建设成就与社会风貌 [J]. 南京社会科学，2009(6):87-92.

[50] 薛恒. 新都形象：以 1930 年代南京建筑为中心 [J]. 江苏师范大学学报 (哲学社会科学版)，2014，40(1):82-88.

[51] 杨锐，赵岩. 优雅地老去：南京老城南历史街区的景观复兴策略 [J]. 现代城市研究，2011，26(9):39-45.

[52] 戴国雯. 转型期旧城复兴中的社会空间—行为互动初探：以南京门西地区典型地块为例 [C]// 2008 中国城市规划年会论文集. 大连：大连出版社，2008.

[53] 周玮，黄震方. 城市街巷空间居民的集体记忆研究：以南京夫子庙街区为例 [J]. 人文地理，2016，31(1):42-49.

[54] 沈岚. 抗战时期国民政府争夺沦陷区教育权的斗争：以南京及周边地区为研究中心 [J]. 民国档案，2005(2):131-135.

[55] 朱颖颖.南京夫子庙历史文化街区公共设施设计研究[D].大连：辽宁师范大学，2015.

[56] 徐峰.南京国民政府宗教政策研究(1927—1937)[D].济南：山东师范大学，2001.

[57] 卢海鸣.南京民国建筑评析[J].上海城市管理职业技术学院学报，2002，11(2):35-39.

[58] 朱成山.千手观音想回家[J].华人时刊，2003(12):22-23.

[59] 孙贝贝,潘萍,是希望,等.试论南京抗战文化旅游资源保护与开发[J].市场周刊(理论研究)，2015(11):36-37.

[60] 王盈,汪永平,江剑生.城市街区改造中历史建筑的保护与更新：以南京升州路两栋民国建筑为例[J].艺术百家，2012，28(S2):148-152.

[61] 经盛鸿.对南京原日军"慰安所"的最新调查报告[J].社会科学战线，2007(3):138-155.

[62] 丁进.紫金山南京保卫战遗址知多少?[J].钟山风雨，2012(2):57-58.

[63] 丁进.南京保卫战炮台遗址略论[J].日本侵华史研究，2013，4(4):49-53.

[64] 朱翔.南京沦陷前后的英商和记洋行难民区有关史实的考证[J].黑龙江史志，2015(9)：75-76.

[65] 朱成山,刘燕军."非常时期"的"非常"生活：沦陷前夕的南京社会一瞥[J].南京大屠杀史研究，2012，4(4):1-13.

[66] 张连红.国民政府对南京大屠杀案的社会调查(1945—1947)[J].江海学刊，2010(1):169-174.

[67] 张连红.南京大屠杀遇难人口的构成：以南京市常住人口为中心[J].南京师大学报(社会科学版)，2007(6):57-63.

[68] 夏蓓.战后对南京大屠杀案的调查与统计[J].南京大屠杀史研究，2012，4(4):44-56.

[69] 孟国祥.侵华日军对南京文化的摧残[J].南京社会科学，1997(8):35-40.

[70] 经盛鸿.日伪时期南京的日本侨民社会及特权[J].社会科学战线，2008(12):99-104.

[71] 经盛鸿.日伪时期的南京"日人街"[J].档案与建设，2008(6):37-39.

[72] 经盛鸿."慰安妇"血铸的史实：对南京侵华日军慰安所的调查[J].南京师大学报(社会科学版)，2007(1):108-114.

[73] 经盛鸿.论侵华日军对南京的毒品毒化政策[J].求是学刊，2006，33(5):139-144.

[74] 杨夏鸣 . 论南京"安全区"功能的错位及其原因 [J]. 抗日战争研究 , 2000(4):121-137.

[75] 薛媛元 . 南京大屠杀期间国际安全区的治安管理状况 [J]. 日本侵华史研究 , 2014, 4(4):13-18.

[76] 薛媛元 . 南京大屠杀期间国际安全区难民生存状况实证研究 [D]. 南京：南京师范大学 , 2014.

[77] 张连红 , 李广廉 . 南京下关区侵华日军"慰安所"的调查报告 [J]. 南京师大学报 (社会科学版), 2000(6):136-140.

[78] 高晓燕 . 历史图片揭露侵华日军化学战真相 [J]. 抗战史料研究 , 2016(1):82-92.

[79] 孟国祥 . 十年内战中的南京监狱 [J]. 民国春秋 , 1994(3):8-11.

[80] 胡剑明 . 南京老虎桥监狱逸事 [J]. 金陵瞭望 , 2011(15):60-62.

[81] 陈柳钦 . 论城市精神及其塑造和弘扬 [J]. 城市管理与科技 , 2010, 12(4):30-32.

[82] 方道 . 我国非文物建筑遗产的评估 [D]. 南京：东南大学 , 1998.

[83] B. M. 费尔顿 , 陈志华 . 欧洲关于文物建筑保护的观念 [J]. 世界建筑 , 1986(3):8-10.

[84] 唐正芒 . 近十年抗战文化研究述评 [J]. 湘潭大学学报 (哲学社会科学版), 2007, 31(4):123-131.

[85] 王爱云 . 近年来欧美学界的中国抗日战争研究 [J]. 史学月刊 , 2015(9):14-17.

[86] 赵文涛 . 关于鸟居和日本古代信仰关系的考察 [D]. 呼和浩特：内蒙古大学 , 2016.

[87] 肖洪未 , 黄瓴 . 重庆渝中区抗战文化线路保护策略探索 [J]. 中国名城 , 2014(9):58-62.

[88] 范松 . 试论抗战文化遗产的定义分析及其他 [J]. 贵州社会科学 , 2010(8):134-136.

[89] 文天行 . 论抗战文化的基本特征 [J]. 中山大学学报 (社会科学版), 2002, 42(1):58-64.

[90] 艾智科 . 中国抗战历史文化研究述评 [J]. 重庆社会科学 , 2012(6):106-113.

[91] 唐正芒 , 高文学 . 国内近十年抗战文化研究 : 一个文献综述 [J]. 重庆社会科学 , 2012(9):94-101.

[92] 盘福东 . 抗战文化价值的普世性 [J]. 抗战文化研究 , 2008(0):12-19.

[93] 刘正平 , 郑晓华 . 南京重要近现代建筑保护与利用探索 [J]. 建设科技 , 2007(17):56-59.

[94] 孟国祥 . 南京宗教的劫难 [J]. 南京史志，1997（6）：28-29.

外文专著

[1] [日] 日本防衛省オリエンテーション研究所 .「中国海軍作戦」（1），朝雲新聞，1974.

[2] [日] 向島熊吉 .「南京」，南京日本商工會議所（發行），華中印書局股份有限公司，1941.

[3] [日] 防衛庁防衛研究所戦争史室 .「中国事件の戦闘軍の歴史」，全三巻，朝雲新聞，1975.

[4] [日] 武藤真一 .「無敵の日本軍」，大日本住友製薬講談社，1938.

[5] [日]「一億人の昭和史」，第 10 巻，「不許可寫真史」，朝日新聞 ,1977.

[6] [日] 大久保博一 .「中国事變經過」，誠文堂新光社，1938.

[7] [日] 南滿洲鐵道株式會社 .「満洲絵画：南京レイダーススペシャル」，満洲文化協会 ,1938.

[8] [日] 本多勝一 .「中国への旅」，朝日文庫 ,1987.

[9] [日] 辻子 実 .「侵略神社：靖国思想を考えるために」，新幹社，2007.

[10] [美]P. MacCannell. The Tourist: a new theory of the leisure class, Londres-New York, McMillan, 1976.

[11] [美]Rana Mitter. China's War with Japan, 1937-1945: The Struggle for Survival [M]. [S.l.]: Porguin，2013.

[12] [日] 皇道會上海支部 .「上海神社奉饌農產共進會報告書昭和 17 年」，皇道會上海支部，1942.

[13] [日] 山下義之 .「中国事件の軍事作戦」（上、中、下），朝雲新聞社，1975.

[14] [日] 陸軍の絵画 .「中国の事件と戦争の痕跡のジャーナル（パート I、中、下）」，陸軍恤兵部，1938.

[15] [日] 国際写真情報，日本の大事件写真，1939.